21世纪高等学校电气工程系列教材

电力系统通信工程

（第二版）

U0249831

唐飞　刘涤尘　主编

WUHAN UNIVERSITY PRESS
武汉大学出版社

图书在版编目(CIP)数据

电力系统通信工程/唐飞,刘涤尘主编. —2 版. —武汉:武汉大学出版社,2017.7

21 世纪高等学校电气工程系列教材

ISBN 978-7-307-19443-4

Ⅰ.电… Ⅱ.①唐… ②刘… Ⅲ.电力通信系统—高等学校—教材 Ⅳ.TN915.853

中国版本图书馆 CIP 数据核字(2017)第 152990 号

责任编辑:任仕元 责任校对:李孟潇 封面设计:马 佳

出版发行:**武汉大学出版社** (430072 武昌 珞珈山)

（电子邮件:cbs22@whu.edu.cn 网址:www.wdp.com.cn）

印刷:武汉中远印务有限公司

开本:787×1092 1/16 印张:14 字数:339 千字 插页:1

版次:2000 年 7 月第 1 版 2017 年 7 月第 2 版

2017 年 7 月第 2 版第 1 次印刷

ISBN 978-7-307-19443-4 定价:38.00 元

前　言

随着通信技术和计算机技术的不断进步，电力通信技术发展越来越迅速。电力通信技术的水平，直接关系到电力系统的生产和运行，而电力通信技术在新一代电力系统中显得越来越重要。

对于电气信息类各专业学生，都会在学习中涉及有关通信技术的知识，毕业后的工作也需要具备相关的信息技术；尤其面临一个信息快速发展的时代，掌握一定的通信技术知识，更具有必要性。

由殷小贡、刘涤尘编写的《电力系统通信工程》，全面介绍了数字通信的基本理论，并涵盖了多种通信系统的主要内容，避免了原理性教材中的一些复杂的数学分析与推导，注重了物理与系统概念的描述，内容简洁明了，同时也反映了"电力"和"工程"的特点。因此，该教材自 2000 年出版以来，一直得到广泛应用。

由于电力通信技术的飞速发展，教材的内容急需适应新时期的要求，唐飞、刘涤尘在原教材的基础上进行了重新编写，结构上作了大的调整，内容也进行了更新。本教材可作为普通高等学校电气信息类各专业学生以及其他相关专业学生的教材，也可供自学人员和有关工程技术人员参考使用。

在本教材的编写过程中，武汉大学研究生田园园、张谦、赵婷、叶笑莉、方必武、郭珂、郑永乐、徐君茹、周慧芝、徐雨田、马恒瑞、陈懿、周仕豪、徐业琰、李顺、殷巧玲、冀星沛、朱振山、汪凯、高凡等同学为书稿的资料整理、修改和校对做了部分工作。出版过程中，得到了武汉大学出版社的大力支持。同时，本教材还参考了很多作者的文献与资料，在此一并向他们表示衷心的感谢。

由于编者水平有限，书中难免有缺点和错误，敬请广大读者批评指正，并提出宝贵意见。

编　者

2017 年 1 月，于武昌珞珈山

1

目　　录

第1章 电力系统通信技术概论

1.1 概述

电力通信是电力系统的重要组成部分，应用于电力系统的发电、变电、输电、配电、用电等各个环节。为了保证电力系统的安全、稳定、经济、可靠调度运行，电力系统各环节必须进行集中管理和统一调度，这更需要电力通信系统的高效配合。

随着我国社会经济水平和科学技术的不断提高，电力系统的规模与容量不断增大，而且正在大力促进智能电网建设，电力事业正向现代化方向迈进。电力通信作为自动化和现代化控制以及电力市场商业化等各方面的重要手段，在电力系统现代化进程中的作用日趋重要，既能保证电力系统的高自动化、安全和稳定、经济运行，又能对智能电网的构建与发展起到积极作用，甚至还决定着智能电网建设能否成功，极大地影响着我国电力事业的发展前景。因此，必须高度重视电力通信技术的进步与应用，将先进的电力通信系统与智能电网建设紧密结合，进一步满足电力事业发展的新需求，充分发挥电力通信技术在电力系统中的支撑作用。

电能是优质的二次能源，电力系统的稳定运行直接影响着国民经济和人民生活。电能具有产销同时、难以大规模储存等特性，而且电力工业所处的环境条件往往较为恶劣，伴随高电压、大电流和强电磁干扰，电力系统对通信调度就有了更加严格的要求。电力专用通信系统是支撑现代电网安全稳定运行的三大支柱之一，电力事业的现代化建设对电力通信提出了更高的要求，主要表现在三个方面：① 电力通信平台应拥有多样化功能。电力通信平台不但属于通信通道，而且还是智能电网的一个重要组成部分，因此必须具备多样化功能，以满足智能电网的多元化需求。此外，电力通信平台还应具有开放性，其网络架构不仅能实现设备间信息传输的互通性，而且能实现通信的标准化。② 在抵御攻击和保密性方面，电力通信应具有较高的可靠性，能够保证电力网络的安全运行。③ 电力通信的涉及范围更广，延伸至发电、变电、送电以及配电、用电等各类电网的末端。

在新能源方面，大规模新能源的预测调度和并网消纳都依赖于电力通信系统的实时性与准确性。因此，要制定电力通信的标准接口，实现新能源发电及并网信息的实时监测与流通。新能源并网后，电力通信系统需要对电能、电压、频率、功率和质量进行自动调节。在新能源的发电方面，电力通信系统需要有效地管理其启动、停止和功率控制等，以形成一套智能电网下新能源的管理系统。

在输电方面，大规模远距离输电、清洁能源输送以及电能跨地区配置优化是智能电网建设的重点，因此对输电线路的监控要求就更严格了，表现在：对输电线路进行监控时，应当采取合理的通信方式，全方位监控基础信息、运行管理、线路运行状态等。此外，还需要融合统一和统筹处理不同机构的监测信息。

在变电方面，智能变电站是智能电网建设的基础。智能变电站的安全、可靠、自动化运行，要求电力通信系统充分利用先进的信息、传感、智能和控制技术，以智能化的一层设备、网络化的二层设备、规范化的信息平台为基础，实现全景实时监测、运行自动控制、智能调节等功能。

在配电方面，配电网络是电力网络的重要组成部分，可靠、灵活、高效是其网架的突出特点，配以高安全性、高可靠性的电力通信网络，将能达到故障发现与处理的自动化操作、满足储能元件和电源的高渗透性接入要求，大大提高电力供应效率。

电力通信技术处于电力行业和电信行业的交叉点，既要顺应电力行业的发展需求，又受电信技术发展的限制；既要借助于传统电信技术，又要结合电力系统的特点发挥自己独有的特色和优势。

我国电力通信技术的发展起源于 20 世纪初。20 世纪 40 年代，电力载波通信开始在东北电网运行，电力载波通信是电力系统特有的通信方式，主要用于话音、保护和远动信息的传输；电力载波通信技术在 20 世纪 70 年代开始全面应用。目前，全国电力系统的光缆线路规模在不断扩大。为满足三峡工程送出、西电东送、南北互供以及全国跨区电网联网等对通信的需要，国家电网公司组织实施了三大光缆通信项目，建设跨大区电网的光通信干线。

由于光纤通信具有抗电磁干扰能力强、传输容量大、频带宽、传输衰耗小等诸多优点，电力行业发展光纤通信有着得天独厚的优势，利用高压输电线路，可架设地线复合光缆、无金属自承式光缆或缠绕式光缆等电力特种光缆。电力系统光纤通信已经得到广泛应用。

目前，电力通信方式已由以前较为单一的电缆载波通信和电力线载波通信向光纤通信、数字微波通信、卫星通信等多种通信方式并用的形式快速发展，由局部点线通信衍变为覆盖全国的干线通信。光纤、微波及卫星电路构成主干线，各支路充分利用电力线载波、特种光缆等电力系统特有的通信方式。电力通信技术的多种通信手段还和程控交换机、调度总机等设备共同构成了多用户、多功能的综合通信网，如全国电话网、移动电话网、数字数据网等。通信技术和计算机技术、控制技术、数字信号处理等技术的进步与相互结合是现代通信技术的典型标志。随着电力系统信息化的兴起，电力系统通信技术的发展趋势可概括为数字化、综合化、宽带化、网络化、智能化和个人化，具有可靠性和灵活性高、信息种类复杂、实时性强、耐冲性强、网络结构复杂、通信范围广等特点。未来电力通信的建设目标包括：语音、文字、数据、图像、多媒体合一的电力系统通信网和数据数字化、带宽化、智能化、个人化的综合业务网络。

电力系统通信网是国家专用通信网之一，是电力系统各个环节不可缺少的重要组成部分，是电网调度自动化、电网运营市场化和电网管理信息化的基础，是确保电力系统安全、稳定、经济运行的重要手段。高度的可靠性和实时性是电力系统通信网最重要的两个特征。电力系统通信网还具有其他特征，如用户分散、容量小、网络复杂等。电力通信网络本着服务电网的宗旨，紧密依靠电力系统的发展而建设。目前我国电力系统形成了以大型发电厂和中心城市为核心，以不同电压等级的输电线路为骨架的各大区、省级和地区的电力系统，因此电力通信网的现阶段发展重点是全国各大区域电力通信网互联建设和城市电网、农村电网的改造配套的电力通信网络建设。

电力通信技术是现代智能电网所必须具备的关键技术之一。全国的智能电网的建设及发展都取决于信息通信技术的进步，信息通信技术是组成新时期智能电网电力系统的最为关键的部分。电力通信技术支撑着整个电网的信息交互，是实现电力传输高效性、可靠性和安全性的基础，是电力调度的"千里眼"和"顺风耳"，是电力系统安全稳定控制系统和调度自动化系统的基础，是实现电力系统现代化管理的前提。只有建起实时、高速、双向等高性能的信息通信系统，才能实现现代化电力事业的安全、可靠、快速发展。

1.2 通信、通信系统以及通信网的基本概念

1.2.1 通信

通信的目的是传送信息，即把信息源产生的信息快速、准确地传到收信者。最普遍、最典型的通信就是打电话，当甲拿起电话机拨完乙的电话号码后，电信局的交换机通过一系列的操作接通乙的电话机并振铃，在乙拿起电话机后，甲乙双方就可实现通信。现代通信的概念已远不只是简单的电话通信，而是要克服地理范围和不同环境的限制，利用多种通信终端传输各种各样的信息，如语音、文字、数据、图像、多媒体等，同时实现信息的大范围、大数据的共享。

1.2.2 通信系统

通信系统由信息发送者（信源）、信息接收者（信宿）和处理、传输信息的各种设备共同组成。图 1-1 是通信系统的基本组成模型。

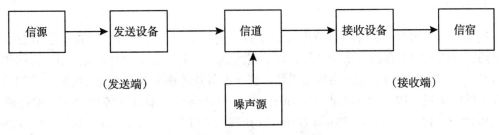

图 1-1 通信系统的组成模型

信源和信宿可以是人，也可以是机器设备（如计算机、传真机等）。信源发出的信号既可以是话音信号，也可以是数字、符号、图像等非语音信号。发送设备对信源发来的信息进行加工和处理，使之变换为适合于信道传输的形式，同时将信号的功率放大，再从信道发送出去。

信道是信息的传输媒体。从其物理特性来分，可将信道分为有线和无线两大类。现代的有线信道包括电缆和光缆；无线信道即无线电传输信道。不同的频段，利用不同性能的设备和配置方法，可组成不同的无线通信系统，如微波中继通信、卫星通信、移动通信等。不同的信道传输性能不同，传送的信号形式也不同。如频率在 0.3~3.4kHz 范围的话

音信号，通过常规的电缆信道可直接传输。若用光缆传送，则必须将话音信号变换为光信号。若用微波传送，则需要对话音信号进行调制，将信号频谱搬移到微波系统的射频频段上去。发送设备对信源信息进行加工和处理，其目的就是完成上述相关的变换。

信号传输一般都要经过很长的距离，无论是有线还是无线信道，都会使信号能量逐渐衰减。因此，发送设备中一般都包含功率放大器，将发送信号的信号功率放大到适当水平，从而使发送信号沿信道衰减后，接收设备仍能接收到足够强度的信号。在传输信号的同时，自然界存在的各种干扰噪声也同时作用在信道上。这里的噪声主要是各种电磁现象引起的干扰脉冲，如雷电、电晕、电弧等，另外还有邻近、邻频的其他信道的干扰。干扰噪声对信号的传输质量影响很大，如果噪声过强而又没有有效的抗干扰措施，轻则使信号产生失真，重则出错，甚至将有效信号完全淹没掉。正因为如此，接收设备除了应对接收到的信号进行与发送设备的信号加工过程相反的变换以外，还应具有强大的干扰抑制能力，能有效地去除噪声，抑制干扰，准确地恢复原始信号。

图 1-1 只是一个单向的点对点通信系统模型。实际上大多数通信系统都是双向的，即两端都有信源和信宿，这就需要在两端都设置发送、接收设备。为了实现多点间的通信，则需要利用交换设备、网络连接设备将多个双向系统连接在一起。

综上所述，通信系统可解释为从信息源节点（信源）到信息终节点（信宿）之间完成信息传送全过程的机、线设备的总体，包括通信终端设备及连接设备之间的传输线所构成的有机体系。

现代通信是数字通信与计算机技术的结合。在数字通信系统中融合了计算机硬、软件技术的系统即为现代通信系统。如 SDH 光同步传输系统出现后，在光纤传输设备中由 CPU 进行数据运算处理，并以管理比特用计算机进行监控与管理，就构成了现代通信系统。

1.2.3　通信网

通信网可描述为由各种通信节点（端节点、交换节点、转接点）及连接各节点的传输链路构成的互相依存的有机结合体，以实现两点及多个规定点间的通信。由通信网的定义可看出，在物理结构上，它由终端设备、交换设备及传输链路三大要素组成。终端设备主要包括电话机、PC（Personal Computer）机、移动终端、手机和各种数字传输终端设备，如 PDH（Plesiochronous Digital Hierarchy）端机、SDH（Synchronous Digital Hierarchy）光端机等。交换节点包括程控交换机、分组交换机、ATM（Asynchronous Transfer Mode）交换机、移动交换机、路由器、集线器、网关、交叉连接设备，等。传输链路即为各种传输信道，如电缆信道、光缆信道、微波信道、卫星信道及其他无线传输信道等。通信网构成示意图如图 1-2 所示。

现代通信网已实现了数字化，并引入了大量的计算机硬、软件技术，使通信网越来越综合化、智能化，把通信网推向了一个新时代，即现代通信网。现代通信网具有更多样化的功能，适用范围更广，为不断满足人们日益增长的物质文化生活的需要提供了更好的服务平台。人们目前经常谈的通信网、电话网、数据网、计算机网、移动通信网等都属于现代通信网，也可简称通信网。

电力通信网是以光纤、微波及卫星电路构成的主干线，各支路充分利用电力线载波、

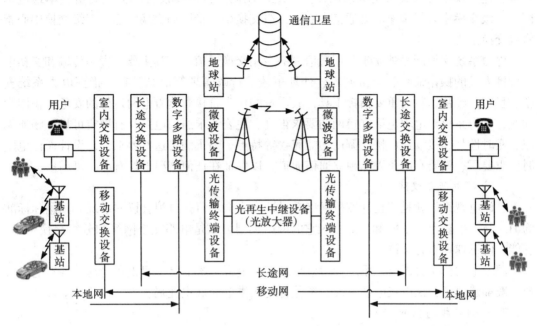

图 1-2 通信网构成示意图

特种光缆等电力系统特有的通信方式，并采用明缆、电缆、无线等多种通信手段及程控交换机、调度总机等设备组成多用户、多功能的综合通信网。电力通信网可以传送电力系统远动、保护、负荷控制、调度自动化等运行、控制信息，保障电网的安全、经济运行，传输各种生产指挥和企业管理信息，为电力系统的现代化提供高速率、高可靠的信息传输网络。

电力通信网主要由传输、交换、终端三大部分组成。其中传输与交换部分组成通信网络，传输部分为网络的线，交换设备为网络的节点。我国目前常见的交换方式有电路交换、分组交换、ATM 异步传送模式和帧中继。传输系统以光纤、数字微波传输为主，卫星、电力线载波、电缆、移动通信等多种通信方式并存，实现了对除台湾省外所有其他省、自治区、直辖市的覆盖，承载的业务涉及语音、数据、远动、继电保护、电力监控、移动通信等领域。目前电力通信主干网络基本上呈树形与星形相结合的复合型网络结构。电力通信网按业务的种类分为：电话及传真网、数据通信网、图像通信网、可视电视电话网。按服务区域范围分为：本地通信网、长途通信网、移动通信。电力系统通信网中常见的通信网络有电力电话交换网、电力数据通信网、电视电话会议网。

1. 电力电话交换网

电话通信网是进行交互型话音通信、开放电话业务的电信网，简称电话网。它是一种电信业务量最大、服务面积最广的专业网，可兼容其他许多种非话业务网，是电信网的基本形式和基础，包括本地电话网、长途电话网和国际电话网。

电话网采用电话交换方式，主要由发送和接收电话信号的用户终端设备、进行电路交换的交换设备、连接用户终端和交换设备的线路和交换设备之间的链路组成。

我国电力电话网由三级长途交换中心和一级本地网端局组成四级结构。其中一、二、三级长途交换中心构成长途电话网，由本地网端局和按需要设置的汇接局组成本地电话网。一级交换中心指国家电力通信中心，二级交换中心指网局交换中心，三级交换中心指省级交换中心。

电力系统交换网是独立于公用通信网的专用交换通信网，其主要职责是传输和交换电力调度人员的操作命令、经济调度、处理事故、行政管理等信息。它是指挥电力系统安全、稳定、经济运行的重要指挥工具，其质量的优劣直接影响着电网运行的安危。正因为如此，电力系统对电力电话交换网的要求很高，主要要求通信电路具有稳定可靠、畅通无阻、实时性强、接续速度快、调度功能完善等特点。为了满足这些要求，在设计通信电路时，重要厂、站要有两条以上独立通信通道，以保证在任何情况下均有电路可用。

2. 电视电话会议网

会议电视系统就是依托计算机网络在异地多个会场召开电视会议的系统。其国际标准为 H. 32x，主要为 H. 320 和 H. 323，它的网络类型可以是电路交换网络和分组交换网络，它能方便迅速地召开会议。

国家电力公司会议电视系统投运效果良好，电视系统卫星工程正在启动，各省电力公司一般都建设了会议电视电话系统，覆盖各地区供电局（电业局）及各大电厂。

3. 电力数据通信网

（1）国家电力数据通信网

国家电力数据通信网是电力通信网的重要业务网络之一，是国家电网公司系统内各种计算机应用系统实现网络化的公共平台，是实现国家电力公司信息化的基础。

国家电力数据通信网络承载的主要业务有：企业管理信息及办公自动化（含 DMIS、通信 MIS 等）、电力市场信息发布、IP 会议电视（会议电视、远程教育、视频监视、协同工作等）、网络通用业务（WEB 浏览、EMAIL、文件传输、GIS、电子商务等）、IP 电话及 IP 电话会议系统和通信网网管数据通信通道（Data Communication Channel，DCN）的备用传输。国家电力数据通信网的建成，形成了电力专用通信网 IP 业务的综合平台。

（2）国家电力调度数据网

为了确保各调度中心之间以及调度中心与厂站之间计算机监控系统等实时数据通信的可靠性和安全性，依照国家关于电网和电厂网络安全防护的相关规定，建设全国性的统一国家电力调度数据网，按照"统一规划设计、统一技术体制、统一理由策略、统一组织实施"的原则进行网络工程建设。

国家电力调度数据网的骨干网核心层由国调、6 个网调、四川、三峡等 9 个节点组成；汇聚层由除四川以外的 29 个省调节点组成；接入层由各接入厂站及调度中心业务网组成。调度数据网承载的业务主要有以下两类：① 实时监控业务，包括能量管理系统（Energy Management System，EMS）与远程终端单元（Remote Terminal Unit，RTU）或变电站自动化系统的实时数据、EMS 之间交换的实时数据、水调自动化数据、实时电力市场辅助控制信息以及电力系统动态测量数据；② 调度生产直接相关业务，包括发电及联络线交换计划、联络线考核、调度票、操作票、检修票、调度生产运行报表（日报、月报、季报）、电能量计量计费信息、故障录波、保护和安全自动装置有关管理数据以及电力市场申报数据和交易计划数据。

（3）网省公司电力数据通信网

全国电力大部分网、省公司建设了数据通信网，这些数据通信网络的主要覆盖范围是网省公司直属供电公司、所管辖的电厂和变电所。

1.2.4 通信系统与通信网的关系

以上对通信系统和通信网的描述中，已经明显突出了两种概念及它们之间的密切关系。用通信系统来构架，通信网即为通信系统的集，或者说是各种通信系统的综合，通信网是各种通信系统综合应用的产物。通信网源于通信系统，又高于通信系统。但是不论网的种类、功能、技术如何复杂，从物理上的硬件设施分析，通信系统是各种网不可缺少的物质基础，这是一种自然发展规律，没有线即不能成网。因此，通信网是通信系统发展的必然结果。通信系统可以独立存在，然而一个通信网是通信系统的扩充，是多节点各通信系统的综合，通信网不能离开系统而单独存在。

1.3 电力通信技术的现状与分类

1.3.1 电力通信技术的现状

信息通信技术的应用经历了漫长的发展阶段。至此，人类的信息传递走向了以电信号为载体的通信新时代。现代信息通信技术的发展分为三个阶段：初级通信阶段、近代通信阶段、现代通信阶段。20 世纪 80 年代，信息通信技术的发展促进了公众通信业务的成熟。各大移动公司相继开通以数字网络为基础的公用业务、个人综合通信业务等。并且网络体系结构的国际化标准约定了个人计算机和计算机局域网的使用标准和范畴，同时国际互联网也得到了极大的发展。

电力信息通信技术是实现电力系统"智能自动化"的根基，并且贯穿于发输电、变配电、用电和调度等多个环节之中。在我国电力行业中，电力通信的历史悠久，它是构建现代化电力系统的重要组成部分，电力通信系统由发电厂、电力部门、变电站等传输系统、交换系统、终端设备等要素组合而成，也是电网能够有效运行的指挥中枢。我国电力通信事业主要经历了五个发展阶段，即从同轴电缆到光纤传输、从纵横模式到程控模式的交换机制转变、从硬件到软件的技术转变、从定点通信到移动通信、从模拟网到数字通信网。

现代电力通信技术使电网的电力信息交换更加快捷，使整个电网的运作更加高效、经济和安全。目前，以数字微波为干线、覆盖全国的电力网络已初步形成，光纤通信、卫星通信、移动通信、数字程控交换以及数字数据网等新兴的通信技术也获得了相当水平的应用。

美国国家标准与技术研究所（National Institute of Standards and Technology，NIST）提出了智能电网互操作性技术框架及路线图，对电力信息通信技术有较多的整体要求：① 在网络的用户之间提供双向通信，用户指区域城市市场管理者、公共事业机构等；② 允许电力系统运行管理者监视他们自己的系统和相邻系统，保证能源更可靠地分配和输送；③ 协调和整合技术系统，例如可再生能源、需求侧响应、电能贮藏装置和电力交通运输系统；④ 确保电网和通信网的安全。

国家电网公司提出构建新一代电力信息通信（Information and Communication Technology，ICT）网络的战略构想，要求电力系统中的信息业务综合性更强，同时对通信方式、安全可靠性等方面也提出了新的要求。电力通信网也随着信息通信技术在智能电网中应用步伐的加快而加速建设。电力通信网是建立在电网之上的组成电力系统的另外一个实体网络，通过全网络的电网运营和信息化的网络管理来保证电网的稳定安全运行。电力通信网是国家的专用通信网络之一，全国的电力通信网以光纤传输和微波传输为主，还有少量的电力线载波传输、卫星通信传输、无线传输等通信方式。电力通信网承载的主要业务包括数据传输、调度通信、电力系统的继电保护等。电力通信网的主要构架是：骨干通信网覆盖所有区域的电网，终端通信接入网管理局域的小部分电网，并接入骨干通信网中四级通信网络（跨区通信网、区域通信网、省地市通信网），共同组成骨干通信网，基本上都是 35kV 及以上的电网。多角度、多需求及个性化的通信要求等通信业务的发展促进了通信网络更加兴盛的发展势头。移动通信的应用、机密数据传输、高清视频等新兴业务成为通信技术创新的动力。随着通信技术的不断发展和在电力系统中的广泛应用，电力信息通信将进入一个迅猛发展的新时期。

1.3.2　电力通信技术的分类

电力系统通信技术主要包括以下几种接入电网技术：电力线载波通信技术、光纤通信技术、无线通信技术、现代交换技术、现代通信网技术和接入电网技术等。

1. 电力线载波通信技术

电力线载波通信（Power Line Carrier Communication，PLCC）是利用高压输电线作为传输通路的载波通信方式，用于电力系统的调度通信、远动、保护、生产指挥、行政业务通信及各种信息传输。电力线路是为输送 50Hz 强电设计的，线路衰减小，机械强度高，传输可靠，电力线载波通信复用电力线路进行通信，不需要通信线路建设的基建投资和日常维护费用，是电力系统特有的通信方式。

根据传输信号时所使用的电力线电压等级不同，可将电力线载波通信分为输电线载波通信、配电线载波通信和低压配电线载波通信等。输电线载波通信（Transmission Line Carrier，TLC）是指通信信号使用 110kV 及以上的高压电力线来传输的通信方式。配电线载波通信（Distribution Line Carrier，DLC）是指通过配电网电力线传输信号的一种通信方式，实现配电线载波通信的电力系统广泛应用了配电网的监测控制功能、远程读表功能和负荷控制功能。低压配电线载波通信（Low Voltage Line Carrier，LVLC）是指在低压电网中，通过低压配电网的电力线传输信号的通信方式，我国直接从国外引入了该低压配电线载波通信技术，但由于低压电网上存在的较大干扰严重影响了载波通信的质量和效率，而未能大范围推广。我国电网的情况是，500kV 和 220kV 电缆线路上的继电保护通道的通信通常采用电力线载波通信方式。

PLCC 的广泛应用，主要因为该通信方式是建立在已有的电力网之上，不需要再次构建通信网络就可进行信息的传输。其具体优点包括：① 我国的电力传输网络覆盖面积广，建立于其上的电力载波通信的应用范围也非常广泛，并且经济快速、安全可靠；② 电力线载波通信技术已发展数年，其应用十分广泛，与之相应的技术标准和管理规程也是完备的；③ 电力线载波技术的发展也促进了从事该技术研发企业的发展，如深圳力合、青岛东软、上海弥亚微等，设备的发展更新反过来使电力载波技术的应用更加成熟；④ 电力线载波通信受到高压电的保护，不容易出现盗窃现象。

当然，多年的研究应用表明电力载波通信技术也存在着许多缺点与不足。例如：① 频谱资源有限：电力线载波频率范围有限，载波频带带宽只有 4kHz，并且不能充分利用，个别信道的时变衰减较大；② 电力网络负载用电的随机切出接入，使信道具有很强的时变性，从而影响信号的传输；③ 噪声干扰严重：电力线载波通信的主要干扰来源于电网的所有负载，各种用电设备（阻性、感性、容性等）及用电设备的频繁开闭导致电力线上存在很多幅度比较大的噪声干扰。

2. 光纤通信技术

光纤通信是以光波为载波，以光纤为传输媒介的一种通信方式，由多路转换、光端机、光中继、光缆装置组成，如图 1-3 所示。多路转换是将多种信号源转换成光电信号；光端机是将电信号变为光信号，采用光强度调制方式，分为模拟式光端机和数字式光端机；光中继是将因传输而使光强度衰减的光信号转换为电信号，放大后再转换为光信号以进行长距离传输。

图 1-3　光纤系统示意图

光纤通信网络包括同步数字体系主干网络（Synchronous Digital Hierarchy，SDH）、光纤以太网、串行异步光纤网和以太无源光纤网络。SDH 是一种具有新的一套国际标准的同步数字光纤通信体系，是一套为了节省信道资源的通道复用的方法，同时也是一个通信组网原则。过去光纤通信系统使用的准同步数字体系没有统一的国际标准，都是各个国家开发的具有不同线路码型、传输速率、接口标准等的光纤通信系统。因此，各国之间便无法实现在光纤通信中的互联，造成许多技术上的困难和费用的增加。SDH 克服了上述不足，主要有以下特点：统一的传输速率，规定了一个固定的信号传输速率，SDH 定义的速率为 155.52NMb/s（$N=1$，2，…）；复接和分接实现简单；确定了世界通用光纤接口标准。以太网以光纤介质实现网络通信，从而构成光纤以太网通信方式。以太网在网络层使用了以太网协议，在传输层使用了 TCP/IP，通信速度可达到 10Mb/s 及以上。串行异步光纤网光端机在增加少量成本的基础上，利用时分复用技术可在同一对光纤上复用出多个相对独立的逻辑通道，并能提供 1~4 个光方向，为实现数据的分组通信和交叉接入功能提供了可靠的技术支持。以太无源光纤网络（Ethernet Passive Optical Network，EPON）基于以太网，但光的传输及分配无需电源的一对多光纤通信网络。EPON 由三部分组成，分别是线路侧设备、中间无源分光设备和用户侧设备。

光纤通信的优点包括：① 容许频带很宽，传输容量巨大：目前，利用单波长光路进行通信的传输速率高达 10Gb/s，波分复用和光时分复用更是极大地增加了传输容量。更高水平的密集波分复用传输容量可达 2 640Gb/s。② 损耗少，中继距离长：现在广泛使用的石英光纤已经可以完成 200km 信号传输的无中继通信；若先将光放大处理，在无中继的前提下能够传输 640km。③ 保密性能好：光纤信号传输的信号微弱化很小，使得信息在光纤中传输非常安全，保密性能良好。④ 光纤铺设的环境要求低：石英材料制成的电绝缘光纤，使得光纤通信线路不会受到常规金属通信线经常受到的各种电磁干扰，因此，非金属制品的光缆更能适应高压电力线周围电磁环境，并且石英材料的光缆对抗腐蚀的性能极强，在油田附近常常用到。光纤的阻燃性使其用于许多易燃易爆环境进行通信。另外，由光纤和电力输送系统的地线组合而成的光纤复合架空地线目前在电力系统的通信网中广泛使用。⑤ 体积小、重量轻：光纤质量很小，在相同芯数时，即使绕制成光缆，其重量和体积都比相同芯数的电缆小很多，因此光纤方便于施工与日常维护。

　　光纤通信的缺点：光纤质地脆，机械强度差；光纤的切断和接续需要一定的工具、设备和技术；分路、耦合不灵活；有供电困难问题。

　　我国电力通信领域普遍使用电力特种光缆，主要包括全介质自承式光缆（All-Dielectric Self-Supporting Optic Fiber Cable，ADSS）、架空地线复合光缆（Optical Power Ground Wire，OPGW）、缠绕式光缆（Ground Wine Wind Optical Cable，GWWOP）。电力特种光缆是适应电力系统特殊的应用环境而发展起来的一种架空光缆体系，它将光缆技术和输电线技术相结合，架设在 10~500kV 不同电压等级的电力杆塔上和输电线路上，具有高可靠、长寿命等突出优点。

　　各网、省电力公司光缆线路建设均以所管辖的电网为覆盖对象。光通信设备大部分为 SDH 制式，SDH 是非常成熟的技术，国际标准化程度高，运行稳定可靠。目前全国电力通信现有 SDH 通信线路中，传输容量最高为 10Gb/s，许多省级干线已形成了 SDH 光环网。电力系统有大量的不同电压等级的电力杆线资源，OPGW、ADSS 等电力特种光缆的出现，使电力杆线成为大量电力通信光缆的载体。OPGW 将通信光缆和高压输电线上的架空地线结合成一个整体，将光缆技术和输电线技术相融合，成为多功能的架空地线，既是避雷线，又是架空光缆，同时还是屏蔽线，在完成高压输电线路施工的同时，也完成了通信线路的建设，非常适用于新建的输电线路，常见于 220kV、330kV、500kV 电压等级。ADSS 质轻价优，与输电线路独立，且可带电架设，不影响输电线路的正常运行，非常适合于已建电力线路及新建电力线路，常见于 35kV、110kV、220kV 电压等级，特别是 110kV 电压等级基本上都采用 ADSS 光缆。

　　3. 无线通信技术

　　无线通信在智能电网时代得到了广泛的应用和飞速的发展。电力通信领域用到的无线通信技术主要包括微波通信、移动通信、卫星通信等。

　　微波通信是指利用微波（射频）作载波携带信息，通过无线电波空间进行中继（接力）的通信方式。常用微波通信的频率范围为 1~40GHz。微波以直线传播，若要进行远程通信，则需在高山、铁塔或高层建筑物顶上安装微波转发设备进行中继通信。微波通信技术主要采用数字中继的方式工作，该种数字中继的工作方式为数字微波通信，即把数字信号加载到微波载体上并通过电波空间传送多路信息。

　　移动通信是指通信的双方中至少有一方是在移动中进行信息交换的通信方式。作为电力通信网的补充和延伸，移动通信在电力线维护、事故抢修、行政管理等方面发挥着积极的作用。移动通信技术经历了 1G（语音）、2G（语音、数据）、3G（多媒体信息）到 4G（高速统一信息服务、多种终端接入、自适应网络）的发展过程。第一代的移动通信（1G）主要传输语音信息，第二代移动通信（2G）加入了数据信息的传输功能，而目前我国无线通信系统已进入 4G 时代，各类电信商业运营商都在争相开展 4G 服务。

卫星通信是在微波中继通信的基础上发展起来的。卫星通信是一种利用人造地球卫星作为中继站来转发无线电波而进行的两个或多个地球站之间的通信，也是一种微波通信。卫星中继信道由通信卫星、地球站、上行线路和下行线路构成。采用三个适当配置的同步卫星中继站就可以覆盖全球（除两极盲区外）。卫星通信如图 1-4 所示。

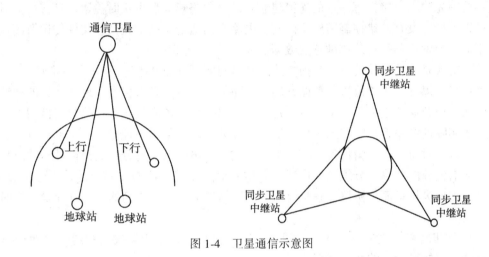

图 1-4　卫星通信示意图

卫星通信具有电波覆盖面积大、传输距离远、通信容量大、稳定性高的特点，目前广泛用来传输多路电话、电报、数据和电视。由于它不受地域和自然环境的限制，在偏远山区电力通信中的应用优势更加明显，但其传输时延略大。目前我国电力系统内已有地球站数十座，基本上形成了系统专用的卫星通信系统，实现了北京对新疆、西藏、云南、海南、广西、福建等边远省区的通信。卫星通信除用作话音通信外，还用来传送调度自动化系统的实时数据。

无线通信有如下优点：① 成本低：无线通信传输方式无需架设有线传输介质，信号发收端价格不高，可以节省投资；② 建设工程周期短：建设无线通信的工期大概只几天或者几周，因为建立在专用无线数据传输方式下的数传模块无需重新搭建，仅仅架设适合通信工作高度的天线即可，因此，无线通信的方式能够快速建成通信线路，压缩了建设工程的时间；③ 适应性好：与有线通信相比，无线通信系统的无线传输方式几乎不受地理环境的影响，有极强的适应性；④ 容易扩充：只需要新建无线电台，然后使新增通信设备与无线数传电台相连接便可。

无线通信有如下缺点：① 传输信号在人的视线范围内的两个通信点之间必须没有遮挡，因此在架设通信设备时，必须考虑线路中间可能有的建筑物，必要时还需去除线路之间不必要的树木。② 通信距离受限：基于以上通信的视线传输的限制并考虑到目前地面民用无线通信系统设备的性能，无线通信的通信距离理论上一般在 200~6 000m 之间。同时还要受很多其他因素的限制，如天气环境影响，因此实际传输的距离更短。③ 天气因素会直接影响通信传输的可靠性。

4. 现代交换技术

现代交换方式有电路交换、分组交换、ATM 异步传送模式、帧中继和多协议标记交换（Multi-Protocol Label Switching，MPLS）技术。电路交换和分组交换是两种不同的交换方式，是代表快慢两大范畴的传送模式，帧中继和 ATM 异步传送模式属于快速分组交换的范畴。

电路交换是固定分配带宽的，连接建立后，即使无信息传送也必须占电路，电路利用率低；要预先建立连接，有一定的连接建立时延，通路建立后可实时传送信息，传输时延一般可以不计；没有差错控制措施。因此，电路交换适合于电话交换、文件传送及高速传真，不适合突发业务和对差错敏感的数据业务。

分组交换是一种存储转发的交换方式。它是将需要传送的信息划分为一定长度的包，也称为分组，以分组为单位进行存储并转发。而每个分组信息都包含源地址和目的地址的标识，在传送数据分组之前，必须首先建立虚电路，然后依序传送。在分组交换网中，可以在一条实际的电路上传输许多对用户终端间的数据。其基本原理是把一条电路分成若干条逻辑信道，对每一条逻辑信道有一个编号，称为逻辑信道号。分组交换最基本的思想就是实现通信资源的共享。分组交换最适合数据通信。数据通信网几乎全部采用分组交换。快速分组交换为尽量简化协议，只具有核心的网络功能，以提供高速、高吞吐量和低时延服务的交换方式。

ATM 异步转移模式是电信网络发展的一个重要技术，是为解决远程通信时兼容电路交换和分组交换而设计的技术体系。

帧中继（Frame Relay，FR）技术是在开放式系统互联模型（Open System Interconnection，OSI）第二层上用简化的方法传送和交换数据单元的一种技术。

MPLS 技术是一种新兴的路由交换技术。MPLS 技术是结合二层交换和三层路由的集成数据传输技术，它不仅支持网络层的多种协议，还可以兼容第二层上的多种链路层技术。采用 MPLS 技术的 IP 路由器以及 ATM、FR 交换机统称为标记交换路由器（Label Switching Router，LSR）。使用 LSR 的网络相对简化了网络层复杂度，兼容现有的主流网络技术，降低了网络升级的成本。此外，业界还普遍看好用 MPLS 提供虚拟专用网络（Virtual Private Network，VPN）服务，以实现负载均衡的网络流量工程。

5. 现代通信网技术

现代通信网按功能可以划分为传输网和支撑网。

支撑网是使业务网正常运行，增强网络功能，提高全网服务质量，以满足用户要求的网络。在各个支撑网中传送相应的控制、检测信号。支撑网包括信令网、同步网和电信管理网。① 信令网技术：在采用公共信道信令系统之后，除原有的用户业务之外，还有一个起支撑作用的、专门传送信令的网络——信令网。信令网的功能是实现网络节点（包括交换局、网络管理中心等）间信令的传输和转接。② 同步网技术：实现数字传输后，在数字交换局之间、数字交换局和传输设备之间均需要实现信号时钟的同步。同步网的功能就是实现这些设备之间的信号时钟同步。③ 电信管理网技术：电信管理网是为提高全网质量和充分利用网络设备而设置的。网络管理可以实时或近实时监视电信网络的运行，必要时采取控制措施，以达到在任何情况下最大限度地使用网络中一切可以利用的设备，使尽可能多的通信业务得以实现。

6. 接入电网技术

从接入业务的角度看，可简单分为适用于窄带业务的接入网技术和适用于宽带业务的接入网技术。从用户入网方式角度看，Internet 接入技术可以分为有线接入和无线接入两大类。无线接入技术分固定接入和移动接入技术。

接入网是由业务节点接口和用户网络接口之间的一系列传送实体（如线路设施和传输设施）组成的、为传送电信业务提供所需传送承载能力的实施系统，可经由 Q3 接口进行配置与管理。接入所使用的传输媒体可以是多种多样的，可灵活支持混合的、不同的接入类型和业务。G.963 规定，接入网作为本地交换机与用户端设备之间的实施系统，它可以部分或全部代替传统的用户本地线路网。可含复用、交叉连接和传输功能。

习　题

1. 简述电力通信在电力行业中的地位和作用。
2. 电力事业的现代化建设对电力通信提出了哪些新要求？
3. 通信系统由哪些模块组成？各有什么作用？
4. 有哪些典型的电力通信网？各有什么特点？
5. 通信系统与通信网的区别及联系是什么？
6. 电力通信经历了怎样的发展历程？
7. 电力线载波通信和光纤通信各有怎样的适用范围？
8. 简述光纤通信的优缺点。
9. 有哪些光纤通信网络？

第 2 章　通信技术基础理论

2.1　通信的基本概念与基本问题

2.1.1　通信系统模型

通信系统的一般模型如图 2-1 所示，根据学习的对象和关注的问题不同，各方框的内容和作用有所不同。按照信道中传输的信号是模拟信号还是数字信号，可将通信系统分为模拟通信系统（Analog Communication System，ACS）与数字通信系统（Digital Communication System，DCS）。

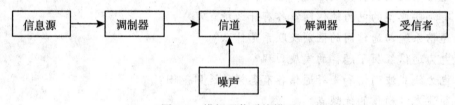

图 2-1　模拟通信系统模型

1. 模拟通信系统模型

信源产生的信息无论是在时间上还是在幅度上都是连续的，或者变化的信号参量的取值是连续的或取无穷多个值的，且直接与消息相对应的信号，均称为模拟信号，如电话机送出的语音信号、电视摄像机输出的图像信号等。模拟信号有时也称连续信号，这种连续是指信号的某一参量可以连续变化。信道中传输模拟信号的系统称为模拟通信系统。

2. 数字通信系统模型

将信源产生的信息变换成一定格式的数字信号，其信号参量只能取有限个值，并且常常不直接与消息相对应，这些有限个取值用 0 和 1 的数字表示的信号，称为数字信号，如电报信号、计算机输入/输出信号、PCM 信号等都是数字信号。数字信号有时也称离散信号，这种离散是指信号的某一参量是离散变化的，而不一定在时间上也离散，如 2PSK 信号。信道中传输数字信号的系统称为数字通信系统。数字通信系统的模型如图 2-2 所示。

数字通信涉及的主要内容有信源编码/译码、信道编码/译码、数字调制/解调、数字复接、同步以及加密等。

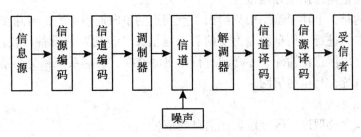

图 2-2 数字通信系统模型

其中信源编码的作用有两个，一是设法减少码元数目和降低码元速率，即通常所说的数据压缩，码元速率将直接影响传输所占的带宽，而传输带宽又直接反映了通信的有效性；二是当信息源给出的是模拟信号时，信源编码器将其转换成数字信号，以实现模拟信号的数字化传输。模拟信号数字化传输主要有两种方式：脉冲编码调制（Pulse Code Modulation，PCM）和增量调制（Delta Modulation，ΔM）。信源译码是信源编码的逆过程。

信道编码是为了降低误码率，提高数字通信的可靠性而采取的编码。基本思想是通过对信息序列作某种变换，使原来彼此独立、相关性极小的信息码产生某种相关性，从而在接收端利用这种规律检查或纠正信息码元在信道传输中所造成的差错。

数字调制就是把数字基带信号的频谱搬移到高频处，形成适合在信道中传输的频带信号。基本的数字调制方式有振幅键控（Amplitude-Shift keying，ASK）、频移键控（Frequency-Shift Keying，FSK）、绝对相移键控（Phase-Shift Keying，PSK）、相对（差分）相移键控（Differential Phase-Shift Keying，DPSK）。对这些信号可以采用相干解调或非相干解调还原为数字基带信号。

同步是保证数字通信系统有序、准确、可靠工作的不可缺少的前提条件。同步使收、发两端的信号在时间上保持步调一致。按照同步的功能不同，同步又可分为载波同步、位同步、群同步和网同步。

数字复接就是依据时分复用基本原理把若干个低速数字信号合并成一个高速的数字信号，以扩大传输容量和提高传输效率。

对两种通信系统来说，数字通信是发展的主流，因为数字信号具有以下优点：

① 抗干扰能力强；
② 便于进行各种数字信号处理；
③ 便于实现集成化；
④ 便于加密处理；
⑤ 便于综合传递各种信息，实现综合业务数字网。

但是，数字通信的许多优点都是用比模拟通信占据更宽的系统频带为代价而换取的。以电话为例，一路模拟电话通常只占据 4kHz 带宽，但一路接近同样话音质量的数字电话可能要占据 64kHz 带宽，因此，数字通信的频带利用率不高。另外，由于数字通信对同步要求高，因而系统设备比较复杂。但随着新的宽带传输信道（如光纤）的采用、窄带调制技术和超大规模集成电路、信息压缩等技术的发展，数字通信的这些缺点已经弱化。随着微电子技术和计算机技术的迅猛发展与广泛应用，数字通信在今后的通信方式中必将逐步取代模拟通信而占据主导地位。

需要指出的是，上述模型图中只给出了点到点的单向通信系统，实际在大多数场合下通信系统需要双向进行，信息源兼为受信者，通信设备包括发信设备和收信设备。此外，通信系统除了完成信息传输外，还必须进行信息的交换，传输系统和交换系统共同组成一个完整的通信系统，乃至通信网。

3. 信息、消息与信号

学习通信概念及理论要区分信息、消息与信号。

① 信息是一种不确定度的描述，是语言、文字、数据或图像中所包含的人们想知道的内容，是内在的实质的东西。

② 消息是具体的，有不同的形式。消息中包含了信息，如符号、文字、语音、数据、图像等，根据所传输的消息不同形成了目前的各种通信业务，可以从消息中提取信息。因此，通信的根本目的在于传输含有信息的消息。基于这种认识，"通信"也就是"信息传输"或"消息传输"。

③ 信号为消息的表示形式，在通信系统中传输的实际上是表现为各种消息形式的电信号。

2.1.2　通信系统的分类

根据分析问题的侧重点不同，通信系统有不同的分类方法。

1. 按通信业务不同分类

按照目前通信业务的不同可将通信系统分为电报通信系统、电话通信系统、传真通信系统、数据通信系统、可视电话系统、无线寻呼等。另外，从广义的角度来看，广播、电视、雷达、导航、遥控、遥测等也应列入通信的范畴，但由于技术的不断发展，目前它们已从通信中派生出来，形成了独立的学科。

这些系统可以是专用的，但通常是兼容或并存的。通信系统的未来发展趋势是发展综合业务数字网，各种类型的信息都能在一个统一的通信网中传输、交换和处理。

2. 按调制方式不同分类

根据是否采用调制，可将通信系统分为基带传输系统和频带传输（或称载波传输）系统。基带传输系统指不经过调制直接传输，而频带传输系统可以采用表 2-1 所示的各种调制方式进行调制。线性调制和非线性调制统称为模拟调制。

表 2-1　　　　　　　　　　　频带传输系统的调制方式及用途

调制方式		用　途
连续波调制	线性调制 常规双边带调幅 AM	广播
	抑制载波双边带调制 DSB	立体声广播
	单边带调制 SSB	载波通信、无线电台、数据传输
	残留边带调制 VSB	电视广播、数据传输、传真

调制方式			用　途
连续波调制	非线性调制	频率调制 FM	微波中继、卫星通信、广播
		相位调制 PM	中间调制方式
		幅度键控 ASK	数据传输
		频移键控 FSK	数据传输
		相位键控 PSK、DPSK、QPSK 等	数据传输、数字微波、空间通信
		其他高效数字调制 QAM、MSK	数字微波、空间通信
脉冲调制	脉冲模拟调制	脉幅调制 PAM	中间调制方式、遥测
		脉宽调制 PDM（PWM）	中间调制方式
		脉位调制 PPM	遥测、光纤传输
	脉冲数字调制	脉码调制 PCM	市话、卫星、空间通信
		增量调制 DM	军用、民用电话
		差分脉码调制 DPCM	电视电话、图像编码
		ADPCM、APC、LPC	中低速数字电话

3. 按传输信号的特征分类

按照信道中所传输的是模拟信号还是数字信号，相应地把通信系统分为模拟通信系统和数字通信系统。

4. 按传输信号的复用方式分类

传输多路信号有频分复用（Frequency Division Multiplexing，FDM）、时分复用（Time Division Multiplexing，TDM）、码分复用（Code Division Multiplexing，CDM）、波分复用（Wavelength Division Multiplexing，WDM）和空分复用（Space Division Multiplexing，SDM）等多种方式。频分复用是用频谱搬移的方法使不同信号占据不同的频率范围；时分复用是用脉冲调制的方法使不同信号占据不同的时间区间；码分复用是用正交的脉冲序列分别携带不同信号。传统的模拟通信都采用频分复用，随着数字通信的发展，时分复用的应用越来越广泛，码分复用主要应用于移动通信系统，波分复用主要用于光纤通信，微型通信中还使用空分复用。

5. 按传输媒介分类

按传输媒介，通信系统可分为有线通信系统和无线通信系统两大类。有线通信采用导线（如架空明线、同轴电缆、光导纤维、波导等）作为传输媒介完成通信，如市内电话、有线电视、海底电缆通信等。无线通信则依靠电磁波在空间传播达到传递消息的目的，如短波电离层传播、微波视距传播、卫星中继等。各种传输媒介有其特定的工作频率，常用传输媒介的频率范围及用途如表 2-2 所示。

表 2-2　　　　　　　　　　　　　　常用传输媒介的频率范围及用途

频率范围	波长	符号	传输媒介	用途
3Hz～30kHz	10^8～10^4m	甚低频 VLF	有线线对长波无线电	音频、电话、数据终端、长距离导航、时标
30～300kHz	10^4～10^3m	低频 LF	有线线对长波无线电	导航、信标、电力线通信
300kHz～3MHz	10^3～10^2m	中频 MF	同轴电缆中波无线电	调幅广播、移动陆地通信、业余无线电
3～30MHz	10^2～10m	高频 HF	同轴电缆短波无线电	军用通信、业余无线电
30～300MHz	10～1m	甚高频 VHF	同轴电缆米波无线电	电视、调频广播、空中管制、车辆通信、导航
300MHz～3GHz	100～10cm	特高频 UHF	波导、分米波无线电	电视、空间遥测、雷达、导航、点对点通信、移动通信
3～30GHz	10～1cm	超高频 SHF	波导、厘米波无线电	微波接力、卫星和空间通信、雷达
30～300GHz	10～1mm	极高频 EHF	波导、毫米波无线电	雷达、微波接力、射电天文学
10^5～10^7GHz	$3×10^{-4}$～$3×10^{-6}$cm	紫外线、可见光、红外线	光纤激光空间传播	光通信

2.1.3　通信方式

电力系统通信技术主要有电力光纤通信技术、电力载波通信技术、电力微波通信技术和卫星通信技术等。按数据传输方向可分为单工通信、半双工通信及全双工通信；按数字信号代码排列顺序不同分为并行传输和串行传输。

1. 单工、半双工及全双工通信

单工通信是指消息只能单方向传输的工作方式，因此只占一个信道，如图 2-3（a）所示。广播、遥测、遥控、无线传呼等就是单工通信方式的例子。

半双工通信是指通信双方都能收发消息，但不能同时进行收和发的工作方式，如图 2-3（b）所示。例如，使用同一载频的对讲机、收发报机以及问询、检索、科学计算等数据通信方式都是半双工通信方式。

全双工通信方式是指通信双方可同时进行收发消息的工作方式。通常情况下全双工通信的信道必须是双向信道，如图 2-3（c）所示。普通电话、手机都是最常见的全双工通信方式，计算机之间的高速数据通信也是这种方式。

2. 并行传输和串行传输

并行传输是将代表信息的数字序列以成组的方式在两条或两条以上的并行信道上同时传输，如图 2-4（a）所示。并行传输的优点是节省传输时间，但需要传输信道多，设备复杂，成本高，故较少采用，一般适用于计算机和其他高速数字系统，特别适用于设备之间的近距离通信。

串行传输时数字序列以串行方式一个接一个地在一条信道上传输，如图 2-4（b）所

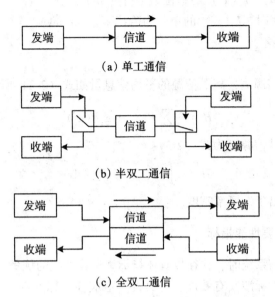

（a）单工通信

（b）半双工通信

（c）全双工通信

图 2-3　单工通信、半双工通信和全双工通信方式示意图

示。一般的远距离数字通信采用这种传输方式。

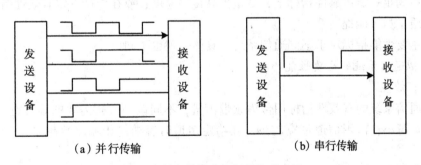

（a）并行传输　　　　　　　（b）串行传输

图 2-4　并行传输和串行传输示意图

2.1.4　信息及度量

通信的目的在于传输信息。为了平衡通信系统传输信息的能力，需要对被传输的信息进行定量描述，这就涉及信息量的定义。

1. 信息量

信息携带的信息量大小与消息出现的可能性相关，而可能性可以由消息的统计特性——概率描述。离散消息 x_i 携带的信息量如式（2-1）所示：

$$I(x_i) = \log_a \frac{1}{P(x_i)} = -\log_a P(x_i) \tag{2-1}$$

单位由对数的底 a 来确定：

① 对数以 2 为底时，$I(x_i)$ 的单位为比特（bit）；

② 对数以 e 为底时，$I(x_i)$ 的单位为奈特（nit）；

③ 对数以 10 为底时，$I(x_i)$ 的单位为哈特莱（Hartley）。

其中比特使用较多。

2. 平均信息量

平均信息量也称信源熵，离散信源的平均信息量如式（2-2）所示：

$$H = -\sum_{i=1}^{L} P(x_i)\log_2 P(x_i) \tag{2-2}$$

对于连续信源，其信源熵为式（2-3）：

$$H = -\int_{-\infty}^{\infty} f(x)\log_2 f(x)\,\mathrm{d}x \tag{2-3}$$

式中，$f(x)$ 为消息出现的概率密度。

2.1.5　通信系统的主要性能指标

在设计或评价通信系统时，往往以具体指标衡量其性能的优劣，性能指标也称质量指标。通信系统的性能指标涉及有效性、可靠性、适应性、标准性、经济性、可维护性等。但从研究信息传输的角度来说，主要性能指标有两个，即有效性和可靠性。

其中，有效性指传输的速度问题，即给定信道内所传输的信息内容多少；可靠性指传输的质量问题，即接收信息的精确程度。二者是一对矛盾，通常根据实际应用求得相对的统一，即在满足一定可靠性指标下，尽量提高传输速度；或在维持一定有效性指标时，使消息传输质量尽可能提高。

两个主要性能指标对于不同通信系统，具体表现也不同。

1. 模拟通信系统的主要性能指标

（1）有效性

模拟通信系统的有效性指标用传输频带衡量，不同调制方式需要的频带宽度也不同，信号的带宽越小，占用信道带宽越少，在给定信道时容纳的传输路数越多，有效性就越好。

（2）可靠性

模拟通信系统的可靠性指标用接收端的最终输出信号噪声功率比（简称信噪比 S/N 或 SNR-signal noise ratio）衡量，不同调制方式在同样信道信噪比下所得到的最终解调输出信噪比也不同，如调频系统的输出信噪比大于调幅系统，故可靠性比调幅系统好，但调频信号所需传输带宽高于调幅。

2. 数字通信系统的主要性能指标

（1）有效性

数字通信系统的有效性指标用传输速率衡量，传输速率又分为码元传输速率和信息传输速率。

码元传输速率（R_B），简称传码率，又称符号速率，指单位时间能够传送的码元数，单位为波特（Baud，简称 B）。

若 T_B（单位为秒，s）为每个码元传输所占用的时间，则：

$$R_B = 1/T_B \tag{2-4}$$

若码元为二进制，则 R_B 对应 R_{B2}；若码元为 M 进制，则 R_B 对应 R_{BM}，有：

$$R_{B2} = R_{BM} \log_2 M \tag{2-5}$$

信息传输速率 R_b，简称传信率，又称比特率，指单位时间能够传送的平均信息量，单位为比特/秒（bit/s，简称 b/s，bps）。

传码率和传信率的关系为：

$$\begin{cases} R_b = R_B \log_2 M \\ R_B = R_{bM} \log_2 M \end{cases} \tag{2-6}$$

$R_B < R_b$，因为多进制码元要用多位二进制表示，所需传输时间长，传输速率降低。需要说明的有两点：

① 宽带与速率：在许多资料上也借用带宽来描述数字通信系统的有效性即传输速率，例如某信道的带宽为 56Kb/s，也就意味着该信道的数据传输速率为 56Kb/s。

② 频带利用率 η：比较不同通信系统的有效性时，只看传输速率还不够，还应看该传输速率下所占用的带宽，故经常用频带利用率 η（单位频带内的码元传输速率）来衡量数字通信系统的有效性。频带利用率 η 定义为：

$$\eta = \frac{R_b}{B} [b/(s \cdot Hz)] \tag{2-7}$$

或

$$\eta = \frac{R_B}{B} [b/Hz] \tag{2-8}$$

（2）可靠性

数字通信系统的可靠性指标用差错概率衡量，差错概率又分为误码率和误信率。

误码率（码元差错概率）P_e：误码率指接收的错误码元数在传输总码元数中所占的比例，即码元在通信系统中被传错的概率。

误信率（信息差错概率）P_b：误信率指发生差错的比特数在传输总比特数中所占的比例。

当采用多进制（进制数>2）传输时，由于一个多进制码元有 $\log_2 M$ 个比特信息，其中任何一个比特发生错误，都会使整个多进制码元发生错误，由此可以判断误码率与信率的关系为：

$$P_b \leqslant P_e \tag{2-9}$$

2.1.6 信道容量与香农公式

1. 单天线信道容量与香农公式

信道容量 C 指信道中无差错传输信息的最大速率，分为连续信道的信道容量和离散信道的信道容量。

对于连续信道的信道容量，有著名的香农公式：

$$C = B \log_2(1 + S/N) = B \log_2 [1 + S/(n_0 B)] \tag{2-10}$$

式中，S：信号的功率；B：信道带宽；S/N：信道信噪比；n_0：噪声功率密度。

关于香农公式，有几点需要说明：

① S/N↑→C↑，若 N→0，则 C→∞；

② $B\uparrow\rightarrow C\downarrow$，但 B 无限增加时，信道容量趋于定值 $\lim\limits_{B\to\infty}C=1.44\dfrac{S}{n_0}$；

③ 信道容量 C 一定时，带宽 B 与信噪比 S/N 可以互换，若带宽增加，可以换来信噪比的降低；反之亦然。

香农公式是现代通信的基础，实际通信系统在保持一定信道容量 C 时，根据具体情况解决带宽 B（有效性）与信噪比 S/N（可靠性）的矛盾和统一，如 FM 系统以增加带宽为代价换取信噪比的改善；移动通信节约带宽，需要加大发信功率等。

2. MIMO 系统的信道容量

式（2-10）结果为单根天线发射和单根天线接收的通信系统的信道容量。对于配有 N_T 根发射天线和 N_R 根接收天线的 MIMO（Multiple-Input Multiple-Output）信道，发射端在不知道传输容量的状态信息的条件下，其信道容量的公式可表示为：

$$C=\log_2\left[\det\left(I_{N_R}+\frac{\rho}{N_T}HH^H\right)\right] \tag{2-11}$$

式中：ρ 是接收端平均信噪比，H 是 $N_R\times N_T$ 的信道矩阵，其元素 h_{ji} 是从发射天线 i 到接收天线 j 之间的信道衰落系数。det ｛·｝ 表示矩阵"·"的行列式。

如 N_R 和 N_T 很大，则信道容量 C 近似为：

$$C=\min\{N_R,\ N_T\}\log_2(\rho/2) \tag{2-12}$$

式中，$\min\{N_R,\ N_T\}$ 为 N_R 和 N_T 的较小者。

上式表明，功率和带宽固定时，多入多出系统的最大容量或容量上限随最小天线数的增加而线性增加。

利用 MIMO 信道可以成倍地提高无线信道容量，在不增加带宽和天线发送功率的情况下，频谱利用率可以成倍提高。同时也可以提高信道的可靠性，降低误码率。可见，MIMO 技术是一种通过多天线的配置充分利用信号的空间资源，有效提高衰落信道容量的方法。

2.2　通信中的编码技术

通信中的编码技术主要有信源编码和信道编码。

信源编码的作用：一是设法减少码元数目和降低码元速率，即通常所说的数据压缩。码元速率将直接影响传输所占的带宽，而传输带宽又将直接反映通信的有效性。二是当信息源给出的是模拟语音信号时，信源编码将其转换为数字信号，以实现模拟信号的数字化传输。

信道编码是为了降低误码率，提高数字通信的可靠性而采取的编码。数字信号在信道传输时，由于噪声、衰落以及人为干扰等，会引起误差。为了减小误差，信道编码器对其传输的信息码元按一定的规则加保护成分（监督元），组成所谓的"抗干扰编码"。接收端的信道译码器按一定规则进行解码，解码过程中发现错误或纠正错误，从而提高通信系统抗干扰能力，实现可靠通信。

下面分别介绍两种编码技术的原理及实现过程。

2.2.1 信源编码

因数字通信系统具有许多优点而成为当今通信的发展方向。然而自然界的许多信号经各种传感器感知后都是模拟量，例如电话、电视等通信业务，其信源输出的都是模拟信号。若要利用数字通信系统传输模拟信号，一般需要三个步骤：

① 把模拟信号数字化，即模数转换（A/D）；

② 进行数字方式传输；

③ 把数字信号还原为模拟信号，即数模转换（D/A）。

第 ② 步包括数字基带传输和数字频带传输（即 2.3 节的数字调制）另作讨论，因此这里只讨论其余两步。

由于 A/D 或 D/A 变换的过程通常由信源编（译）码器实现，所以我们把发送端的 A/D 变换称为信源编码，而把接收端的 D/A 变换称为信源译码，如语音信号的数字化叫做语音编码。由于电话业务在通信中占有最大的业务量，所以这里以语音编码为例，介绍模拟信号数字化的有关理论和技术。

模拟信号数字化的放大大致可划分为波形编码、参数编码和混合编码。波形编码是直接把时域信号变换为数字代码序列，比特率通常为 $16 \sim 64\text{bit/s}$，接收端重建信号的质量好，典型方法有如脉冲编码调制（Pulse Code Modulation，PCM）、自适应差分脉冲编码调制（Adaptive Differential Pulse Code Modulation，ADPCM）、增量调制（Delta Modulation，ΔM）。参数编码是利用信号处理技术，提取语音信号的特征参数，再变换成数字代码，其比特率在 16Kb/s 以下，但接收端重建（恢复）信号的质量不够好，如线性预测编码（Linear Predictive Coding，LPC）。混合编码则是在波形编码和参数编码的基础上，以相对较低的比特率获得较高的语音质量，因此，其数据率和音质介于二者之间，混合编码是适合于数字移动通信的语音编码技术。目前，较为成功的混合型编码方案有多脉冲机理线性预测编码（Multi-Pulse Mechanism Linear Predicctive Coding，MPLPC）和码激励线性预测编码（Code-excited Linear Predictive Coding，CELPC）。

目前应用最普遍的波形编码方法有 PCM、ΔM 和 ADPCM。采用 PCM 的模拟信号数字传输系统如图 2-5 所示，首先对模拟信息源发出的模拟信号进行抽样，使其成为一系列离散的抽样值，然后将这些抽样值进行量化并编码，变换成数字信号，这时信号便可以以数字通信方式传输。在接收端，则将接收到的数字信号进行译码和低通滤波，恢复原模拟信号。下面重点讨论模拟信号数字化的两种方式，即 PCM 和 ΔM 的原理及性能。

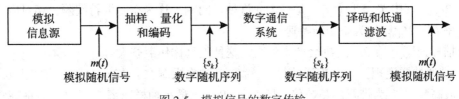

图 2-5　模拟信号的数字传输

1. PCM 原理

脉冲编码调制，简称脉冲调制，是利用一组二进制数字代码来代替连续信号的抽样值，从而实现通信的一种方式。由于这种通信方式抗干扰能力强，它在光纤通信、数字微波通信、卫星通信中获得了广泛的应用。

PCM 是最典型的语音信号数字化的波形编码方式，其系统原理如图 2-6 所示。首先，在发送端进行波形编码（主要包括抽样、量化和编码三个过程），把模拟信号变换为二进制码组。编码后的 PCM 码组的数字传输方式可以是直接的基带传输，也可以是对微波、广播等载波调制后的调制传输。在接收端，二进制码组经译码后还原为量化后的样值脉冲序列，然后经低通滤波器滤除高频分量，便可得到重建信号。

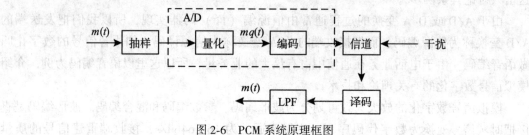

图 2-6　PCM 系统原理框图

（1）抽样

抽样是按抽样定理把时间上连续的模拟信号转换成一系列时间上离散的抽样值的过程。

抽样定理可解释为，如果对一个频带有限的时间连续的模拟信号抽样，当抽样速率达到一定的数值时，则根据它的抽样值就能重建原信号。也就是说，若要传输模拟信号，不一定要传输模拟信号本身，只需要传输按抽样定理得到的抽样值即可。因此，抽样定理是模拟信号数字化的理论依据。

根据信号是低通型的还是带通型的，抽样定理分低通抽样定理和带通抽样定理。根据抽样的脉冲序列是冲激序列还是非冲激序列，抽样可分为理想抽样和实际抽样。

① 低通抽样定理：一个频带限制在 $(0, f_H)$ 内的连续时间信号 $m(t)$，如果以 $T_s \leqslant 1/(2f_H)$ 的间隔对它进行等间隔（均匀）抽样，则 $m(t)$ 将被所得到的抽样值完全确定。

抽样定理表明，若 $m(t)$ 的频谱在某一角频率 ω_H 以上为零，则 $m(t)$ 中的全部信息完全包含在其间隔不大于 $1/(2f_H)$ 的均匀抽样序列里。换句话说，在信号最高频率分量的每一个周期内起码应抽样两次。或者说，抽样速率 f_s（每秒内的抽样点数）应不小于 $2f_H$，即 $f_s \geqslant 2f_H$。其中 $T_s = 1/(2f_H)$ 是最大允许抽样间隔，称为奈奎斯特间隔，相对应的最低抽样速率 $f_s = 2f_H$，称为奈奎斯特速率。

若抽样速率 $f_s < 2f_H$，则会产生失真，这种失真称作混叠失真。

② 带通抽样定理：一个带通信号 $m(t)$，其频率限制在 f_L 与 f_H 之间，带宽为 $B = f_H - f_L$，若最高频率 f_H 为带宽的整数倍，即 $f_H = nB$，则最小抽样速率 $f_s = 2B$；若最高频率 f_H 不为带宽的整数倍，即：

$$f_H = (n + k)B \tag{2-13}$$

式中：n 为一个不超过 f_H/B 的最大整数，$0 < k < 1$。此时，最小抽样速率为：

$$f_s = 2B(1 + k/n) \tag{2-14}$$

当 $f_L \gg B$ 时，f_s 趋近于 $2B$。所以此时，不论 f_H 是否为带宽的整数倍，都可简化为：

$$f_s \approx 2B \tag{2-15}$$

实际中应用广泛的高频窄带信号就符合这种情况，这是因为 f_H 大而 B 小，f_L 当然也大，因此带通信号通常可按 $2B$ 速率抽样。

抽样定理不仅为模拟信号的数字化奠定了理论基础，同时它还是时分多路复用及信号分析、处理的理论依据。

（2）量化

量化是把幅值上仍连续（无穷多个取值）的抽样信号进行幅度离散，即利用预先规定的有限个电平来表示模拟信号抽样值的过程。

时间连续的模拟信号经抽样后的样值序列，虽然在时间上离散，但在幅值上仍是连续的，即抽样值 $m(kT)$ 可以取无穷多个值，因此仍属模拟信号。如果用 N 位二进制码组来表示该样值的大小，以便利用数字传输系统传输，那么，N 位二进制只能同 $M = 2^N$ 个电平样值相对应，而不能同无穷多个可能取值相对应。这就需要把取值无限的抽样值划分成有限的 M 个离散电平，此电平被称为量化电平。

量化的物理过程可通过图 2-7 所示的例子说明，其中，$m(t)$ 是模拟信号，抽样速率为 $f_s = 1/T_s$，第 k 个抽样值为 $m(kT_s)$，$m_q(t)$ 表示量化信号；$q_1 \sim q_M$ 是预先规定好的 M 个量化电平（这里 $M = 7$），m_i 为第 i 个量化区间的终点电平（分层电平）；电平之间的间隔 $\Delta i = m_i - m_{i-1}$ 称为量化间隔。量化输出是图 2-7 中的阶梯波形 $m_q(t)$。

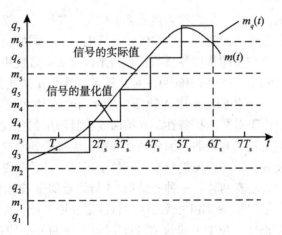

图 2-7　量化过程示意图

可以看出，量化后的信号 $m_q(t)$ 是对原信号 $m(t)$ 的近似。当抽样速率一定，量化电平数增加并且量化电平选择适当时，可以使 $m_q(t)$ 与 $m(t)$ 的近似程度进一步提高。

$m_q(kT_s)$ 与 $m(kT_s)$ 之间的误差为量化误差。对于语音、图像等随机信号，量化误差也是随机的，它像噪声一样影响通信质量，因此又称为量化噪声。量化误差的平均功率与量化间隔的分割有关，如何使量化误差的平均功率最小或符合一定规律，是量化理论所要研究的问题。

均匀量化的量化信噪比为：

$$\frac{S}{N_q} = M^2 \tag{2-16}$$

量化信噪比随量化电平数 M 的增加而提高，信噪比越高系统质量越好。通常量化电平数应根据对量化信噪比的要求来确定。量化方法有两种。

① 均匀量化：把输入信号的取值域按等距离分割的量化称为均匀量化。在均匀量化中，每个量化区间的量化电平取在各区间的中点，其量化间隔 Δi 取决于输入信号的变化范围和量化电平数。均匀量化广泛应用于线性 A/D 变化接口，例如在计算机的 A/D 变换中；在遥测遥控系统、仪表、图像信号灯的数字化接口中，也都使用均匀量化。

但在语音信号数字化通信（即数字电话通信）中，均匀量化则有一个明显的不足：量化信噪比随信号电平的减小而下降。产生这一现象的原因是均匀量化的量化间隔为固定值，量化电平分布均匀，因而无论信号大小如何，量化噪声功率固定不变，这样，小信号时的量化信噪比就难以达到给定的要求。通常，把满足信噪比的输入信号的取值范围定义为动态范围，均匀量化时输入信号的动态范围将受到较大的限制。为了克服均匀量化的缺陷，实际中往往采用非均匀量化。

② 非均匀量化：一种在整个动态范围内量化间隔不相等的量化。换言之，非均匀量化根据输入信号的概率密度函数来分布量化电平，以改善量化性能。

在商业电话中，数量化器就是一种简单而稳定的非均匀量化器。该量化器在经常出现的低幅度语音信号处，运用小的量化间隔，而在不经常出现的高幅度语音信号处，运用大的量化间隔。

实现非均匀量化的方法之一是把输入量化器的信号 x 先进行压缩处理，再把压缩的信号 y 进行均匀量化。所谓压缩器就是一个非线性变换电路，微弱的信号被放大，强的信号被压缩。接收端采用一个与压缩特性相反的扩张器来恢复。通常使用的压缩器中，大多采用对数式压缩，即 $y = \ln x$。广泛采用的两种对数压扩特性是 μ 律压扩和 A 律压扩。美国采用 μ 律压扩，我国和欧洲各国均采用 A 律压扩。早期的 A 律和 μ 律压扩特性是采用非线性模拟电路获得的。由于对数压扩特性是连续曲线，且随压扩参数的不同而不同，电路上实现这样的规律函数是相当复杂的，因而精度和稳定度都受到限制。随着数字电路特别是大规模集成电路的发展，另一种压扩技术——数字压扩，日益获得广泛的应用。

在实际中常采用的方法有两种：一种是采用 13 折线近似 A 律压缩特性；另一种是采用 15 折线近似 μ 律压缩特性。A 律 13 折线压缩特性主要用于英、法、德等欧洲各国以及我国的 PCM30/32 路基群中。CCITT 建议 G.711 规定上述两种折线近似压缩率为国际标准，且在国际数字系统相互连接时要以 A 律为标准。A 律 13 折线压缩特性的形成如图 2-8 所示。

图中给出的是正方向，由于语音信号是双极性信号，因此在负方向也有与正方向对称的一组折线，也是 7 根，但其中靠近零点的 1、2 段斜率也都等于 16，与正方向的第 1、2 段斜率相同，又可以合并为一根，因此，正、负双向共有 $2 \times (8-1) - 1 = 13$ 折，故称其为 13 折线。

13 折线实际上有 16 段，每一段又等间隔分成 16 个量化区间，共有 256 个量化区间，

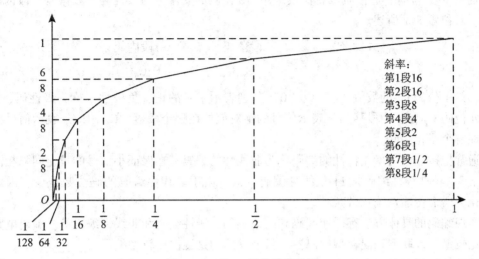

图 2-8　A 律 13 折线压缩特性

需要 8 位编码就可以完全描述。采用此压缩特性后小信号的量化信噪比改善量可达 24dB。

（3）编码和译码

把量化后的信号电平值变换成二进制码组的过程称为编码，其逆过程称为解码或译码。

模拟信号源输出的模拟信号 $m(t)$ 经抽样和量化后得到的输出脉冲序列是一个 M（一般常用 128 或 256）进制的多电平数字信号，如果直接传输，抗噪声性能很差，因此还要经过编码器转换成二进制数字信号（PCM 信号），再经数字通道传输。二进制码组经过编译器还原为 M 进制的量化信号，再经数字信道传输。在接收端，二进制码组经过译码器还原为 M 进制的量化信号，再经低通滤波器恢复原模拟基带信号。量化与编码的组合称为模/数变换器（A/D 变换器）；译码与低通滤波的组合称为数/模变换器（D/A 变换器）。

编码需要考虑以下几个问题。

① 码字和码型的选择：考虑到二进制码具有抗干扰能力强、易于产生等优点，因此 PCM 中一般采用二进制。对于 M 个量化电平，可以用 N 位二进制码来表示，其中的每一个码组称为一个码字。为保证通信质量，目前国际上多采用 8 位编码的 PCM 系统。

码型指的是代码的编码规律，其含义是把量化后的所有量化级，按其量化电平的大小次序排列起来，并列出各对应的码字，这种对应关系的整体就称为码型。常用的二进制码型有三种：自然二进码、折叠二进码和格雷二进码。在 PCM 通信编码中，折叠二进码比自然二进码和格雷二进码优越，它是 A 律 13 折线 PCM30/32 路基群设备中所采用的码型。

② 码位的选择与安排：至于码位数的选择，它不仅关系到通信质量的好坏，而且还涉及设备的复杂程度。码位数的多少，决定了量化分层的数量，反之，若信号量化分层数一定，则编码位数也被确定。在信号变化范围一定时，用的码位数越多，量化分层越细，量化误差就越小，通信质量当然就更好。但码位数越多，设备就越复杂，同时还会使总的传码率增加，传输宽带加大。一般从语音信号的角度来说，采用 3~4 位非线性编码即可，

若增加至 7~8 位时，通信质量就比较理想。8 位码的安排分为极性码、段落码、段内码三部分，其位置如下所述。

极性码	段落码	段内码
C_1	$C_2C_3C_4$	$C_5C_6C_7C_8$

其中，第 1 位码 C_1 的数值 "1" 或 "0" 分别表示字号的正、负极性，称为极性码；第 2 至第 4 位码 $C_2C_3C_4$ 为段落码，表示信号的绝对值处在哪个段落，$C_5C_6C_7C_8$ 表示信号绝对值处在哪个量化区间。

通常把按非均匀量化特性的编码称为非线性的编码，在保证小信号的量化间隔相同的条件下，7 位非线性编码与 11 位线性编码等效。由于非线性编码的码位数减少，因此设备简化，所需传输系统宽带减小。

实现编码的具体方法有低速编码和高速编码、线性编码和非线性编码等。编码电路有逐次比较型、级联型和混合型编码器。目前常用的是逐次比较型编码器。

编码器的任务是根据输入的样值脉冲编出相应的 8 位二进制代码。除第一位极性码外，其他 7 位二进制代码是通过类似天平称重物的过程来逐次比较确定的。这种编码器就是 PCM 通信中常用的逐次比较型编码器。逐次比较型编码的原理与天平称重物的方法相类似，样值脉冲信号相当于被测物，标准电平相当于天平的砝码。

2. 增量调制

ΔM 是继 PCM 后出现的又一种模拟信号数字传输的方法，其目的在于简化语音编码方法。

ΔM 与 PCM 虽然都是用二进制代码来表示模拟信号的编码方式，但是，在 PCM 中，代码表示样值本身的大小，所需码位数较多，从而导致编译码设备复杂；而在 ΔM 中，它只用以为编码表示相邻样值的相对大小，从而反映出抽样时刻波形的变化趋势，与样值本身的大小无关。ΔM 系统框图如图 2-9 所示。

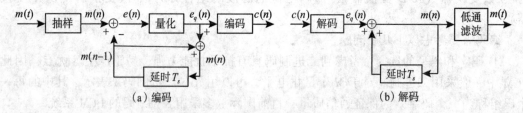

图 2-9　ΔM 系统框图

ΔM 与 PCM 编码方式相比具有编译码设备简单、低比特率时的量化信噪比高、误码率特性好等优点，在军事和工业部门的专用通信网和卫星通信中得到了广泛应用，近年来在高速超大规模集成电路中用作 A/D 转换器。

ΔM 一般适用于小容量支线通信，话路增减方便灵活。目前，随着集成电路的发展，ΔM 的优点不再显著。在传输语音信号时，ΔM 语音清晰度和自然度方面都不如 PCM。因此，目前在通用多路系统中很少或不用 ΔM。ΔM 一般用在通信容量小和质量要求不高的场合以及军事通信和一些特殊通信中。

3. 自适应差分脉冲编码调制

64Kb/s A 律或 μ 律的对数压扩 PCM 编码已经在大容量的光纤通信系统和数字微波通信系统中得到了广泛的应用。但 PCM 信号占用频带比模拟通信系统中的一个标准话路带宽（3.1kHz）宽很多倍，这样，对于大容量的长途传输系统，尤其是卫星通信，采用 PCM 的经济性能很难与模拟通信相比。

以较低的速率获得高质量编码，一直是语音编码追求的目标。通常，人们把话路速率低于 64 Kb/s 的语音编码方法，称为语音压缩编码技术。语音压缩编码方法很多，其中，自适应差分脉冲编码调制（Adaptive Differential Pulse-Code Modulation, ADPCM）是语音压缩中复杂程度较低的一种编码方法，它可在 32Kb/s 的比特率上达到 64Kb/s 的 PCM 数字电话质量。近年来，ADPCM 已成为长途传输中一种新型的国际通用的语音编码方法。在长途传输系统中，ADPCM 有着远大的前景。相应地，CCITT（国际电报电话咨询委员会）也形成了关于 ADPCM 系统的规范建议 G.721、G.726 等。

4. 线性预测编码

线性预测编码（Linear Predictive Coding, LPC）及其他各种改进型都属于参数编码。参数编码建立在人类语音产生的全极点模型的理论上，参数编码器传输的编码参数也就是全极点模型的参数—基频、线谱对、增益。对语音来说，参数编码器的编码效率最高，但对音频信号，参数编码器就不太适合。典型的 LPC 是用来获取时变数字滤波器的参数的。这个滤波器用来模拟说话人的声道输出。由于它以滤波器为主来构造语音并产生模拟，发送的只是滤波器的参数和相关的特征值，可以将比特率压得很低，但是语音质量不是很好。这种方法在低速率声码器中普遍采用。

5. 混合编码

20 世纪 80 年代后期，主流算法是一种综合波形编码和参数编码的混合编码算法，这种算法假设一个语音产生模型，但同时又使用与波形匹配的技术将模型参数编码，吸收了两者的优点。根据这种方法进行编码的有：多脉冲激励线性预测编码，码率在 9.6~16Kb/s 范围内；码激励线性预测编码，在 4.8~16Kb/s 范围内可获得质量相当高的合成语音。近年来码激励线性预测编码作为一种优秀的中、低速率方法得到了很好的重视与研究，在降低复杂程度、增强 CELPC 性能、提高语音质量等方面取得了许多新的进展。矢量和激励线性预测编码（Vector Sum Excited Linear Prediction Coding, VSELPC）成为北美第一种数字蜂窝移动通信网的语音编码标准，与美国政府标准 4.8Kb/s CELPC 语音编码器基本相同，CCITT 最终选定了由 AT&T 实验室提出的 16Kb/s 低延迟码激励线性预测编码方案，并经过进一步的研究和优化，通过了 G.728 延迟码激励线性预测算法 LD-CELP，LD-CELP 可应用于可视电话伴音、数字移动曲线通信、数字语音插空设备、语音信息录音和分组语音等领域。

6. 图像信号编码

图像通信以其确切、直观、高效率、多业务的适应性等优点而受到越来越广泛的重视。电力系统也逐渐涉及越来越多的图像通信业务。一幅数字图像的数据量通常很大，给存储和传输带来许多问题。由于单纯增加储存器容量及提高信道宽带都是不现实的，所以这些问题的解决就要依靠图像编码技术。在未经压缩的数字图像中存在三种基本的数据冗余：编码冗余、像素间冗余和心理视觉冗余，只要能消除或减少其中的一种或多种冗余就能取得压缩效果。压缩可分为两类。一类压缩是可逆的,即从压缩后的数据可以完全恢复出原来的图像,没有任何信息损失,称为无损压缩;另一种压缩是不可逆的,即从压缩后的数据无法完全恢复原来的图像,信息有一定的损失,称为有损压缩。通常情况下有损压缩的压缩效率比无损压缩要高。常用的图像压缩方法如下:

(1)行程长度压缩

行程长度压缩(Run-Length Encoding,RLE)也称为游程编码,原理是将一扫描行中的颜色值相同的相邻像素用一个计数值和那些像素的颜色值来代替。例如:aaabcccccccddeee,则可用3a1b6c2d3e来代替。对于拥有大面积相同颜色区域的图像,用RLE压缩方法非常有效。由RLE原理还派生出了许多其他压缩方法。

(2)霍尔曼编码压缩

霍尔曼编码压缩是常见的压缩方法,是1952年为文本文件建立的,其基本原理是频繁使用的数据用较短的代码代替,很少使用的数据用较长的代码代替,每个数据的代码各不相同。这些代码都是二进制码,且码的长度是可变的。如:有一个原始数据序列,ABACCDAA则编码为A(0),B(10),C(110),D(111),压缩后为010011011011100。产生霍夫曼编码需要对原始数据扫描两遍,第一遍扫描要精确地统计出原始数据中的每个值出现的频率,第二遍是建立霍夫曼树并进行编码,由于需要建立二叉树并遍历二叉树生成编码,因此数据压缩和还原速度都较慢,但简单有效,因而得到广泛的应用。

(3)LZW压缩方法

LZW(Lempel-Ziv-Welch)压缩技术比其他大多数压缩技术都复杂,压缩效率也较高。其基本原理是把每一个第一次出现的字符串用一个数值来编码,在还原程序中再将这个数值还原成原来的字符串。如用数值0x100代替字符串"abccddeee",则每当出现该字符串时都用0x100代替,起到了压缩的作用。至于0x100与字符串的对应关系则是在压缩过程中动态生成的,而且这种对应关系隐含在压缩数据中,随着解压缩的进行这张编码表会从压缩数据中逐步得到恢复,后面的压缩数据再根据前面数据产生的对应关系产生更多的对应关系,直到压缩文件结束为止。LZW是可逆的,所有信息全部保留。

(4)算术压缩方法

算术压缩与霍夫曼编码压缩方法类似,但比霍夫曼编码压缩更加有效。算术压缩适合于由相同的重复序列组成的文件,算术压缩接近压缩的理论极限。这种方法,是将不同的序列映像到0到1之间的区域内,该区域表示成可变精度(位数)的二进制小数,越不常见的数据要的精度越高(更多的位数),这种方法比较复杂,因而不太常用。

(5)联合摄像专家组

联合摄像专家组(Joint Photographic Experts Group,JPEG)标准与其他的标准不同,定义了不兼容的编码方法。在最常见的模式中,它是失真的,一个从JPEG文件恢复出来的图像与原始图像总是不同的,但有损压缩重建后的图像常常比原始图像的效果更好。JPEG的另一个显著特点是它的压缩比例相当高,原图像大小与压缩后的图像大小相比,比例可以从1%到90%不等。这种方法效果更好,适合多媒体系统。

(6)动态图像专家组

动态图像专家组(Moving Picture Experts Group,MPEG)是指一个研究视频和音频编码标准的"动态图像专家组"组织，成立于 1988 年，致力开发视频、音频的压缩编码技术。现在我们所说的 MPEG 泛指由该小组制定的一系列视频编码标准。该小组至今已经制定了 MPEG-1、MPEG-2、MPEG-3、MPEG-4、MPEG-7 等多个标准。MPEG 图像编码是基于变换的有损压缩。MPEG-1、MPEG-2、MPEG-4 采用了运动量估计和运动量补偿技术。在利用运动量补偿的帧（图像）中，被编码的是经过运动量补偿的参考帧与目前图像的差。与传统图像编码技术不同，MPEG 并不是每格图像都进行压缩，而是以一秒时段作为单位，将时段内的每一格图像做比较，由于一般视频内容都是背景变化小、主体变化大，MPEG 技术就应用这个特点，以一幅图像为主图，其余图像格只记录参考资料及变化数据，以更有效地记录动态图像。从 MPEG-1 到 MPEG-4，其核心技术仍然离不开这个原理，之间的区别主要在于比较的过程和分析的复杂性等。

（7）H. 26x 系列视频编码

国际电联 ITU-T 下属的视频编码技术标准化组织视频编码专家组（Video Code Expert Group，VCEG）。制定的标准有 H. 261、H. 262、H. 263、H. 264，这些标准可应用于实时视频通信领域。

2.2.2 信道编码

数字信号在传输过程中，加性噪声、码间串扰等都会产生误码。为了提高系统的抗干扰性能，可以提高发射功率，降低接收设备本身的噪声，以及合理选择调制、解调方法等。此外，还可以采用信道编码技术。

信道编码技术的基本思想是通过对信息序列作某种变换，使原来彼此独立、相关性极小的信息码元产生某种相关性，从而在接收端利用这种规律检查或纠正信息码元在信道传输中所造成的差错。

1. 差错类型

差错类型可分为随机差错和突发差错。其中，随机差错由随机噪声的干扰引起，差错互相独立、互不相关，恒参高斯白噪声信道是典型的随机信道；突发差错由突发噪声的干扰引起，错误通常成串出现，错误之间具有相关性，具有脉冲干扰的信道是典型的突发信道。

2. 差错控制方式

差错控制方式一般有三种，对于不同类型的信道，应采用不同的差错控制方式。

①检错重发方式 检错重发又称自动请求重传方式（Automatic Repeat reQuest，ARQ）。由发端送出能够发现错误的码，由收端判决传输中有无错误产生，如果发现错误，则通过反向信道把这一判决结果反馈给发端，然后，发端把收端认为错误的信息再次重发，从而达到正确传输的目的。其特点是需要反馈信道，译码设备简单，当突发错误和信道干扰较严重时有效，但实时性差，主要应用在计算机数据通信中。

②前向纠错方式（Forward Error Correction，FEC） 发端发送能够纠正错误的码，收端收到信码后自动地纠正传输中的错误，其特点是单向传输，实时性好，但译码设备较复杂。

③混合纠错方式（Hybrid Error Correction，HEC） HEC 是 FEC 和 ARQ 方式的混合，发端发送具有自动纠错同时又具有检错能力的码，收端收到码后，检查差错情况，如果错

误在纠错码的纠错能力范围以内，则自动纠错；如果错误超过了纠错码的纠错能力但能检测出来，则经过反馈信道请求发端重发。这种方式具有自动纠错和检错重发的优点，可达到较低的误码率，因此，近年来该方式得到广泛应用。

3. 纠错码的分类

①线性码和非线性码　根据纠错码各码组信息元和监督元的函数关系，可分为线性码和非线性码。如果函数关系是线性的，则称为线性码，否则称为非线性码。

②分组码和卷积码　根据码组信息元和监督元的函数关系涉及的范围，可分为分组码和卷积码。分组码的各码元仅与本组的信息元有关；卷积码中的码元不仅与本组的信息元有关，而且还与前面若干组的信息元有关。

③检错码和纠错码　根据码的用途，可分为检错码和纠错码。检错码以检错为目的，不一定能纠错；而纠错码以纠错为目的，一定能检错。

4. 纠错编码的基本原理

（1）码距与最小码距

分组码一般可用 (n, k) 表示。其中，k 是每组二进制信息码元的数目，n 是码组的码元总位数，又称为码组长度，简称码长。$n-k=r$ 为每个码组中的监督码元数目。简单地说，分组码是对每段 k 位长的信息组以一定的规则增加 r 个监督元，组成长为 n 的码字。在二进制情况下，共有 $2k$ 个不同的信息组，相应地可得到 $2k$ 个不同的码字，称为许用码组。其余 $2n-2k$ 个码字未被选用，称为禁用码组。

在分组码中，非零码元的数目称为码字的汉明重量，简称码重。例如，码字 10110，码重 $\omega=3$。

两个等长码组之间相应位取值不同的数目称为这两个码组的汉明（Hamming）距离，简称码距。例如 11000 与 10011 之间的距离 $d=3$。码组集中任意两个码字之间距离的最小值称为码的最小距离，用 d_0 表示。最小码距是码的一个重要参数，是衡量码检错、纠错能力的依据。

（2）检错和纠错能力

码的最小距离 d_0 直接关系着码的检错和纠错能力，任一 (n, k) 分组码，在码字内应满足：

① 检测 e 个随机错误，则要求码的最小距离 $d_0 \geq e+1$；

② 纠正 t 个随机错误，则要求码的最小距离 $d_0 \geq 2t+1$；

③ 纠正 t 个同时检测 e（$e \geq t$）个随机错误，则要求码的最小距离 $d_0 \geq t + e + 1$。

5. 编码效率

用差错控制编码提高通信系统的可靠性，是以降低有效性为代价换来的。定义编码效率 R 来衡量有效性：

$$R = k/n \tag{2-17}$$

式中：k 为信息元的个数；n 为码长。

纠错码的基本要求：检错和纠错能力尽量强，编码效率尽量高，编码规律尽量简单。实际上，要根据具体指标要求，保证有一定纠错、检错能力和编码效率，并且易于实现。

6. 主要的信道编码方法

(1) 线性分组码

若线性码的各码元仅与本组的信息元有关,则称为线性分组码。线性分组码中循环码的编码和解码设备都不太复杂,且纠错能力较强,目前在理论和实践上都有较大的发展。

分组码是把 k 个信息比特的序列编成 n 个比特的码组,每个码组的 $n-k$ 个校验位仅与本码组的 k 个信息位有关,而与其他码组无关。为了达到一定的纠错能力和编码效率,分组码的码组长度一般都比较大。编译时必须把整个信息码组存储起来,由此产生的译码延时随 n 的增加而增加。汉明码是能够纠正 1 位错误的效率较高的线性分组码。

循环码是线性分组码中最重要的一种子类,是目前研究得比较成熟的一类码。循环码具有许多特殊的代数性质,这些性质有助于按照要求的纠错能力系统地构造这类码,并且简化译码算法。目前发现的大部分线性码与循环码有密切关系。循环码还有易于实现的特点,很容易用带反馈的移位寄存器实现,且性能较好,不但可以用于纠正独立的随机错误,也可以用于纠正突发错误。循环码具有代数结构清晰、性能较好、编译码简单和易于实现的特点,因此在目前的计算机纠错编码系统中所使用的线性分组码多为循环码。

(2) 卷积码

卷积码是另外一种信道编码方法,它也是将 k 个信息比特编成 n 个比特,但 k 和 n 通常很小,特别适合以串行形式进行传输,时延小。与分组码不同,卷积码编码后的 n 个码元不仅与当前段的 k 个信息有关,还与前面的 $N-1$ 段信息有关,编码过程中互相关联的码元个数为 nN。卷积码的纠错性能随 N 的增加而增强,而差错率随 N 的增加而呈指数下降。在编码器复杂性相同的情况下,卷积码的性能优于分组码。但卷积码没有分组码那样严密的数学分析手段,目前大多是通过计算机进行搜索。

卷积码在译码方面,不论在理论上还是在实用上都优于分组码,因而在差错控制和数据压缩系统中得到广泛应用。网络编码调制(Trellis Coded Modulation,TCM)利用了卷积码,并与调制一起考虑,提高了抗干扰能力,得到了广泛应用。

(3) Turbo 码

Turbo 码是一种级联码,又称并行卷积码,它巧妙地将卷积码和随机交织机制相结合,产生很长的码字并能提供更好的传输性能,更适于在噪声严重、低信道比环境中确保一定的误码率指标。级联码首先由 Forney 提出,他将两个或多个单码级联,在不增加译码复杂度的情况下,可以得到高的编码增益以及与长码相同的纠错能力。Berrou 等人提出的 Turbo 码在发送端采用级联编码结构并在接收端采用迭代译码算法,当比特率为 10~5、码率为 1/2 时,使用带宽为 1Hz 的 AWGN 理想信道传送速率为 1b/s 的信息所需的信噪比离信道容量的极限要求只有 0.7dB 的距离。Turbo 码由两个或多个子编码单元组成,它们分别对信息序列和其交织后的序列进行编码。Turbo 码作为一种在理论上有重要意义的信道编码方式,有着广泛的应用前景,在第 3 代移动通信系统的方案中已经被实际采用。全球 3G 标准 WCDMA、TD-SCDMA 和 CDMA2000 均使用了 Turbo 码。

2.3　通信的调制与解调技术

2.3.1　调制与解调的概念

调制技术是通信理论中的重要部分，信息的有效、远距离传输大多需要经过调制。调制，即按照调制信号的变化规律去改变载波某些参数的过程。解调，即调制过程的反过程，一般在通信系统的发送端有调制过程，而在接收端通过解调解析出原信号。

调制涉及两个输入信号和一个输出信号，两个输入信号为调制信号（基带信号）和载波信号。调制信号 $m(t)$ 为原始信息，具有较低的频谱特性，因此，难以在信道中远距离传输；$c(t)$ 为载波信号，用来对原始信号进行调制。经过调制后的信号表示为 $s_m(t)$。

调制的作用如下：

① 频谱搬移：通过将原始信号的频谱搬移到预定位置，可将调制信号转换成适合在信道中传输的已调信号；

② 实现信道多路复用，提高频带的利用率；

③ 改善传输的可靠性。

调制按不同方式可分为不同的类：

① 按照调制信号 $m(t)$ 分类：根据 $m(t)$ 取值是否连续，可将调制分为模拟调制和数字调制。在模拟调制中，调制信号的取值是连续的，如 AM、DSB、SSB、VSB、FM、PM 等；在数字调制中，调制信号的取值是离散的，如 ASK、FSK、PSK 等。

② 按照载波信号 $c(t)$ 分类：根据 $c(t)$ 的波形可以将调制分为连续波调制和脉冲调制。当 $c(t)$ 为连续的正弦波时，称为连续波调制，如 AM、DSB、SSB、VSB、FM、PM 等；当 $c(t)$ 为周期性脉冲串时，称为脉冲调制，如 PCM、PAM、PDM、PPM 等。

③ 按照 $m(t)$ 对 $c(t)$ 不同参数的控制分类：可将调制分为幅度调制、频率调制和相位调制三种。载波的幅度随调制信号线性变化的调制称为幅度调制，如 AM、DSB、SSB、VSB、ASK；频率调制，如 FM、FSK；相位调制，如 PM、PSK、DPSK。此外，QAM 等调制方式可以同时改变两种载波参数。

本书以模拟调制和数字调制为例对调制过程进行说明。

2.3.2　模拟调制

模拟调制可分为两类：线性调制和非线性调制。

1. 线性调制

线性调制有 AM、DSB、SSB 和 VSB 四种方式，其共同特点是调制前后信号频谱只有位置发生了变化。

（1）常规调幅

常规调幅（Amplitude Modulation，AM）信号表达式为：

$$S_{AM}(t) = [A_0 + m(t)]\cos(w_c t) \tag{2-18}$$

调幅过程波形如图 2-10 所示，AM 信号的带宽为 $B = 2f_m$。$|m(t)|_{max} \leqslant A_0$ 称为包络检波不失真条件，当满足条件时，AM 信号的包络与调制信号成正比，所以用包络检波的方

法很容易恢复出原始的调制信号。如果不满足条件，将会出现过调幅现象而产生包络失真，这时不能用包络检波器进行解调，为保证无失真解调，可以采用同步检测器（即相干解调器）。

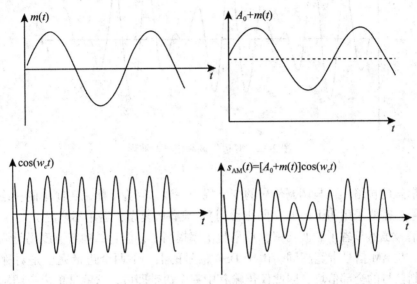

图 2-10　常规调幅的调幅过程波形

相干解调器的原理如图 2-11 所示，相干解调需要与发送端完全同频同相的载波（称为相干载波），才能保证原始信息的正确恢复。相干载波的产生一般需要载波提取电路，因此设备比较复杂。而包络载波不需要相干载波，设备简单，易于实现。

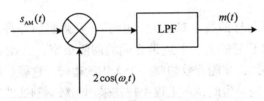

图 2-11　相干解调器方框图

AM 的优点是接收设备简单，缺点是功率利用率低，抗干扰能力差，在传输中如果载波受到信道的选择性衰落，则在包络检波时会出现失真。信号频带较宽，频带利用率不高。因此，AM 调制适用于对通信质量要求不高的场合，目前主要用在中波和短波的调幅广播中。

（2）抑制载波的双边带调制

双边带调制（Double Side Band with Suppressed Carrier，DSB-SC），简称双边带调制（DSB）。DSB 调制为线性调制的一种。双边带调制信号对应表达式为：

$$S_{DSB}(t) = m(t)\cos(w_c t) \tag{2-19}$$

双边带调制信号的波形如图 2-12 所示，其带宽 $B = 2f_m$。

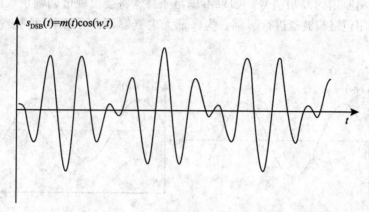

图 2-12　双边带调制信号的波形

DSB 信号的包络不再与调制信号的变化规律一致，因为不能采用简单的包络检波来恢复调制信号，需要采用相干解调（同步检测），设备较复杂，运用不广泛。

DSB 信号虽然节省了载波功率，功率利用率提高了，但它的频带宽度仍是调制信号带宽的 2 倍，与 AM 信号带宽相同。由于 DSB 信号的上、下两个边带完全是对称的，且都携带了调制信号的全部信息，因此仅传输其中一个边带即可，这就是单边带调制解决的问题。

（3）单边带调制

单边带调制（Single Side Band，SSB）是指让 DSB 信号分别通过边带滤波器（高通或者低通滤波器），保留所需的一个边带，滤出不需要的边带，就可以分别取出下边带信号频谱 $S_{LSB}(\omega)$ 或上边带信号频谱 $S_{USB}(\omega)$，频谱如图 2-13 所示。因此 SSB 信号的带宽为 $B=f_m$。

用滤波法形成 SSB 信号的技术难点是，由于一般调制信号都具有丰富的低频分量，经过调制后得到的 DSB 信号的上、下边带之间的间隔很窄，这就要求单边带滤波器在 f_c 附近具有陡峭的截止特性，才能有效抑制一个无用的边带。这就使滤波器的设计和制作很困难，有时甚至难以实现。为此，在工程中往往采用多级调制滤波的方法，还可以利用希尔伯特变换得到 SSB 信号，这种方法称为相移法，原理框图如图 2-14 所示。

用相移法形成 SSB 信号的困难在于宽带相移网络的制作，要对调制信号 $m(t)$ 的所有频率分量严格相移 $\pi/2$，这一点即使近似达到也是很困难的。为解决这个问题，可以采用维弗（Weaver）法。SSB 调制的优点是功率利用率和频带利用率都很高，抗干扰能力和抗选择性衰落能力均优于 AM，而带宽只有 AM 的一半；缺点是发送和接收设备都复杂。因此，其适用于频带比较拥挤的场合，如频分多路复用的载波通信系统中。

（4）残留边带调制

残留边带调制（Vestigial Side Band，VSB）是介于双边带和单边带间的一种线性调制方式，既克服了 DSB 占双倍带宽的缺点，又解决了 SSB 实现的难题。VSB 不是将一个边带完全抑制，而是部分抑制，使其仍保留一小部分。VSB 信号带宽 B 介于 f_m 与 $2f_m$ 之间。

只要残留边带滤波器的特性 $H_{VSB}(\omega)$ 在 $\pm\omega_c$ 处具有互补对称特性，采用相干解调法

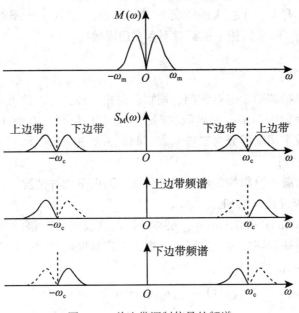

图 2-13 单边带调制信号的频谱

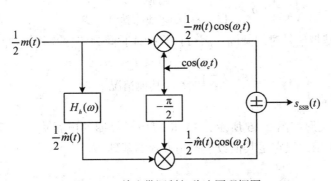

图 2-14 单边带调制相移法原理框图

解调残留边带信号就能够准确地恢复所需的基带信号。

VSB 的性能与 SSB 相当，解调原则上也需相干解调，但在某些 VSB 系统中，附加一个足够大的载波，就可用包络检波法解调合成信号，这种方式综合了 AM、SSB 和 VSB 三者的优点，因此，对商用电视广播系统具有很大的吸引力。

2. 非线性调制

非线性调制又称为角度调制，包含调频（Frequency Modulation，FM）和调相（Phase Modulation，PM）两种，其中 FM 最为常用。调频波比调幅波占用的带宽大，有：

$$B_{FM} = 2(m_f + 1)f_m = 2(\Delta f + f_m) \tag{2-20}$$

式中，m_f 指调频指数。

在高频指数时，调频系统的输出信噪比远大于调幅系统。FM 的抗干扰能力强，可以实现带宽与信噪比的互换，因而带宽 FM 广泛应用于长距离高质量的通信系统，如空间和卫星通信、调频立体声广播、超短波电台等。带宽 FM 的缺点是频带利用率低，存在门限效应，因此在接收信号弱、干扰大的情况下宜采用 FM，这就是小型通信机采用窄带调频的原因。另外，窄带 FM 采用相干解调时不存在门限效应。

2.3.3　数字调制

数字调制类似模拟调制，也有调幅、调频、调相三种，并以此可以派生出其他多种形式。由于调制信号为数字类型，为离散状态，在状态切换时，类似于对载波进行开关控制，故称为键控。数字调制可分为二进制数字调制和多进制数字调制。

1. 二进制数字调制

根据调制信号对载波控制的参数不同，可细分为以下四种情况。

（1）二进制振幅键控（2ASK）

振幅键控（Amplitude Shift Keying，ASK）是正弦载波的振幅随数字基带信号而变化的数字调制。当数字基带信号为二进制时，则为二进制振幅键控，二进制振幅键控通常记作 2ASK。二进制振幅键控信号可表示为：

$$s_{2\mathrm{ASK}}(t) = \sum_n a_n g(t - nT_S)\cos\omega_c t \qquad (2\text{-}21)$$

式中：

$$a_n = \begin{cases} 0, & \text{发射概率为 } P \\ 1, & \text{发送概率为 } 1-P \end{cases} \qquad (2\text{-}22)$$

T_S 是二进制基带信号时间间隔，$g(t)$ 是持续时间为 T_S 的矩形脉冲：

$$g(t) = \begin{cases} 1, & 0 \leqslant t \leqslant T_S \\ 0, & \text{其他情况} \end{cases} \qquad (2\text{-}23)$$

2ASK 信号带宽 $B_{2\mathrm{ASK}} = 2R_b$。

2ASK 的调制波形如图 2-15 所示，2ASK 应用于早期的电报通信，但抗噪性能较差，数字通信中很少应用，但它是其他数字调制方式的基础。

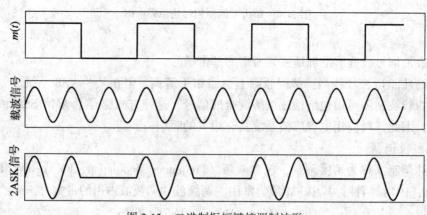

图 2-15　二进制振幅键控调制波形

（2）二进制移频键控（2FSK）

正弦载波的频率随二进制基带信号在 f_1 和 f_2 两个频率点间变化，则产生二进制频移键控（2FSK）信号。若二进制基带信号的 1 符号对应于载波频率 f_1，0 符号对应于载波频率 f_2，则二进制移频键控信号的时域表达式为：

$$s_{2FSK}(t) = \left[\sum_n a_n g(t - nT_S) \right] \cos(\omega_1 t + \varphi_n) + \left[\sum_n a_n g(t - nT_S) \right] \cos(\omega_2 t + \theta_n)$$

(2-24)

二进制移频键控信号可以看作两个不同载频的 ASK 信号的叠加，其信号波形如图 2-16 所示，带宽 $B_{2FSK} = 2R_b + |f_2 - f_1|$。

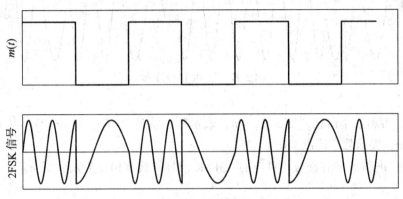

图 2-16　二进制移频键控调频波形

2FSK 方式频带利用率低，只适用于中低速率数据传输，在带内进行 2FSK 数据传输，速率≤1200b/s。

（3）二进制移相键控（2PSK）

当正弦波的相位随二进制数字基带信号离散变化时，则产生二进制移相键控（2PSK）信号。通常用已调信号载波的 $0°$ 和 $180°$ 分别表示二进制数字基带信号的 1 和 0。二进制移相键控信号的时域表达式为：

$$s_{2PSK}(t) = \sum a_n g(t - nT_S) \cos\omega_c t$$

(2-25)

式中，a_n 与 2ASK 和 2FSK 不同，在 2PSK 调制中，a_n 应选择双极性。2PSK 信号波形如图 2-17 所示。

在 2PSK 信号的载波恢复过程中存在着 $180°$ 的相位模糊，所以 2PSK 信号的相干解调存在随机的"倒 π"现象或"反向"现象，从而使得 2PSK 方式在实际中很少采用。

（4）二进制差分相位键控（2DPSK）

在 2PSK 信号中，信号相应的变化是以未调正弦波的相位作为参考，用载波相位的绝对数值表示数字信息的，所以称为绝对移相。由于 2PSK 信号解调出的二进制基带信号出现反向现象，因而难以实际应用。为了解决 2PSK 信号解调过程的反向工作问题，提出了二进制差分相位键控（2DPSK）。

2DPSK 方式是用前后相邻码元的载波相对相位变化来表示数字信息。假设前后相邻码元的载波相位差为 $\Delta\varphi$，可定义一种数字信息与 $\Delta\varphi$ 之间的关系为：

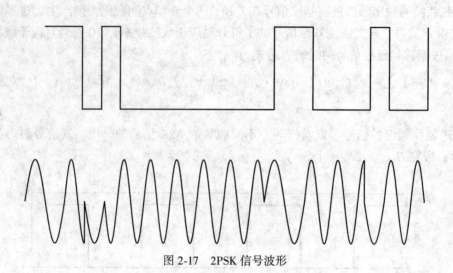

图 2-17　2PSK 信号波形

$\Delta\varphi=0$，表示数字信息 "0"；$\Delta\varphi=\pi$，表示数字信息 "1"。或 $\Delta\varphi=0$，表示数字信息 "1"；$\Delta\varphi=\pi$，表示数字信息 "0"。

则一组二进制数字信息与其对应的 2DPSK 信号的载波相位关系如下所示：

二进制数字信息：1 1 0 1 0 0 1 1 1 0
2DPSK 信号相位：π π 0 π 0 0 π π π 0
　　（或　　　　0 0 π 0 π π 0 0 0 π）

2DPSK 信号的实现方法可以先对二进制数字基带信号进行差分编码，将绝对码表示的二进制信息变换为用相对码表示的二进制信息，然后再进行绝对调相，从而产生二进制差分相位键控信号。2DPSK 广泛应用于中高速率数据传输，虽然抗噪性比 2PSK 稍有损失，但影响不大。对比二进制数字调制系统的性能可知，对调制和解调方式的选择需要考虑的因素较多。通常，只有对系统的要求作全面的考虑，并且能抓住其中最主要的要求，才能做出比较恰当的选择。

2. 多进制数字调制系统

二进制数字调制系统是数字通信中最基本的方式，具有较好的抗干扰能力。由于二级制数字调制系统频带利用率较低，使其在实际应用中受到一些限制。在信道频带受限时，为了提高频带的利用率，通常采用多进制数字调制系统。其代价是增加信号功率和实现上的复杂性。与二进制数字调制系统相类似，若用多进制数字基带信号去调制载波的振幅、频率或相位，则可相应产生多进制数字振幅调制、多进制数字频率调制和多进制数字相位调制。

由信息传输速率 R_b、码元传输速率 R_B 和进制数 M 之间的关系 $R_B=R_b/\log_2 M$ 可知，在信息传输速率不变的情况下，通过增加进制数 M，可以降低码元的传输速率，从而减小信号带宽，节约频带资源，提高系统频带利用率。

但是随着 M 增大，接收端判决时信号之间距离变小，误判可能性增加，误码率提高，可靠性变差。

2.4 数字基带传输系统

2.4.1 数字基带传输系统与数字基带信号

来源于数据终端的原始数据信号，如计算机输出的二进制序列，电传机输出的代码，或者是来源于模拟信号经过数字化处理后的 PCM 码组、ΔM 序列等都是数字信号。这些信号往往包含丰富的低频分量，甚至直流分量，因而称为数字基带信号。在某些具有低通特性的有线信道中，特别是在传输距离不太远的情况下，数字基带信号可以直接传输，因此称为数字基带传输。而大多数信道，如各种无线信道和光信道，则是带通型的，数字基带信号必须经过载波调制，把频谱搬移到高频处才能在信道中传输，则把这种传输称为数字频带传输。

目前，虽然在实际应用中，数字基带传输不如频带传输那样广泛，但对于基带传输系统的研究仍十分有意义，因为在利用对称电缆构成的近程数据通信系统中广泛采用了这种传输方式，而且数字基带传输包含频带传输的许多基本问题，任何一个采用线性调制的频带传输系统可等效为基带传输系统来研究。

1. 数字基带传输系统构成

数字基带传输系统的基本结构包含了信道信号形成器、信道、接收滤波器和抽样判决器。为了保障系统可靠运行，还应有同步系统。

（1）信道信号形成器

基带传输系统的输入是由终端设备或编码器产生的脉冲序列，往往不适合直接送到信道中传输。信号形成器的作用就是把原始基带信号变换成适合于信道传输的基带信号。这种变换主要是通过码型变换和波形变换来实现的。其目的是与信道匹配，便于传输，减小码间串扰，利于同步提取和抽样判决。

（2）信道

它是允许基带信号通过的介质，通常为有线信道，如架空明线、电缆等。信道的传输特性通常不满足无失真传输条件，甚至是随机变化的。另外，信道中还会进入噪声，在通信系统的分析中，常常把噪声等效集中在信道中引入。

（3）接收滤波器

用于滤除噪声，均衡信道特性，使输出的基带波形有利于抽样判决。

（4）抽样判决器

在传输特性不理想及噪声背景下，在规定时刻对接收滤波器的输出波形进行抽样判决，以恢复或再生基带信号。而用来抽样的位定时脉冲则依靠同步提取电路从接收信号中提取，位定时的准确性将直接影响判决效果。

2. 数字基带信号

数字基带信号是指消息代码的电波形，它是用不同的电平或脉冲来表示相应的消息代码。数字基带信号的类型有很多，常见的有矩形脉冲、三角波、高斯脉冲和正余弦脉冲等。下面以矩形脉冲为例，介绍几种常用的基带信号波形，如图 2-18 所示。

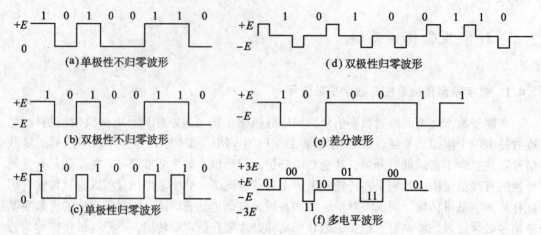

图 2-18 几种常见的基带信号波形

（1）单极性不归零波形

这是一种最简单、最常用的基带信号形式。这种信号脉冲的零电平和正电平分别对应着二进制代码 0 和 1。特点是极性单一，有直流分量，脉冲之间无间隔。

（2）双极性不归零波形

在双极性不归零波形中，脉冲的正、负电平分别对应于二进制代码 1、0。由于它是幅度相等极性相反的双极性波形，故当 0、1 符号等可能出现时无直流分量。这样，恢复信号的判决电平为 0，因而不受信道特性变化的影响，抗干扰能力也较强，故双极性波形有利于在信道中传输。

（3）单极性归零波形

单极性归零波形与单极性不归零波形的区别是电脉冲宽度小于码元宽度，每个电脉冲在小于码元长度内总要回到零电平，所以称为归零波形。单极性归零波形可以直接提取定时信息，是其他波形提取位定时信号时需要采用的一种过渡波形。

（4）双极性归零波形

它是双极性波形的归零形式。每个码元内的脉冲都回归到零电平，即相邻脉冲之间必定留有零电位的间隔。它除了具有双极性不归零波形的特点之外，还有利于同步脉冲的提取。

（5）差分波形

这种波形不是用码元本身的电平表示消息代码，而是用相邻码元的电平的跳变和不变表示消息代码。由于差分波形是以相邻脉冲电平的相对变化来表示代码，因此它为相对码波形，而相应地称前面的单极性或双极性波形为绝对码波形。用差分波形传送代码可以消除设备初始状态的影响，特别是在相位调制系统中用于解决载波相位模糊问题。

（6）多电平波形

上述各信号都是一个二进制对应一个脉冲。实际上还存在多于一个二进制符号对应一个脉冲的情形，这种波形统称为多电平波形或多值波形。

3. 数字基带信号的频谱特性

研究基带信号的频谱结构十分重要，通过谱分析，可以了解信号需要占据的频带宽度、所包含的频谱分量、有无直流分量等。这样，才能针对信号谱的特点来选择相匹配的信道，以及确定是否可以从信号中提取定时信号。数字基带信号功率谱集中在低频部分，随机序列的带宽主要依赖于单个码元波形的频谱函数 $G_1(f)$ 或 $G_2(f)$，两者之中应取较大的带宽作为序列带宽。

2.4.2　数字基带传输系统的常用码型

在实际的基带传输系统中，并不是所有代码的电波形都能在信道中传输。因此，对传输用的基带信号主要有两个方面的要求：

① 代码：原始消息代码必须编成适合于传输用的码型；

② 所选码型的电波形：电波形应适合于基带系统的传输。

关于码型的选择问题，将取决于实际信道特性和系统工作的条件。通常，应考虑下列主要因素：

① 相应的基带信号无直流分量，且低频分量少；

② 便于从信号中提取定时信息；

③ 信号中高频分量尽量少，以节省传输频带并减小码间串扰；

④ 具有内在的检错能力；

⑤ 编译码设备要尽可能简单。

满足部分或全部上述要求的传输码型种类很多，这里介绍常见的几种。

1. AMI 码

AMI 码是传号交替反转码。其编码规则是将二进制消息代码"1"交替地变换为传输码"+1"和"−1"，而"0"保持不变。AMI 码对应的基带信号是正负极性交替的脉冲序列，而 0 电位保持不变的规律。AMI 码的优点是，由于"+1"与"−1"交替，AMI 码的功率谱中不含直流成分，高、低频分量少，能量集中在频率为 1/2 码速处。此外，AMI 码的编译电路简单，便于利用传号极性交替规律观察误码情况。其不足是，当原信码出现连续"0"串时，信号的电平长时间不跳变，造成提取定时信号困难。

2. HDB$_3$ 码

HDB$_3$ 码的全称是 3 阶高密度双极性码，它是 AMI 码的一种改进型，其目的是为了保持 AMI 的优点而克服其缺点，使连"0"个数不超过三个。其规则为：

① 当信码的连"0"个数不超过三个时，仍按 AMI 码的规则编码；

② 当信码的连"0"个数超过三个时，则将第四个"0"改为非"0"脉冲+V 或−V，称为破坏脉冲；

③ 为了便于识别，V 码的极性应该与前一个非"0"脉冲极性相同，否则，将四连"0"的第一个"0"更改为与该破坏脉冲相同极性的脉冲，记为+B 或−B；

④ 破坏脉冲之后的信号码极性也要交替。

虽然 HDB$_3$ 码的编码规则比较复杂，但译码却比较简单。HDB$_3$ 码保持了 AMI 码的优点，同时还将连 "0" 码限制在三个以内，故有利于位定时信号的提取。

2.5　通信的复用技术

随着信息时代的到来，对通信的需求呈现出加速增长的趋势。发展迅速的各种新型业务对通信网的带宽提出了更高的要求。为了适应通信网传输容量的不断增长和满足网络的交互性、灵活性要求，产生了各种复用技术。"复用" 是将若干彼此独立的信号合并为一个可以在同一信道上传输的复合信号的方法。

从实际应用角度，信道所提供的带宽往往比一路信号所占用的带宽要宽很多。为了提高频谱利用率，充分利用信道资源，需要采用多路复用技术，即在同一信道中同时传输多路信号。目前采用的方法有频分复用（Frequency Division Multiplexing，FDM）、时分复用（Time Division Multiplexing，TDM）、码分复用（Code Division Multiplexing，CDM）和波分复用（Wavelength Devision Multiplexing，WDM）。其中，频分复用主要用于传统的模拟通信，时分复用广泛用于数字微波通信等，码分复用主要应用于移动通信，波分复用主要应用用于光纤通信，卫星通信中还有空分复用。

2.5.1　频分复用（FDM）

频分复用（FDM）是指按照频率的不同来复用多路信号的方法。在频分复用中，信道的带宽被分给若干相互不重叠的频段，每路信号占用其中一个频段，因而在接收端可以采用适当的带通滤波器将多路信号分开，从而恢复所需要的信号。

频分复用系统的组成原理及信号频谱结构如图 2-19 所示。首先，各路信号通过低通滤波器限制基带信号的带宽，避免它们的频谱出现混叠；然后，各路信号分别对各自的载波进行调制，合成后送入信道传输。在接收端，分别采用不同中心频率的带通滤波器分离出各路已调信号，解调后恢复基带信号。

频分复用是利用各路信号在频率域不相互重叠来区分的。若相邻信号之间产生互相干扰，将会使输出信号失真。为了防止此现象的发生，应合理地选择载波频率，并使各路已调信号频谱之间留有一定的保护间隔。若基带信号是模拟信号，则调制方式可以是 DSB-SC、AM 等；若调制信号是数字信号，则调制方式可以是 ASK、FSK 等。

2.5.2　时分复用（TDM）

时分复用（TDM）是利用各信号的抽样值在时间上不相互重叠，达到在同一信道中传输多路信号的一种复用技术。在 FDM 系统中，各信号在频域上是分开的，而在时域上是混叠的；在 TDM 系统中，各信号在时域上是分开的，而在频域上是混叠的。图 2-20 给出了时分复用的原理，由图可见，两个基带信号按相同的时间周期采样，只要采样的脉冲宽度足够窄，在两个采样值之间就会留有一定的时间空隙。

时分复用将时间帧划分成若干时隙和各路信号占有各自时隙，在数字通信中经常被采用。与 FDM 相比，TDM 具有以下两个突出的优点：

① 多路信号的复接和分路都是采用数字处理方式实现的，通用性和一致性好，且比FDM 的模拟滤波器分路简单、可靠。

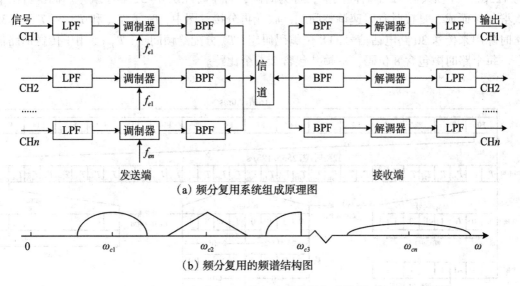

（a）频分复用系统组成原理图

（b）频分复用的频谱结构图

图 2-19　频分复用系统组成及信号频谱结构图

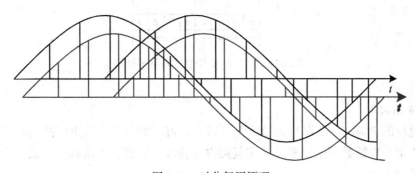

图 2-20　时分复用原理

② 信道的非线性会在 FDM 系统中产生交调失真和高次谐波，而 TDM 系统对信道的非线性失真要求可降低。

1. 时分复用标准

目前国际上有两大时分复用标准，即 PDH 和 SDH。而 PDH 又分为欧洲、中国和北美、日本两个数字复接系列，不同标准在路数和速率上存在差异。

对于 PDH 标准，必须有相同制式才能互通，且高次群速率在低次群倍数上还需开销；但 SDH 的高次群正好是低次群整数倍，因为开销已经预留，PDH 的两种制式都可以接入。

2. PCM 基群帧结构

目前国际上推荐的 PCM 基群有两种标准，即 PCM30/32 路（A 律压扩特性）制式和 PCM24 路（μ 律压扩特性）制式，并规定国际通信时以 A 律压扩特性为标准。

PCM30/32 路制式基群帧结构如图 2-21 所示，共由 32 路组成，其中 30 路用来传输用户话语，2 路用作同步和信令。每路话音信号抽样速率 $f_s = 8\ 000$Hz，故对应每帧时间间隔为 125μs。一帧共有 32 个时间间隔，称为时隙，各个时隙从 0~31 顺序编号。高次群由低次群复接而成，复接时有码速调整问题，收端再分接。图中，T_{s1} ~ T_{s15} 和 T_{s17} ~ T_{s31} 这 30 路时隙用来传送 30 路电话信号的 8 位编码码组，T_{s0} 分配给帧同步，T_{s16} 专用于传送话路信令。每个路时隙包含 8 位码，一帧共包含 256 个比特。

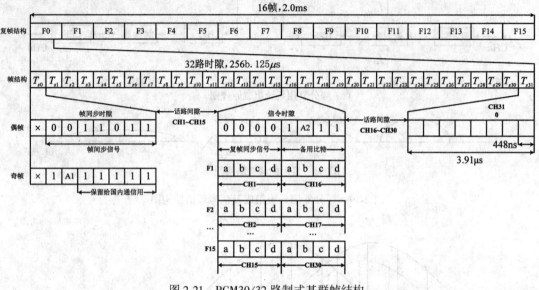

图 2-21 PCM30/32 路制式基群帧结构

3. PCM 高次群

以上讨论的 PCM30/32 路称为数字基群或一次群。如果要传输更多路的数字电话，则需要将若干个一次群数字信号通过数字复接设备合成二次群，二次群复合成三次群等。

4. 数字复接技术

在数字通信系统中，为了扩大传输容量，通常将若干个低等级的支路比特流汇集成一个高等级的比特流在信道中传输。这种将若干个低等级的支路比特流合成为高等级比特流的过程称为数字复接。完成复接功能的设备称为数字复接器。在接收端，需要将复合数字信号分离成各支路信号，该过程称为数字分接。完成分接功能的设备称为数字分接器。

数字复接实质上是对数字信号的时分多路复用，组成原理如图 2-22 所示。数字复接设备由数字复接器和数字分接器组成。数字复接器将若干个低等级信号按时分复用的方式合并为一个高等级的合路信号。数字分接器将一个高等级的合路信号分解为原来的低等级支路信号。

在数字复接中，如果复接器输入端的各支路信号与本机定时信号是同步的，则称为同步复接器；如果不是同步的，则称为异步复接器。如果输入各支路数字信号与本机定时信号标称速率相同，但实际上有一个很小的容差，则这种复接器称为准同步复接器。

2.5.3 码分复用（CDM）

码分复用（CDM）系统的全部用户共享一个无线信道，用户信号的区分靠所用码型

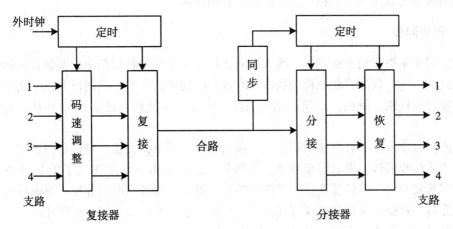

图 2-22　数字复接系统组成原理

的不同，目前在移动通信中采用的 CDMA 蜂窝系统具有扩频通信系统所固有的优点，如抗干扰、抗多径衰落和具有保密性等。CDMA 是最具竞争力的多址方式。

2.5.4　波分复用（WDM）

在光纤通信中采用的光波分复用（WDM）技术是在一根光纤中同时传输多个波长光信号。其基本原理是在发送端将不同波长的光信号组合起来，并耦合到光缆线路上的同一根光纤中进行传输，在接收端又将组合波长的光信号分割复用。人们把在同一窗口中信道间隔较小的波分复用称为密集波分复用（Dense Wavelength Division Multiplexing，DWDM）。

WDM 具有如下的特点：

① 充分利用光纤的巨大带宽资源：光纤具有巨大的带宽资源，WDM 技术使一根光纤的传输容量比单波长传输增加几倍甚至几百倍，从而增加光纤的传输容量，降低成本。

② 同时传输多种不同类型的信号：由于 WDM 技术使用的各波长的信道相互独立，因而可以传输特性和速率完全不同的信号，完成各种电信业务的综合传输。

③ 节省线路投资：采用 WDM 技术可使 N 个波长复用起来在单根光纤中传输，也可以实现单根光线双向传输，在长途大容量传输时可节省大量光纤。

④ 降低器件的超高速要求：随着传输速率的不断提高，许多光电器件的响应速度已明显不足，使用 WDM 技术可以降低对一些器件的性能要求，同时又能实现大容量传输。

⑤ 高度的组网灵活性、经济性和可靠性：WDM 技术有很多应用形式，如长途干线网、广播分配网等，可以利用 WDM 技术选择路由，实现网络交换和故障恢复，从而实现未来的透明、灵活、经济且具有高度生存性的光网络。

2.6　通信中的同步技术

所谓的同步是指收发双方在时间上步调一致，故又称为定时。在数字通信中，按照同步的功用可分为载波同步、位同步、群同步和网同步。

2.6.1　载波同步

载波同步是指在相干解调时，接收端需要提供一个与接收信息中的调制载波同频同相的相干载波。这个载波的获取称为载波提取或载波同步。在模拟调制以及数字调制学习过程中，要想实现相干解调，必须有相干载波。因此，载波同步是实现相干解调的先决条件。

载波同步技术主要有直接法和插入导频法两种。其中，直接法也称自同步法，这种方法是设法从接收信号中提取同步载波。有些信号，如 DSB-SC、PSK 等，它们虽然本身不直接含有载波分量，但经过某种非线性变换后，将具有载波的谐波分量，因而可从中提取出载波分量。直接法常用的实现方式有平方变换法、平方环法、同相正交环法等，各类方式的实现过程如图 2-23 所示。

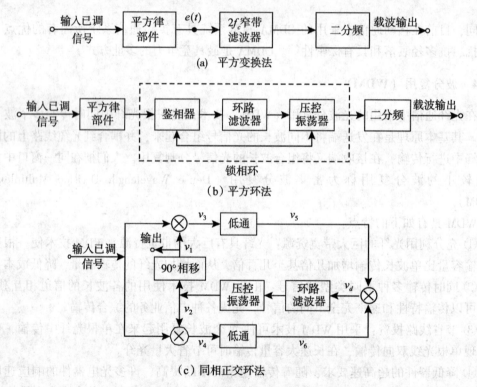

图 2-23　载波同步直接法的实现方式

抑制载波的双边带信号（如 DSB、2PSK）本身不含有载波，残留边带（Vestigial Side Band，VSB）信号虽含有载波分量，但很难从已调信号的频谱中把它分离出来。对这些信号的载波提取，可以用插入导频法（外同步法）。尤其是单边带（Single Side Band，SSB）信号，它既没有载波分量又不能用直接法提取载波，只能用插入导频法。所谓插入导频，就是在已调信号频谱中额外插入一个低功率的线谱，以便接收端作为载波同步信号加以恢复，此线谱对应的正弦波称为导频信号。插入导频法的实现过程如图 2-24 所示。

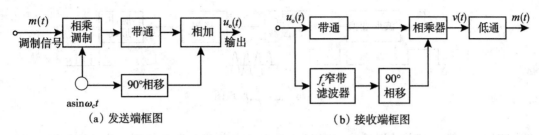

图 2-24 插入导频法的实现过程

2.6.2 位同步

位同步又称为码元同步。在数字通信系统中，任何消息都是通过一连串码元序列传送的，所以接收时需要知道每个码元的起止时间，以便在恰当的时候进行抽样判决。这就要求接收端必须提供一个位定时脉冲序列，该序列的重复频率与码元速率相同，相位与最佳取样判决时刻一致。

与载波同步相比，位同步是正确取样判决的基础，只有数字通信才需要，并且不论基带传输还是频带传输都需要位同步；所提取的位同步信息是频率等于码速率的定时脉冲，相位则根据判决时信号波形决定，可能在码元中间，也可能在码元终止时刻或其他时刻。实现方法也有插入导频法和直接法。

位同步的插入导频法与载波同步插入导频法相似，其实现框图如图 2-25 所示。

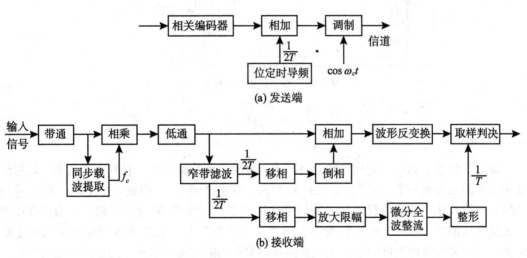

图 2-25 插入位定时导频系统框图

位同步的直接法是发送端不专门发送导频信号，而直接从接收的数字信号中提取位同步信号，是数字通信位同步应用最广泛的一种方法。直接提取位同步信号的方法又分为滤波法和特殊锁相环法，滤波法的实现框图如图 2-26 所示。

锁相环法则是在接收端利用鉴相器比较接收码元和本地产生的位同步信号的相位，若

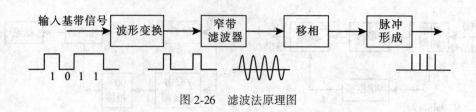

图 2-26　滤波法原理图

两者相位不一致（超前或滞后），鉴相器就产生误差信号去调整位同步信号的相位，直至获得准确的位同步信号为止。位同步锁相环法通常分两类：一类是环路中误差信号去连续地调整位同步信号的相位，这一类属于模拟锁相法；一类是采用高稳定度的振荡器（信号钟），从鉴相器所获得的与同步误差成比例的误差信号通过一个控制器在信号钟输出的脉冲序列中附加或扣除一个或几个脉冲，以调整加到减相器上的位同步脉冲序列的相位，达到同步的目的，此同步环又称为量化同步器，构成量化同步器的全数字环是数字锁相环的一种典型应用。其原理框图如图 2-27 所示。

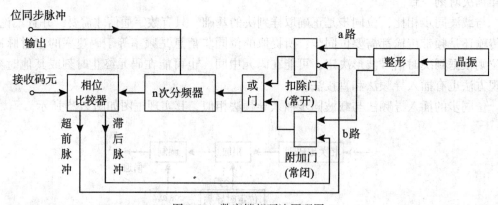

图 2-27　数字锁相环法原理图

2.6.3　群同步

　　群同步包含字同步、句同步和分路同步，有时也称为帧同步。在数字通信中，信息流是用若干码元组成一个"字"，又用若干"字"组成"句"，即组成一个个的"群"进行传输。在接收这些数字信息时，必须知道这些"字"、"句"的起止时刻，否则接收端无法正确恢复信息。因此，在接收端产生与"字"、"句"及"帧"起止时刻相一致的定时脉冲序列的过程统称为群同步。实现群同步通常采用的方法是起止式同步法和插入特殊同步码组的同步法，而插入特殊同步码组的方法有两种：一种为连贯式插入法，另一种为间隔式插入法。

　　数字电传机中广泛使用的是起止式同步法。在电传机中，常用的是五单位码。为标志每个字的开头和结尾，在五单位码的前后分别加上 1 个单位的起码（低电平）和 1.5 个单位的止码（高电平），共 7.5 个码元组成一个字，如图 2-28 所示。接收端根据高电平第一次转到低电平这一特殊标志来确定一个字的起始位置，从而实现字同步。这种 7.5 单位码（码元的非整数倍）给数字通信的同步传输带来了一定困难。另外，在这种同步方式中，7.5 个码元中只有 5 个码元用于传递消息，因此传输效率较低。

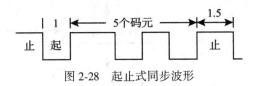

图 2-28　起止式同步波形

连贯插入法，又称集中插入法。它是指在每一信息群的开头集中插入作为群同步码组的特殊码组，该码组应在信息码中很少出现，即使偶尔出现，也不可能依照群的规律周期出现。接收端按群的周期连续数次检测该特殊码组，这样便获得群同步信息。其关键是寻找实现群同步的特殊码组，对该码组的基本要求是：具有尖锐单峰特性的自相关函数；便于与信息码区别；码长适当，以保证传输效率。符合上述要求的特殊码组有：全 0 码、全 1 码、1 与 0 交替码、巴克码、电话基群帧同步码 0011011。目前常用的群同步码组是巴克码。

巴克码是一种有限长的非周期序列。它的定义如下：一个 n 位长的码组 $\{x_1, x_2, x_3, \cdots, x_n\}$，其中 x_i 的取值为 +1 或 −1，若它的局部相关函数满足：

$$R(j) = \sum_{i=1}^{n-j} x_i x_{i+j} = \begin{cases} n, & j = 0 \\ 0 \text{ 或 } \pm 1, & 0 < j < n \\ 0, & j \geq n \end{cases} \qquad (2\text{-}26)$$

则称这种码组为巴克码，其中 j 表示错开的位数。

间隔式插入法又称为分散插入法，它是将群同步码以分散的形式均匀插入信息码流中。这种方式比较多地用在多路数字电路系统中，如 PCM 24 路基群设备。即一帧插入"1"码，下一帧插入"0"码，如此交替插入。这种插入方式在同步捕获时连续检测数十帧，每帧都符合"1"、"0"交替的规律才确认同步。分散插入的最大特点是同步码不占用信息时隙，每帧的传输效率较高，但是同步捕获时间较长，它较适合于连续发送信号的通信系统。若是断续发送信号，每次捕获同步需要较长的时间，反而降低效率。分散插入法常用于滑动同步检测电路，其监测流程如图 2-29 所示。

2.6.4　网同步

在获得了以上讨论的载波同步、位同步、群同步之后，两点之间的数字通信就可以有序、精确、可靠地进行。然而，随着数字通信的发展，尤其是计算机通信的发展，多个用户之间的通信和数字交换，构成了数字通信网。显然，为了保证通信网内用户之间可靠地进行通信和数据交换，全网必须有一个统一的时间标准，这就是网同步问题。

同步也是一种信息，按照获取和传输同步信息方式的不同，又可以分为外同步法和自同步法。

① 外同步法：外同步法是指由发送端发送专门的同步信息，接收端把这个异频提取出来作为同步信号的方法。

② 自同步法：自同步法是指发送端不发送专门的同步信息，接收端设法从收到的信

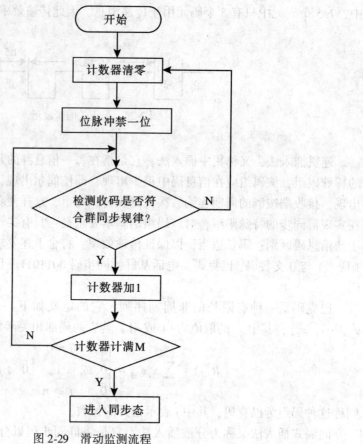

图 2-29　滑动监测流程

号中提取同步信息的方法。

自同步法是人们最希望的同步方法，因为这样就可以把全部功率和带宽分配给信号传输。在载波同步和位同步中，两种方法都采用，而群同步一般都采用外同步法。

同步本身虽然不包含传输的信息，但因为只有收发设备之间建立了同步后才能开始传递信息，所以同步是进行信息传输的必要前提。同步性能的好坏又将直接影响通信系统的性能。因此，同步系统应该具有比信息传输系统更高的可靠性和更好的质量指标。

2.7　通信网络技术

通信网是由许多能够连接用户并使其能够进行信息交换的硬件和软件组成的系统。一般来说，硬件包括通信终端设备、传输设备、传输媒介和交换设备等，而软件主要是指支持通信所必需的信令、协议和标准。

随着通信技术的飞速发展，通信网已经远远不同于早期的电话传输网，它还承担起电视信号、数据和 Internet 等多种业务的传输任务。在专业通信网，如电力通信网中，具体的业务也更加重要和复杂，重新认识新的通信网技术和通信网管理是十分必要的。

2.7.1 通信网分类

由于技术的快速发展，通信网上传输的业务逐渐增多，通信网也变得非常复杂，甚至难以给出合理的分类。按层次、功能、业务类别和传输媒介等一般原则分类，可以得到大多数人的认同。

ITU-T 将全球信息基础设施（Global Information Infrastructure，GII）划分为核心网、接入网和用户住地网三部分，其基本组成及结构如图 2-30 所示。若按功能划分，通信网内部还可以分为传输网、时钟网、信令网和管理网。但是，在人们的认识中，对于具体业务的信源业务更加熟悉，因此，通信网按信源业务类型可划分为电视网、电话网、计算机网等；按传输媒介可以划分为有线网、短波网、微波网、卫星网等；在电力系统中，还经常使用行政电话网、调度电话网、调度数据网、会议电视网等一些具体业务网络名称；在计算机技术领域还经常根据地理范围分为局域网、城域网、农村网和广域网；按大的用途也可以划分为公用网和专用网；在某种公共网络平台之上，还可以开展虚拟专用网（Vital Private Network，VPN）业务。因此，按照上述方法可以粗略地划分出各种通信网络，反映出通信网概念非常宽泛，而且各种类型的网络之间内涵和外延的界定也不十分明确。

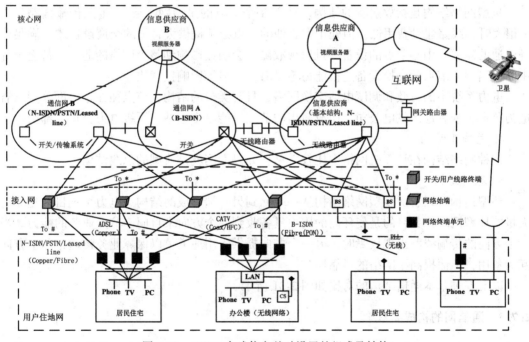

图 2-30　ITU-T 全球信息基础设置的组成及结构

2.7.2 通信网的基本结构

通信网的连接千变万化，从而给用户的通信需求带来了方便。一般来说，千变万化的通信网连接，无外乎以下五种网络结构。

1. 网型结构

具有 N 个节点的完全互联网需要 $0.5N(N-1)$ 条传输链路，才能构成网络。当 N 很大时传输链路的数量会非常大，而传输链路的利用率也不是很高。这种网络结构只是实现互联时连通方便，互联时经过的环节少，因此可靠性高，而经济性未必很高，尤其在网络节点非常大时，经济性较差。因此，公网很少采用上述结构。

在电力系统中，由于特殊业务需求，如继电保护跳闸信号传输，其可靠性要求非常高，理论上要求尽量高，甚至 100% 可靠，这时经济性成为次要因素，采用这种结构，可保证特殊可靠性要求。

2. 线型结构

线型结构指的是网络中的各个节点用一条传输线路串联起来，实现互联互通的网络结构。尤其是在通信网建设的早期，线型网络结构非常多，主要目的是为主要节点的通信业务建立传输通道。公网的主干线路具有这种网络形态，但节点不一定是具体的用户，而可能是汇接局。

电力系统中的高压变电站之间，借助于电力特种光缆，沿着电力线的自然走向架设光缆通信线路，连接起各个变电站之间的通信路由，经常见到线性网络结构。

3. 星型结构

星型网络结构是指放射状的结构。具有 N 个节点的星型网需要 $N-1$ 条传输线路。当 N 很大时，线路建设费用低，但处于中心处的节点必须提供大容量的交换设备才能满足业务连通的需要。中心节点的设备一旦出现故障，会明显影响到整个网络的通信，甚至全部中断。当中心节点的交换设备连接能力不足时，会显著影响接续质量。

电力系统中的行政和调度电话交换网络，具有类似的结构，节点往往是电网公司、省电力公司，或者地区供电公司，而放射出的节点可能是变电站、下级电力公司等部门。

4. 总线型结构

这种网络结构在计算机网络中比较常见，如以太网就是典型的总线结构。

5. 环型结构

环型结构可以看成线型网络结构从一端回到另一端形成的结构。电力系统目前建立了大量的环型网络，其目的是使环内的用户具备收到两个方向来自同一节点业务的能力。当一个方向的传输线路出现故障时，另一个方向提供备用通道，以保障业务畅通，两个方向互为备用，从而提高了网络的可靠性。

以上五种基本通信结构的对比如图 2-31 所示。

2.7.3 通信网的构成要素

支持通信网的主要技术设备是终端设备、接入设备、传输设备和交换设备，以及支持这些设备工作的协议。本节从组网的角度对其进行介绍。

1. 终端设备

终端设备是通信网的源点和终点，它除了对应模型中的信源和信宿之外，还包括了部分信源编码和信宿译码装置。终端设备的主要功能是把待传的信息发送到信道去。这需要部署传感器来感受信息，将信息转换成能传送的信号，同时将接收到的信号恢复成原来的信息形式。因此，终端应具备一定的信号处理能力。终端还应能够产生和识别网内所需的

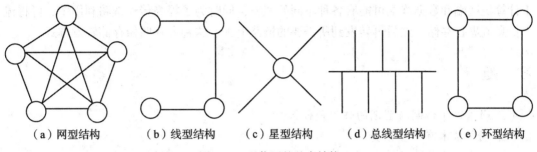

图 2-31 通信网的基本结构

信令信号或规约，以便相互联系和应答。对于不同的业务，应有不同的终端设备。在电力系统中，终端设备可以是远动装置或控制装置。

2. 接入设备

接入设备是国家信息基础设施的重要组成部分。不仅成为电信技术界的研究和开发热点，同时还引起了电信公司的高度重视。随着光纤制造技术的日趋成熟，"FTTx"（光纤到路边、光纤到大楼、光纤到任何地方的统称）已成为不容忽视的研究方向。基于铜线传输的"XDSL"技术、无源光网络及密集波分复用和无线接入技术的迅速发展，也为更好地建设和发展接入网提供了不可或缺的技术支持。

ITU-U（电讯标准化组织）提出的接入网，目的是综合考虑本地交换局、用户环网和终端设备，通过有限的标准接口，将各类用户连接到业务点。接入所使用的传输媒体可以是多种多样的，可灵活支持混合的、不同的接入类型和业务。

电信网由长途网和本地网组成，而本地网则由本地中继网与用户接入环网构成。接入网位于本地交换机与用户端设备之间。电话网中，用户接入网指一个交换区范围内的用户线路的集合，包括馈线线路、配线线路、用户引入线路以及支撑这些线路的设备和建筑。

接入网处于电信网的末端，其面大、量广，是电信网向用户提供业务的窗口，是信息高速公路的"最后一公里"。用户接入网的投资较大，占整个通信系统总投资的 30% ~ 40%。数字业务的发展，要求接入网实现透明的数字连接且交换机能够提供数字用户接入的能力。同时，为适应接入网中多种传输媒介、多种接入状态和业务，需要提供有限种类的接入接口。

3. 传输链路

传输链路是网络节点的连接媒介、信息和信号的传输通路。它除了主要对应于通信系统模型中的信道部分之外，还包括一部分变化和反变换装置。传输链路的实现方法很多，最简单的传输链路就是简单的输电线路，如电缆等。它们一般用于市内电话网用户端链路和局间中继链路。其次，如载波传输系统、PCM 传输系统、数字微波传输系统、光纤传输系统及卫星传输系统等，都可以作为通信网传输链路的实现方式。

4. 转接交换设备

转接交换设备是现代通信网的核心。它的基本功能是完成接入交换节点链路的汇集、转接接续和分配。对不同通信业务网络的转接交换设备的性能要求也是不同的。例如，对电话业务网的转接交换节点的要求是不允许对通话的传输产生时延。因此，目前话音交换主要采用直接连续通话电路的电路交换方式。对于主要用于计算机通信的数据通信网，由于计算机终端和数据终端可能有各种不同的速率，同时为了提高传输链路利用率，可将流入信息流进行存储，然后再转发到所需要的链路上去。这种方式叫做存储转发方式。

习　题

1. 通信网中调制与解调的作用是什么？
2. 调制技术有哪些分类？
3. 数字基带传输系统由哪些构成？
4. 数字基带系统中，选择码型需要考虑什么因素？
5. 复用技术有哪些？
6. 波分复用有哪些优点？
7. 通信网中同步技术的重要性是什么？有哪些分类？
8. 通信网拓扑的基本结构有哪些？各有什么特点？
9. 给出通信网的一般构成形式。

第3章 电力光纤通信技术

3.1 光纤通信概述

3.1.1 电力光纤通信光缆

光纤通信是近些年来在通信领域发展最快的一种通信方式。由于光纤通信具有频带宽、传输容量大、传输距离长、传输损耗低、安全性高、体小质轻便于铺设等一系列特点，光纤通信已在我国大部分电网通信中逐步取代微波通信，因而电力特种光缆在我国电网中得到了广泛应用。电网中有大量不同电压等级的电力杆线资源，随着地线复合光缆（Optical Power Ground Wire，OPGW）、全介质自承式光缆（All Dieleetric Self-Supporting Optic Fiber Cable，ADSS 光缆）等电力特种光缆的发展，电力特种光缆的发展，电力通信光缆在电力线上也得到了大量架设。其中 OPGW 将通信光缆和高压输电线上的架空地线结合成一个整体，从而将光缆技术和输电线技术相融合，聚合为多功能的架空地线，其既是避雷线又是架空光缆，同时还是屏蔽线，因此可在完成高压输电线路施工的同时，也完成通信线路的建设，这一技术常用于 220kV、330kV 和 500kV 电压等级的新建输电线路；ADSS 质轻价优，与输电线路独立，且可带电架设，因此不影响输电线路的正常运行，具有较好的防弹功能，非常适合于已建电力线路及新建电力线路，这一技术常用于 35kV、110kV、220kV 电压等级，其中 110kV 电压等级的线路基本上都采用 ADSS 光缆。然而，由于 OPGW 相较于 ADSS 光缆具备更大的优越性，因此 OPGW 也必将得到大力发展。至于其他形式的光缆，如地线缠绕式光缆（Ground Wire Wind Optical Cable，GWWOP 光缆）、全介质捆绑式光缆（All Dielectric Lashed Cable，AD-LASH 光缆）等，由于其施工复杂，目前在全球范围内还未能得到推广。

电力特种光缆与普通光缆相比，具有如下特点：

① 经济可靠：电力特种光缆能够充分利用电网中的特有资源（如高压输电线路、铁塔等），从而与电力网架结构紧密结合而实现同期建设，其具有寿命长、安装便利、总造价低、可靠性高、安全性好的优势。

② 指标要求特殊：电力特种光缆安装在各类不同电压等级的电力杆塔上，相较于普通光缆，对其电气特性、机械特性和光纤特性（如抗电腐蚀、电压等级、档距、材料、张力、覆冰、风速、外部环境、酸碱性等）均有特殊要求。

电力特种光缆种类是根据不同的应用场景而逐渐形成和完善的，就目前而言，其主要包括以下几种：ADSS 光缆、OPGW、GWWOP 光缆、AD-LASH 光缆、相线复合光缆（Optical Phase Conductor，OPPC）。目前，电网中主要使用的是 ADSS 光缆、OPGW。

全介质自承式光缆 ADSS 除了具有普通光缆的优点（即通信容量大、中继距离长、抗雷击及电磁干扰、保密性好）之外，还有自身独特优势。比如：

① 经济性良好：可与各种电压等级的输电线路同塔（杆）架设，不需新立杆塔，不需新占地，施工速度快、工期短，大大节省了建设费用。

② 建设灵活：可带电架设光缆，不影响输电线路的正常运行。

③ 维护便利：同电力线路相互独立，不影响线路和光缆的正常检修。

④ 抗冲击性强：ADSS 光缆具有较好的防弹功能。

OPGW 的突出特点是能将通信光缆和高压输电线上的架空地线结合成一个整体，从而实现光缆技术和输电线技术的融合，使其成为多功能的架空地线，既是避雷线，又是架空光缆，同时还是屏蔽线，能够实现在完成高压输电线路施工的同时，也完成通信线路的建设，适用于新建的输电线路。

GWWOP 光缆是直接缠绕在架空地线上的，其沿着输电线路并以地线为中轴，呈螺旋状地缠绕在地线上，从而形成一种依附于输电线路支承的光传输媒介。

AD-LASH 光缆通过一条或两条抗风化的胶带捆绑在地线或相线上，这可以减少光缆由于弯曲缠绕而导致的信号衰减和增加的长期应力。该光缆的缆径和柔性介于 ADSS 光缆和 GWWOP 光缆之间，有一定的抗张强度，与 GWWOP 光缆一样依附于输电线架设，所不同的是光缆是与输电线平行架设的，用金属线或非金属线螺旋形地将光缆捆在地线上。

OPPC 是将光纤复合在输电相线中的光缆。

3.1.2　光纤通信特点

① 波长：光波是人们熟悉的电磁波，其波长在微米级，相对应的频率非常高（为 $10^{14} \sim 10^{15}$ Hz），因而特别适于作宽带信号的载频。目前，光纤通信使用的波长范围为 $0.8 \sim 1.8$ μm。

② 光纤通信的优点：任何通信网络追求的最终技术目标都是要可靠地实现最大可能的信息传输容量和传输距离，而通信网络的传输容量最终取决于对载波调制的频带宽度、载波频率越高，频带宽度就越宽，相应的传输容量也就越大。

在光纤通信网络中，由于相比电波频率，其载波光波频率更高，而作为传输介质的光纤，相较于同轴电缆或者波导管的损耗更低，因此相比其他通信策略，光纤通信具有较多独特的优势：

① 光波的频率很高，可供利用频带大，尤其适合高速宽带信息的传输，在未来的高速通信干线以及宽带综合服务通信网络中更能发挥作用。

② 光纤的损耗低（现已做到 0.2 dB/km 的量级），大大增加了通信距离。这对长途干线通信、海底光缆通信十分有利，在采用先进的相干通信技术、光放大技术和光孤子通信技术之后，通信距离可提高到几百公里甚至上千公里。

③ 光纤的抗电磁干扰能力强，具有不怕雷击和其他工业设备电磁干扰的特点，并且不会出现电火花，因此适用于电气化铁路、高压电力线附近以及一些要求能够防爆的通信系统。

④ 由于光纤内传播的光能几乎不会向外辐射，因此很难被窃听，也不存在光缆中各根光纤之间信号互扰。

　　⑤ 在运用频带内，光纤对每一频率成分的损耗几乎是一样的，因此在中继站和接收端只需采取简单的均衡措施，甚至可以不加均衡措施。

　　⑥ 光纤是电的绝缘体，因此通信线路的输入端和输出端是电绝缘的，没有电位差和接地问题，同时还能抗核辐射。

　　⑦ 光纤的原材料是石英，来源十分丰富，可以说是取之不尽。另外，光缆重量轻，便于铺设和架设，无重金属污染问题。

　　总之，光纤通信不仅具有强大的技术优越性，而且也具备经济上的巨大竞争实力，因此在电网通信中充当着越来越重要的角色。

3.1.3　光纤通信系统

　　光纤通信是利用光作为载波，并以光纤作为传输媒介，将信息从一处传送到另一处的通信方式。在发射端，信息被转换和处理成便于传输的电信号，电信号控制光源，使其发出的光信号具有所要传输信号的特点，从而实现信号的电-光转换。发射端所发出的光信号通过光纤传输到远方的接收端，经过光电二极管等设备转换成电信号，从而实现信号的光-电转换。电信号再经过处理和转换而恢复成与原发信端相同的信息。

　　光纤通信系统的基本组成如图 3-1 所示。典型光纤传输系统包括发射、传输和接收三个部分，加上适当的接口以后，就可作为一个独立的"光线路"插入现有的或新架设的通信系统中。

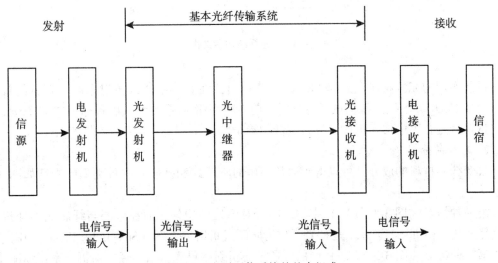

图 3-1　光纤通信系统的基本组成

　　图 3-1 中，信源将用户信息转换成电信号，即基带信号。但通常情况下，为了使传输信号适应传输通道的特性及提高传输容量，需要对基带信号进行调频（Frequency Modulation，FM）、脉冲频率调制（Pulse Frequency Modulation，PFM）或者脉冲宽度调制（Pulse Width Modulation，PWM）等进行处理，再把已调信号输入光发射机，这一过程就是由电发射机来完成的。

　　依据传输信号形式，将光纤通信系统分为数字通信系统和模拟通信系统两大类别。因为光纤频带较宽，十分便于传输数字信号，因此高速率、大容量、长距离的光纤通信系统均为数字通信系统，而短距离、小容量的光纤通信系统则通常采用模拟通信系统。

3.2　光纤线路

3.2.1　光纤

1. 光纤的结构及材料

光导纤维（fiber）简称光纤，是工作在光频段的一种介质波导。它的形状通常呈圆柱形，其结构示意图如图 3-2 所示。其一般由双层的同心圆柱体组成，中心部分称纤芯，一般的多模光纤纤芯直径为 $50 \sim 80$ μm。纤芯以外的部分称为包层，包层直径为 125 μm。

纤芯的作用是传导光波，其折射率为 n_1。包层的作用是将光波封闭在光纤中传播。此外，它能够减少因纤芯表面上的介质不连续性而导致的散射损耗，同时还增加了光纤的机械强度，包层的折射率为 n_2。光能量在光纤中能够传输的必要条件是 $n_1 > n_2$。

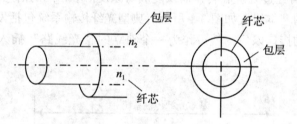

图 3-2　光纤结构示意图

目前实用的光纤材料主要是 SiO_2 即石英材料，在石英中掺入折射率高于石英的掺杂剂，例如 GeO_2 或 P_2O_5，就构成纤芯材料，前者称为锗-硅系光纤，后者称为磷-硅系光纤。包层材料就是石英中掺入折射率较石英低的掺杂剂。

2. 光纤的分类

改变纤芯材料的成分，可以得到通常使用的阶跃式和梯度式两种类型的光纤如图 3-3 所示。

第一种情形（图 3-3（a））中的纤芯折射率处处均匀，而在包层与纤芯交界处折射率突然变化，由 n_1 变到 n_2，这种光纤称为阶跃式折射率光纤（Step Index Fiber，SIF）。

第二种情形（图 3-3（b））中的纤芯轴芯折射率最大，沿半径方向折射率逐渐减小，到了包层与纤芯的界面，$n_1 = n_2$，其分布规律呈抛物线。这种类型的光纤称为梯度式折射率光纤（Graded Index Fiber，GIF）。

光也是电磁波，电磁波由交变的电场和磁场组成。光在光纤中的传播就是电场和磁场相互交替地变换传播，电场和磁场不同的分布形式就构成不同的模式。从模式来分，可将光纤分为单模光纤与多模光纤。多模光纤，指能同时传输多种电磁场模式的光纤；单模光纤，就是指只能传输单一电磁场模式的光纤。

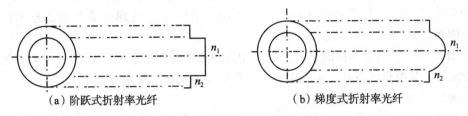

（a）阶跃式折射率光纤　　　　　　　　（b）梯度式折射率光纤

图 3-3　阶跃式光纤和梯度式光纤

3.2.2 光缆

在实际的通信线路中，由于光纤本身脆弱易断裂，直接和外界接触易产生接触伤痕，甚至被折断，所以通常是将光纤制成不同结构型式的光缆使用。

1. 光缆基本结构

光缆种类很多，其基本结构包括光纤芯线、护套和加强部件三部分。

① 光纤芯线：光纤芯线是指经过涂覆的光纤，其结构分为单芯型和多芯型两种。单芯型芯线分为单根经 2 次涂覆层紧贴着光纤的紧套芯线和可以在管状的 2 次涂覆层内活动的松套芯线；多芯型芯线分带状结构和单元式结构。上述多种类型可按用途选用。表 3-1 给出了具有代表性的芯线结构。

表 3-1　　　　　　　　　　　　　　光纤芯线结构

结　　　构		形　　状	结构尺寸等
单芯型	紧套 （1）二层结构 （2）三层结构	2次涂覆 1次涂覆 光纤 缓冲层	外径：$0.7 \sim 1.2\mu m$ 缓冲层厚：$50 \sim 200\mu m$
	松套	空气、硅油	外径：$0.7 \sim 1.2\mu m$
多芯型	带状		间距：$0.4 \sim 1mm$ 光纤数：$4 \sim 12$
	成批涂覆层	2次涂覆 光纤 抗张线	外径：$1 \sim 3mm$ 光纤数：6

② 护套：光缆护套的主要作用是保护已形成缆的光纤芯线，从而避免其受到外部机械力和环境接触的损坏。护套层要求具有耐压力、防潮、温度特性好、耐化学侵蚀、

阻燃抗火烧等特点。光缆护套层分内护层和外护层两种，分别采用聚乙烯和铝带。在制作护套的过程中，为了避免热对光纤的影响，成缆工艺过程中要严加注意制作速度等影响因素。

③ 加强部件：加强部件的材料一般采用钢丝或增强塑料。加强部件可安放在光缆内中心或四周，其数量可以是一根或多根，要看不同的用途和使用场合而定。

2. 光缆种类

随着通信事业不断发展，光缆应用越来越多，其种类也愈益增加。按结构来分有层绞式、单元式、骨架式、带状式光缆。图 3-4 展示出了这四种光缆的结构。

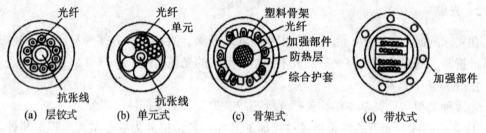

图 3-4　四种光缆的结构图

层绞式光缆是用得最多的一种光缆，它将若干根光纤芯线以加强部件为中心绞合在一起，光纤芯数一般不超过 10 根。层绞式光缆中的两对中介线可作为联络线或者是监视、维护使用。

单元式光缆则是将几根到十几根光纤芯线集合成一个单元，再由数个单元围绕强度元件绞合成缆，光纤芯数可达几百根。例如一种 216 芯光缆是把 6 根光纤集合起来进行二次涂覆的成批涂覆型芯线，再把这种芯线构成光缆单元，然后制成 216 芯的光缆。这种形式光缆现在已有几百芯到 1000 多芯的多芯光缆。

骨架式光缆将光纤嵌在星形的骨架槽内，形成光缆单元，骨架中心是加强部件，骨架上的槽可以是 V 形或凹形，这种光缆可以减少光纤芯线的应力，并具有耐侧压、抗弯曲、抗拉的特点。

带状式光缆是近几年开始使用的新型光缆，将数根光纤例如 12 根光纤芯排列成行，构成带状光纤单元，再将多个带状单元按一定方式排列成缆，可做成高密度用户光缆。

3.2.3　光纤线路

光纤线路的作用是把来自光发射机的光信号，以尽可能低的畸变和衰减传输至光接收机。光纤线路由光纤光缆、光纤接头和光连接器组成。

缆内光纤传输特性决定了光纤线路的主要性能。目前，通信所用光纤大多采用石英玻璃（SiO_2）所制成的横截面很小的双层同心圆柱体，光纤由纤芯和包层两部分组成，纤芯的材料是 SiO_2，并掺杂着微量的其他材料，这是为了提高材料的光折射率。包层的材料一般用纯 SiO_2，也有掺杂的，掺杂的作用是降低材料的光折射率，从而使得纤芯的折射率略高于包层的折射率，保证进入光纤的光有可能全部限制在纤芯内部传输。

3.3　光发射机、光中继器与光接收机

3.3.1　光发射机

发射机的主要工作机理是先将输入电信号转换为光信号，再经码型变换形成相应波形，应用耦合技术将光信号最大限度地注入光纤线路进行信息传输。

1. 光发射机的设备组成

实用的光发射机由输入接口电路、扰码器、编码器、驱动器、光源和告警等部分构成，如图 3-5 所示。

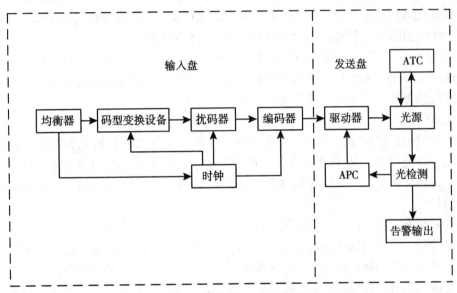

图 3-5　光发射机原理框图

输入接口电路由均衡器和码型变换设备两部分组成，首先对电发射机送来的信号码流进行均衡，然后进行码型变换以便适合于光路的传输。

扰码器的"扰码"是指在输入码流随机插入"0"或者"1"，使输入信号流序列中"0"和"1"统计分布均匀，便于时钟信号的提取。

编码器的作用是对扰码后的信码进行重新编码，并且使其适合光纤传输，以便于不间断业务的误码监测，同时能够克服直流分量的波动。

光发送盘的核心是光源驱动电路，其作用是将经编码后的数字信号调制成发光部件的发光强度信号，以完成电/光转换。

光源是光发射机的核心，光发射机的性能基本上取决于光源性能，它对光源提出输出光功率要足够大，调制频率要足够高，谱线宽度和光束发散要尽可能小，输出光功率和波长要稳定，器件寿命要长的要求。目前广泛应用的光源有半导体发光二极管（Light Emitting Diode，LED）和半导体激光器（Laser Diode，LD），如分布反馈激光器

（Distributed Feedback Laser Diode, DFBLD）、法布里-珀罗型激光器（Fabry-Perot Laser Diode, F-PLD）等。

为了使系统可靠地工作，还设有告警电路。如果发射机某一指标出现了问题，告警电路就会告警，用告警灯或电铃来提醒维护人员及早排除故障。

光发射机的总体运行流程如下：从 PCM 设备送来的一串电脉冲信号首先输入接口电路中，将电脉冲码型变成适合于光路传输的码型。经编码后的电信号触发驱动器提供足够的电流以驱动光源发光，同时还可以调整和控制光源的输出光功率。光源的输出功率经光检测后生成监测信号送往自动功率控制（Automatic Power Control, APC）电路，APC 判断输出光功率是否过大或过小，然后将判断信号送回驱动器，调整驱动电流，从而达到调整输出光功率、使输出光功率保持稳定的目的。自动温度控制电路探测光源组件的温度，根据判断提供一定的电流启动组件中的制冷器，对光源组件进行制冷，使其保持一定的温度，以保证光源的使用寿命。由于采取了这一系列措施，光源能够稳定地工作。在环境温度为 5~50℃ 范围内，光源输入光纤的功率不稳定度小于 5%。

如发射机采用发光二极管作光源，则不需要 APC 和自动温度控制（Automatic Temperature Control, ATC）电路这两部分，电路相对简单，但输入光纤的功率不太大；另外，由于光源的相干性不好，调制速率也不能太高。

2. 光的调制

要实现光通信的功能，需要在发送端将传送信号（如话音）转化为电信号，然后再将其调制至激光器所发出的激光束上，使光强随着电信号的幅值（频率）变化而改变，并通过光纤传输出去。将电信号调制成光信号这一过程就叫做光的调制，而调制后的光束即为光信号。

光的调制有两种方法。一种是把电信号直接加到光源上，光源就可以发出随信号强弱变化的光信号，这种调制称为直接调制，目前应用的光纤通信系统都是直接强度调制系统；另一种叫做外调制，它的特点是光源本身不被调制，但当光从光源射出以后，在其传输通道上由调制器进行调制。通过外调制的调制器，利用物质的电光、声光、磁光等效应来调制光波，这一过程被称为电光调制、声光调制和磁光调制。

（1）发光二极管的调制

LED 是一种冷光源，一个很大的优点是易于调制，可以用信号电流直接驱动发光二极管发光。发光二极管的功率-电流特性（P-I 特性）良好，基本上是一条直线，非常便于模拟调制。

图 3-6 所示的是发光二极管模拟信号直接调制的原理。如果信号电流是双极性的，即有正负两个方向，如图中的正弦信号，为保证光输出与驱动电流成比例变化，需添加正向直流偏置，使不加信号时的静态工作点 Q 处在 LED 输出特性曲线的直线段的中点。

图 3-7 所示的是一个简单的模拟信号直接调制电路，图中晶体管 VT_1 提供 LED 的注入电流。当信号从 A 点输入后，晶体管集电极电流随模拟量变化，即 LED 的注入电流跟随模拟信号发生变化，LED 的输出光功率也将随模拟量变化，这样就实现了对光源的调制。B 点的作用是用来监测信号。

如果需要传送的是数字信号，则可根据图 3-8 所给出的 LED 的数字调制曲线来选择偏置电流，可以不加偏流，或加较小的正向偏流。

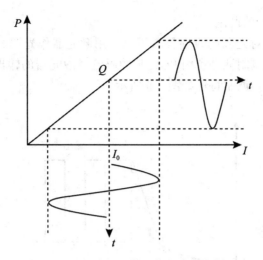

图 3-6　发光二极管的模拟直接调制

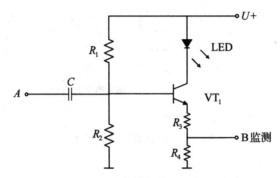

图 3-7　一种简单的模拟调制电路

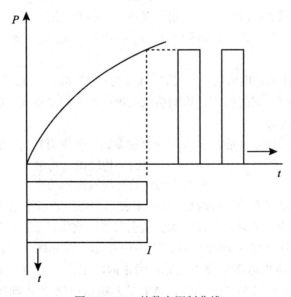

图 3-8　LED 的数字调制曲线

（2）激光器（LD）的调制

光纤数字通信系统对光源的线性要求不高，用激光器作光源可以提高光源的输出功率。激光器的直接强度调制就是利用 PCM 脉冲码流对激光器的输出光功率进行调制，输出已调制的光脉冲信号。调制特性如图 3-9 所示。

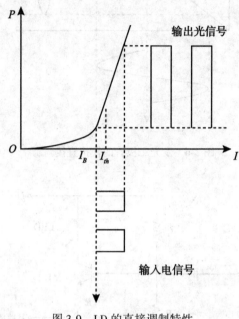

图 3-9　LD 的直接调制特性

由图 3-9 可见，直接调制时应给激光器加偏置电流 I_B，只需要较小的信号驱动电流，就可得到足够的输出光功率，I_B 的大小一般选在激光器的阈值电流 I_{th} 附近。从提高输出光功率的要求来看，要求 I_B 稍大一些，I_B 稍大有利于提高激光器的响应速度，提高系统的传输速率，但容易增加系统噪声。调制脉冲的幅度要根据系统要求的输出功率和器件的具体参数来确定。

由图 3-9 可见，在偏置电流为 I_B、信号脉冲为 "0" 时，光源仍有一定的输出功率，导致光纤通信系统产生一定的噪声，影响接收灵敏度。人们希望在电脉冲信号为零时，光源的输出光功率越小越好。

为了衡量发射机的这一性能，引入了一个新参数，称作消光比。它定义为：

$$消光比 = \frac{全"0"码时的平均输出光功率}{全"1"码时的平均输出光功率}$$

消光比常用百分比来表示，有时也用 dB 来表示。光纤通信系统中，一般要求发射信号的消光比在 10% 以内。如果消光比过大，就会对光接收机灵敏度产生较大影响。

一种实际的激光器（LD）驱动电路如图 3-10 所示，在晶体管 VT_2 的基极上加固定参考电压 U_B，VT2 的集电极电压取决于激光器的正向电压，一般约为 1.5V。VT_1 的基极加输入脉冲信号。当输入信号为 "0" 码时，VT_1 的基极电位比 U_B 高而抢先导通，电流仅通过 VT_1，LD 无电流流过而不发光；当输入脉冲为 "1"（实际上是经反相放大后的负脉冲信号）时，VT_1 的基极电位比 U_B 低，VT_2 抢先导通，电流流过 LD 而发光。

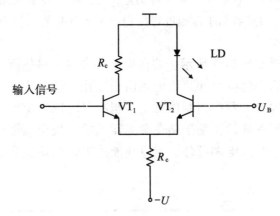

图 3-10　一种 LD 驱动电路

为了使激光器能正常工作，常在 VT_2 的集电极和 LD 的负极之间提供一个偏置电流，值略小于激光器的阈值电流 I_{th}。

3. 辅助电路

在实用的光发射机中，为了保证稳定可靠的输出光功率以及使用和维护的方便，往往还装有各种辅助电路，如自动功率控制电路和自动温度控制电路。

（1）自动功率控制（APC）

光源经过一段时间的工作以后，就会出现老化现象，使输出光功率减小，如图 3-11 所示，同时温度的变化对光源的输出功率也有影响。为了稳定激光器的输出光功率，人们设计了各种 APC 电路。其中，有通过光反馈来自动调整偏置电流的所谓自动偏置控制电路，也有通过平均功率和峰值功率来进行控制的双控制回路法等。现在常用的是自动偏置控制电路。

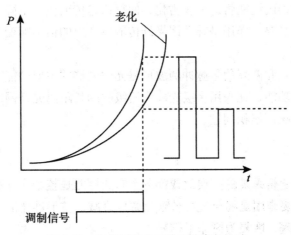

图 3-11　激光器老化对输出功率的影响

（2）自动温度控制（ATC）

温度对光源的输出特性有很大影响，特别是长波长半导体激光器对温度更加灵敏。为保证光源输出稳定，使激光器的工作温度保持稳定是十分必要的，为此，一般在光发送机的机盘上装设 ATC 电路。

自动温度控制原理如图 3-12 所示。装在用于激光器散热热沉上的热敏电阻为温度传感器，激光器温度的变化将引起热敏电阻阻值变化，从而将温度变化转变为电流变化；电流变化信号通过放大器接到制冷器上，制冷器电压发生变化以维持激光器的温度恒定。上面所述的热沉部件，是指贴在激光器上的一块金属散热片。目前一般采用半导体制冷器，这是一个热电偶部件，制冷功能的工作机理是当加上电压时，其一端吸热而另一端散热。

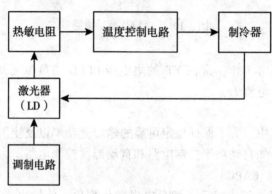

图 3-12　自动温度控制原理

3.3.2　光中继器

在长途光纤通信系统中，由于光纤损耗而造成的光能量损失，以及光纤色散所导致的光脉冲畸变，系统防误码性能将进一步劣化，使得信息传输质量下降。因此，设置距离间隔式的光中继器十分必要，作用是补偿因光纤传输所产生的信号畸变与衰减，使得光脉冲得以再生。

补偿光能量的损耗和恢复信号脉冲的波形是光中继器的主要功能。目前实用的光放大器尚没有整形和再生功能。在采用多级光放大器级联的长距离光纤网络中，需要考虑色散和放大器的自发辐射噪声累积问题。

3.3.3　光接收机

光接收机是光纤通信系统的重要组成部分，它的性能是整个光纤通信系统性能的综合反映。光接收机的主要作用是将经光纤传输后幅度衰减、波形展宽的微弱光信号转变为电信号，并进行放大处理，恢复为原来的信号。

1. 光接收机的组成

实用数字光接收机的性能指标主要有两个：一是接收灵敏度，二是接收信号的动态范围。光接收机的灵敏度表示在给定误比特率（或信噪比）的条件下，其接收微弱信号的能力，它与系统的诸多因素有关，如系统噪声、信号波形等；接收机适应输入信号变化的能力由光接收机的动态范围来表示，因为在实际中，光接收机的输入信号不能被任意调整，它将随着诸多因素的变化而改变，因此实际的光接收机必须要具有适应输入光信号强弱变化的能力。

目前广泛采用的强度调制直接检测式数字光接收机的组成包括光电检测器、前置放大器、主放大器、均衡器和判决器等，如图 3-13 所示。

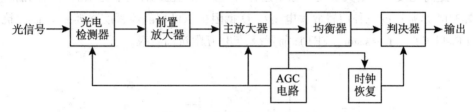

图 3-13　光接收机组成方框图

① 光电检测器：光电检测器作用是将光纤传输的光信号转换为电信号。

② 前置放大器：前置放大器紧密连着光电检测器，故称为前置放大器。在一般的光纤通信网络中，经光电检测器输出的光电流是十分微弱的，为了使光接收机中的判决电路正常工作，必须将这种微弱的电信号经过多级放大器进行放大。

③ 主放大器：主放大器是一个增益可调节的放大器，其主要作用是将前置放大器输出信号放大到判决电路所需的信号电平。通过光接收机的自动增益控制电路对主放大器的增益进行调整，当光电检测器输出信号出现起伏时，便可避免输入信号对主放大器的输出信号幅度的影响。

④ 均衡器：具有无限带宽的矩形波数字信号在经过带宽受限的信道后，会产生拖尾现象，以至于产生误码。均衡器的作用是使得波形转换为更有利于判决的波形，如余弦频谱脉冲。

⑤ 判决器和时钟恢复电路：判决器构成部分有判决电路和码形成电路。脉冲再生电路由判决器和时钟恢复电路组合构成，即把均衡器输出的信号恢复为"1"或"0"数字信号。

⑥ 自动增益控制（Automatic Gain Control，AGC）电路：主放大器增益由反馈环路来控制。在强信号下，通过反馈环路来降低上述增益；在弱信号下，通过反馈环路提高上述增益，从而稳定传送到判决器的信号，以便于判决。

⑦ 输出接口电路：由解码、解扰和码型反变换电路组成，将信息变换为原来适合于 PCM 传输的码型。

光接收机的运行流程如下：当从光纤中传来微弱的光信号入射到光电检测器的光敏面上时，光电检测器将其转变为电信号。从光电检测器传输的微弱电信号由前置放大器来放大，它是光接收机的关键组成部分，要求具有足够小的噪声、适当的带宽和一定的信号增益。主放大器的的作用是进一步放大电信号，并有一定的增益调整作用。均衡器对传输和放大后失真的信号进行补偿，使之输出适合于判决要求的脉冲形状。为了使光接收机的输出保持恒定，采用了 AGC 电路，在一定范围内控制主放大器的增益和雪崩光电二极管（Avalanche Photo Diode，APD）的倍增因子。为了判决再生，还要从主放大器的输出信号中提取时钟信号，对均衡器输出的信号进行判决，识别出哪个是 "0" 码，哪个是 "1" 码，从而再生出原来的一串脉冲数字信号。

2. 接收电路和噪声

为了提高光接收机的灵敏度，除了选择合适的光电检测器外，还要有合适的前置放大器。图 3-14 是常用的三种前置放大电路：① 低阻抗双极型晶体管前置级；② 高阻抗场效应管（Field Effect Transistor，FET）前置级；③ 互阻抗前置级。

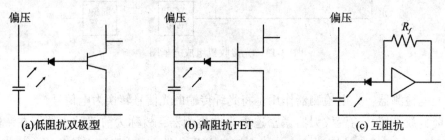

图 3-14　常用的光接收机前置放大电路

双极型晶体管（即普通的晶体三极管）的输入阻抗较低，设置低阻抗前置级是希望光电检测器和前置级构成的输入电路的时间常数 RC 小于信号脉冲宽度，以防发生码间干扰。场效应管的特点是输入阻抗高、噪声小，采用均衡器校正输出的脉冲波形可以得到比双极型电路更好的信噪比。

高阻抗前置级的高频特性较差，在实际应用中要求光接收机有较大的动态范围，其原因在于光纤线路的衰减幅度变化较大。因而在强信号作用下，一个无负反馈的前置级，在自动增益控制电路行使控制之前，可能出现过载或产生严重的非线性失真，而电压负反馈构成互阻抗前置级的效果就比较好。负反馈改善了放大器的带宽和非线性，同时基本保持了原有信噪比，能够得到较大动态范围。

噪声是影响接收灵敏度的主要因素，包括光电检测器噪声、放大器噪声和模分配噪声等。而光接收机的噪声是指前两种噪声。模分配噪声则是由发射光脉冲与光纤的色散效应所引起的，其不由接收端决定。

在光接收机中，设计合适的前置放大器是最重要的，因为如果前置级噪声较大，那么经过一级一级的放大器放大之后的噪声将更大，继而影响信号的判决再生。现在的接收机一般都采用光电二极管与场效应管（Positive Intrinsic Negative and Field Effect Transistor，PIN-FET）组件作为光接收机的前端，其电路原理如图 3-15 所示。国产 PIN-FET 组件一般采用混合集成电路，光接收机灵敏度基本上由该组件的特性决定。

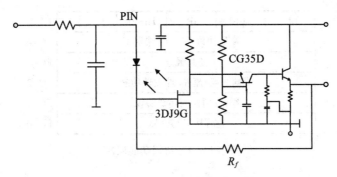

图 3-15 PIN-FET 组件电路原理

3.4 光纤通信协议

3.4.1 光纤通道协议簇

光纤通道（Fiber Channel，FC）协议簇中与交换机相关的主要协议包括：FC-FS、FC-LS、FC-SW、FC-GS。

FC-FS 协议详细描述了 FC 协议层中 FC-0、FC-1、FC-2 层的功能。

FC-LS 协议详细描述了 FC 扩展链路服务（Extended Link Services，ELS），包括各个 ELS 请求的功能和帧格式。

FC-SW 协议主要定义了交换机端口模型及其操作、内部链路服务、交换网配置、路径选择、分布式服务，以及 Zone 的交换与合并等。其中，内部链路服务部分详细定义了在交换网配置过程中用到的各种链路服务帧（F 类）；交换机端口模型及其操作部分定义了 FL、F、E、B 端口的物理模型及操作；交换网配置过程分为交换机端口初始化、主交换机选择、Domain_ID 分配、Zoning 合并以及路径选择五个部分；分布式服务定义了交换网为 N 端口提供的服务。

FC-GS 协议详细描述了 FC 协议所支持的一般类服务，并定义了用于支持这些一般类服务的辅助功能和服务，包括名字服务、管理服务、发现服务、时间服务和别名服务。

3.4.2 光纤通道协议模型和帧格式

FC 协议由一系列功能层次组成，如图 3-16 所示。

FC-0 层描述两个端口之间的物理链路，包括传输介质、连接器、发射机、接收机及其各自特性的规范。

FC-1 层描述了 8B/10B 编码/解码方案。采用 8B/10B 数据编码传送信息可以保证在低成本的电路上实现 $10 \sim 12$ 比特误码率；可以维持总的 DC 平衡；编码比特流中不存在 5 个以上的相同比特，用以减少直流分量，有利于时钟恢复；可以从传送的编码数据中区分数据字和控制字。

FC-2 层为帧协议层，规定了数据块传送的规则和机制，包括服务类型、通信模型、

IPI	SCSI	IP	HIPPI	其他	ULPs
高层协议（ULP）映射					FC-4
公共服务					FC-3
成帧协议 流控 仲裁环功能					FC-2
编码/解码与传送协议					FC-1
物理接口与介质					FC-0

图 3-16 FC 协议功能层次

分段重组、差错检验以及协调端口间通信所需要的注册/注销服务。

FC-3 层提供了对一个 FC 节点上的多端口都通用的服务，实现一对多的通信。

FC-4 层定义了光纤通道结构到已存在的上层协议如 IP、SCSI 等的映射。

3.4.3 在线调试

由于光纤通道协议处理机的灵活性和复杂性，使得协议处理机的调试十分困难。基于上述因素，光纤通道协议处理机需要满足光纤通道协议所规定的功能。此外，还要能够提供有效方便的验证和调试环境，包括监视交换机的工作状态、控制交换机工作在指定状态等功能。

对 FC-FS 协议处理的监控主要通过 F 端口回环自检和各种部件状态的监视这两种手段来实现。F 端口的回环自检又包括检测帧序列的定义和自检状态机的设计；而处理机的状态统计包括 CRC 校验状态、信用状态、链路状态和超时差错检测状态监视。

FC-FS 协议处理主要包括端口间的同步，其详细描述了 FC 协议层次中的 FC-0、FC-1、FC-2 层的功能。其中，由 FC-0 层来描述两个端口之间物理链路的规范；由 FC-1 层来描述 8B/10B 编码/解码方案，并规定了端口接收机和发射机的状态；由 FC-2 层来规定数据块传送的规则和机制，包括协调端口间通信所需要的登录/登出服务，可能支持的服务类及不同服务类中的连接和信用管理规则，帧的格式、类型及不同类型的帧的响应，确保链路和数据完整性的差错检测和超时管理。此外，部分一般类服务也在该协议中得到了简单介绍。

3.5 电力光纤规约

在电力系统光纤通信系统中，为了正确传送信息，制定一套关于信息传输顺序、信息格式和信息内容等的约定十分必要，这套约定就称为规约。

实际应用中，大量的遥测、遥信、遥控、遥调和遥视信号的传送位于间隔层装置和主站之间，通过事先约定好数据传送的格式，来判定信息传送过程中的轻重缓急并区别所传送信息的类别，这种数据传送的格式就是通信规约。

循环式规约和问答式规约为当前常用的通信规约。以用途来分类有：远动规约、保护规约、电度表规约、智能设备互连规约等。远动规约包括 101 规约、104 规约、CDT 规约、SC1801 规约、DISA 规约等；保护规约包括 103 规约、MODBUS 规约、企业自定义规约等；电度表规约包括 IEC102 规约、部颁 DLT645 电度表规约等。

3.5.1 循环式规约

循环式规约是指数据格式在发送端与接收端事先约定好，数据以帧的形式传送，按照时间顺序首先发一个起始同步帧，然后依次发送控制帧和信息帧，数据像这样连续地循环发送。主站端在收到信息后，首先检出同步码，然后按约定的时间先后顺序，判断是哪一个遥测量、遥信量或其他信息等。

循环式规约中的数据传送以厂站端为主，以固定的传送速率循环不断地将厂站数据发送给主站端。帧的长度随被测点的增加而增加，从而限制了实时数据从厂站端到主机端的时间。

循环式规约的缺点是一台 RTU 就需要占用一条通道，其只能实现"点对点"方式，因而通道占用率太高，投资较大。当有下行信号时，则需要用上、下行两条通道。此外，由于不断传送数据，使通道上的数据流量相当大，对通道传送的正确性要求较高，故而传送中的误码现象相对较严重。

3.5.2 问答式规约

目前使用的通信方式还有问答式规约，它是以主站端为主，依次向各个 RTU 发出查询命令，而各 RTU 根据查询命令进行响应，其响应信息串长度是可变的。问答式规约能够节约通道，几台 RTU 可占用一个通道，所以提高了通道利用率。而为保证实时性，通常采用"变化传送"方式来提高数据传送速度。

问答式规约的适应能力强，能适应不同类型的通道结构，如点对点、星型、辐射型和环型结构、全双工通信和半双工通信方式等。同一通道可以传送上行、下行信号，自动切换备用通道容易实现。

3.6 超长站距光纤通信

在我国，随着特高压交、直流工程以及西北联网等一批覆盖面广、涉及省份多、电压等级高的电网重点项目的建设，光纤通信在超长站距间传输瓶颈问题正日益突出。超长站距光纤通信的问题如果解决不到位，不但会造成投资成本的增加，还可能引起整个通信方案的调整，甚至会影响项目的投产工期乃至建设的安全性和可行性。因此，如何研究出行之有效、安全可靠的超长站距光纤通信的解决方案，成为当前我国高电压等级输电项目所面临并亟待解决的难题。

3.6.1 超长站距光纤通信的制约因素

在光纤通信技术中，对光纤传输距离影响最为主要的是光纤色散和衰减。

1. 色散

光信号分量包括发射信号调制和光源谱宽中的频率分量，以及光纤中的不同模式分量。色散产生的原因是不同成分的光源在光纤中传输时，因其群速度不同而导致不同时间延迟，从而引起的物理现象。光纤色散主要包括以下三类：模式色散、色度色散和偏振色散。其中，色度色散又分为材料色散和波导色散。对于在电网光纤通信中常用到的单模光纤，由于只有单个模式在光纤中传输，因此只存在色度色散和偏振色散，并且材料色散占主要地位，波导色散影响相对较小。而对于质量较好的单模光纤，偏振色散最小。

2. 衰减

光信号在传输过程中强度会减弱，即光在传输中会衰减。光纤主要材料是 SiO_2，光信号在光纤里传输时，由于吸收、散射和波导缺陷等原因产生功率损耗，由此引起衰减。

吸收损耗：吸收损耗分为由纯 SiO_2 材料引起的内部吸收和由杂质引起的外部吸收。内部吸收是因为构成 SiO_2 的离子晶格在光波作用下发生振动而损失能量，外部吸收主要是因为 OH 离子杂质引起的，因为在制作光纤预制棒的过程中，很难把 OH^- 离子排除掉，同时在高温下拉制光纤时，氢原子也很容易扩散进 SiO_2 中，所以在硅中构成了氢化学键和 OH^- 离子。随着科技不断发展，超纯石英光纤工艺的不断进步，因氢化学键和 OH^- 离子的弹性振动已不再出现，这使得 1350~1450 nm 波段的损耗已降低到 0.3 dB/km 水平。

散射损耗：引起散射损耗的主要原因是光纤制造过程中材料密度不均匀，即瑞利散射导致的损耗。瑞利散射损耗与波长成 $1/\lambda^4$ 关系。瑞利散射损耗是光纤损耗的最低极限。

非线性散射损耗：光纤中传输的光强大到一定程度时就会产生受激拉曼散射、受激布里渊散射和四波混频等非线性现象，使输入光能量转移到新的频率分量上，从而产生非线性损耗。

3.6.2　超长站距光纤通信方案

1. 色散调节

目前在电力系统光纤通信中，我们只考虑材料色散的要求，因此也把色散简单地等同于材料色散，其计算公式为：

$$L = \frac{D_{max}}{D} \tag{3-1}$$

式中，D_{max} 为光口允许的最大色散值，单位为 ps/nm，D 为光纤色散系数，单位为 ps/（nm × km），L 表示色散距离。由此可见，光纤色散距离与光纤材料本身的性能、光传输速率及所选择的波长有关。

目前在电网光纤通信中，为了有效解决色散问题，除了选择优质的光纤及适当光传输速率外，最常用的方法就是利用色散补偿光纤（Dispersion Compensating Fiber，DCF）。色散补偿光纤是具有大负色散的光纤，它是针对现已铺设的 1.3μm 标准单模光纤而设计的一种新型单模光纤。为了使现已铺设的 1.3μm 光纤系统采用 WDM/EDFA 技术，就必须将光纤的工作波长从 1.3μm 改为 1.55μm，标准光纤在 1.55μm 波长的色散并不为零，而是 17 ~ 20ps/（nm·km）。因此，必须在光纤中加接具有负色散的补偿光纤进行色散补偿，以保证整条光纤线路的总色散近似为零，从而实现高速率、长距离、大容量的传输。

2. 光纤衰耗的补偿

目前在光纤通信技术中，通常采用最坏值法计算衰减的再生段长度，计算公式为：

$$L = \frac{P_s - P_r - P_p - \sum A_c - M_c}{A_f + A_s} \tag{3-2}$$

式中，L 表示再生段距离，单位为 km；P_s 表示发射端寿命终了时的最小平均发射功率，单位为 dBm；P_r 表示接收端寿命终了时的光接收灵敏度，单位为 dBm；P_p 表示光通道代价，单位为 dB，对于常用的 2.5G 光口取值为 2dB；$\sum A_c$ 表示 S、R 点间所有活动连接器衰减之和，每个连接器衰减取 0.5dB；M_c 表示光缆富裕度，单位为 dB，实际长度大于 125km 时，M_c 取 5dB；A_f 表示光纤衰减系数，单位为 dB/km，1550nm 波长取值 0.22dB/km；A_s 表示光纤熔接平均衰减系数，单位为 dB/km，取值取决于光缆的盘长，通常取 0.01~0.03dB/km。所以，我们通常采取提高光传输的发送功率和接收灵敏度来提高光信号传输的距离。

（1）使用铒离子作为增益介质的光纤放大器（Erbium Doped Fiber Amplifier，EDFA）

EDFA 技术早在 1964 年就有研究，直到 1985 年英国南安普顿大学才首次成功研制成掺铒光纤。掺杂剂决定放大器的特性，在制造光纤时，把铒离子掺入纤维中而制成的光纤就是掺铒光纤，是提供光增益的主要部件。EDFA 的基本工作原理是将泵浦激光器发出的高功率泵浦光输入掺铒光纤，对掺铒光纤中的铒离子进行能量激励，使铒离子吸收能量后，形成离子数反转，处于受刺激的亚稳态。在超长站距通信技术中，EDFA 与半导体光放大器不同，其增益特性与光纤极化状态无关，放大特性与光信号的传输方向也无关，可以实现双向放大，同时 EDFA 频带宽，在 1550nm 窗口有 20~40nm 带宽，可进行多信道传输，便于扩大传输容量，从而降低成本。EDFA 具有增益自调能力，在放大器级联使用中可自动补偿线路上损耗的增加，使系经久耐用。

（2）拉曼光放大器

拉曼光放大器即利用拉曼散射效应制作成的光放大器，由于大功率激光注入光纤后会发生非线性效应拉曼散射，因此在不断发生散射的过程中，能把能量转交给信号光，从而放大信号光。其具有诸多优点：

① 增益介质是普通传输光纤，与光纤系统具有良好的兼容性；

② 增益波长由泵浦光波长决定，不受其他因素的限制，理论上只要泵浦源的波长适当，就可以放大任意波长的信号光；

③ 增益高，串扰小，噪声指数低，频谱范围宽，温度稳定性好。其良好的性能，使其具有广泛的应用前景。

（3）前向纠错（Forward Error Correction，FEC）

前向纠错是一种差错控制方式，主要是为了增加数据通信的可信度。FEC 是利用数据进行传输冗长信息的方法，如传输中出现错误，将允许接收器再建数据。在接收端按照相应算法解码所接收到的信号，从而找出在传输过程中出现的错误码并将其纠正。

（4）受激布里渊散射（Stimulated Brillouin Scattering，SBS）抑制技术

当入射光纤的光功率足够大时，光波产生的电磁伸缩效应在物质内激起超声波，光信号受超声波散射进而形成 SBS。目前对于 SBS 普遍采用的抑制技术是外相位调制法，即对入射光配置相位调制器，以改变光的频率和幅度，进而可以改变光功率谱密度。

3.6.3 超长站距光纤通信在工程中的应用

在 1000kV 特高压工程中，利用光通信放大技术，提高了光发射功率及信号的接收灵敏度，实现了对 2.5G 传输系统 300km 的传输；通过对光传输设备放大器的合理配置，并

结合超低损耗光纤的使用，完成了 330km 的光通信传输。

习　题

1. 光纤通信具有什么特点？
2. 画出光纤通信的基本组成示意图。
3. 光缆的典型结构有哪几种？
4. 光纤通信中的自动功率控制电路和自动温度控制电路各有什么作用？
5. 循环式规约和问答式规约有什么区别？
6. 光纤传输距离的核心影响因素是什么？

第4章 电力线载波通信技术

4.1 电力线载波通信概述

4.1.1 基本概念

电力线载波通信（Power Line Carrier Communication，PLCC）是应用输电线路作为传输通路的载波通信方式，主要用于电网的调度通信、远动、保护、生产指挥、行政业务通信以及各种信息传输。电力线路是为输送 50Hz 的强电设计的，具有线路衰减小、机械强度高和传输可靠的特点。电力线在通信方面的应用还载波通信复用电力线路进行通信，不需要通信线路建设的基建投资和日常维护费用，电力线载波通信是电力系统特有的通信方式，在电力系统中占有重要地位。

4.1.2 目的与意义

作为一种不用重新布线的基础设施，电力线在通信方面的应用还仅仅用于远程抄表、家居自动化，其传输速率很低，不适合传输高速信息。随着网络信息技术的迅猛发展，国内外都在研究应用低压电力线传输信息的高速电力线载波技术，该技术能在现有电力线上实现数据、语音和视频等多业务的传输。高速电力线载波通信技术不断进步，将实现传输数据、语音、视频和电力为一线的"四网合一"，具有极高的经济性。此外，电力线通信技术还具有组网简单、成本低、可靠性高、易于实现等优点，受到关注和重视。曾在"十一五"规划中，电力线载波通信被列为研究支持项目，并明确了低压电力线载波的发展对策，把研究电线上网的技术原理和应用技术、探讨电线上网的政策和运营方式作为发展重点。目前，由于技术尚在不断完善，高速电力线载波通信技术尚未得到大规模应用。目前的电力线主要用来传输电能，在线路上有高电压、大电流、大噪声和各类负载，想要在电力线上再传输信号，对技术设备的抗干扰性和稳定性提出了挑战，尤其要解决电力线中的信道噪声问题。

高压电力线载波是电力行业载波技术应用的主流，随着电力线载波通信技术的不断发展，高压电力线载波通信技术及其在电力通信中的应用已发生了极大的改变。与 20 世纪 80 年代电力线载波应用的鼎盛时期相比，近些年来电力线载波通信在许多方面都发生了变化，其主要表现为：电力线载波技术由模拟通信发展成数字通信，由单通道发展为多通道；其应用由基本通信方式改变为备用通信方式；电力通信对载波通信设备的接口功能、通信容量、网管性能、信息采集和质量水平提出了更高要求。

我国电力通信的基本方式是电力线载波，虽然近几年来电力线载波通信技术及应用方式发生了很大的变革，但电力线载波通信所具有的可靠、路由合理、经济性的特点没有变。我们需要正确对待电力线载波在电力通信中的作用，发挥每一种通信方式的长处，合理选用电力线载波作为备用通道，积极发展特高压和中压载波，努力研究电力线载波在高速宽带上的技术突破，为电网自动化服务。

电力载波通信技术可以应用于网络电话（Voice Over Internet Protocal，VOIP）、居民用户宽带接入、智能家居、居民远程抄表等方面，为城市电网提供新的传输手段。

4.1.3　特点

相较于其他通信方式，电力线载波通信具有以下几大特点。

1. 独特的耦合设备

由于工频电流从电力线路上通过，载波通信设备必须经由高效安全的耦合设备才能连接于电力线路。而且，这些耦合设备既要能有效传输载波信号，又不能对工频电流的正常传输造成影响，还要能够方便分离载波信号与工频电流。此外，耦合设备还要能够防止工频电压和电流对载波通信设备的威胁。

2. 线路频谱安排的特殊性

电力线载波通信使用频谱的选择要考虑以下三个方面：

① 电力线路本身的高频特性；

② 避免 50Hz 工频的干扰；

③ 考虑载波信号的辐射对无线电广播及无线通信的影响。

3. 以单路载波为主

从调度通信的需要出发，电力系统往往要依靠发电厂、变电所来对母线上不同走向的电力线开设载波，来组织各方向的通信。出于使用频谱限制、通信方向分散以及组网灵活性等问题的考虑，电力线通信大量采用单路载波设备。

4. 线路存在强大的电磁干扰

电力线载波设备往往具有较高的发射功率，其原因是电力线路上存在强大的电晕等干扰噪声，这可以获得所需的输出信噪比。此外，由于 50Hz 谐波的强烈干扰，使得 0.3～3.4kHz 的话音信号不能直接传输于电力线路上，只能将信号频谱搬移到 40kHz 以上进行载波通信。

4.2　电力线载波通信工作原理

4.2.1　基本构成

电力线载波通信系统主要由电力线载波机、电力线路和耦合设备构成，如图 4-1 所示。其中耦合装置包括线路阻波器 T、耦合电容器 C、结合滤波器 F（又称结合设备）和高频电缆 HFC，与电力线路一起组成电力线高频通道。

电力线载波通信系统的主要组成部分是电力载波机，其主要功能是调制和解调，即在发送端将音频搬移到高频段电力线载波通信频率，以完成频率搬移。电力线载波通信系统的质量将直接由载波机性能好坏所决定。

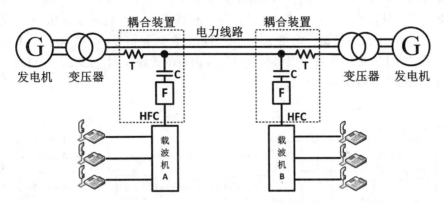

图 4-1　电力线载波通信系统构成方框图

　　耦合电容 C 和结合滤波器 F 组成一个带通滤波器，其作用是使得高频载波信号能够通过，并且可以阻止电力线上的工频高压和工频电流进入载波设备，从而确保人身及设备安全。

　　线路阻波器 T 被串接在电力线路和母线之间，功能是对系统一次设备进行"加工"，故称之为"加工设备"。其主要作用是通过电力电流、阻止高频载波信号漏到变压器和电力线分支线路等电力设备上，以减小变电站和分支线路对高频信号的介入损耗。

　　结合设备连接载波机与输电线，它包括高频电缆，作用是提供高频信号通路。

　　输电线既传输电能又传输高频信号。

4.2.2　基本原理

　　电力线载波在原理上和通信线路载波相同，只是电力线不同于通信线路，它专为传输 50Hz 工频电流而架设，利用它实现载波通信具有不少独特优势。

　　电力线最基本的功能是传输和分配 50Hz 的交流电，其具有很高的传输电压和很大的传输电流。为了利用电力线来实现电话通信，可将一路 0.3~3.4kHz 的语音信号直接输送至电力线上进行传输，但这样受到强大的 50Hz 的谐波干扰，在接收端难以筛选出语音信号，无法实现通信。所以，直接在电力线上进行音频通信难以被实现。

　　实践证明，将一路 0.3~3.4kHz 的语音信号，通过变频将语音信号频谱搬移到高频频段，如 40kHz 以上的高频信号在电力线上传输，在接收端用滤波器就比较容易选出。如将多路语音信号分别采用不同频率的载波进行变频，在电力线上就可以进行多路载波电话通信。

　　图 4-2 所示为实现电力线载波通信的原理框图。图中 A 端为发电厂、B 端为变电所，发电厂产生的 50Hz 电流经升压后，通过电力线送到变电所，再经降压后供给用户。利用电力线实现载波通信，最重要的问题是如何把高频信号安全地耦合到电力线上。常用的耦合采用图中所示的相地耦合方式，由耦合电容 C 和结合滤波器 F 组成。耦合电容器和结合滤波器构成一只高通滤波器，它使高频信号顺利通过，达到了将高频信号耦合到电力线的目的；同时对 50Hz 电流具有极大的衰减作用，防止 50Hz 电流进入载波设备，达到了保护人身和载波设备安全的目的。图中电力线上 50Hz 的高压由于频率低，几乎都降落到

耐压很高的高压耦合电容器两端，结合滤波器的变量器线圈上所降电压无几，这样的耦合是非常安全的。阻波器 T 是一个调谐电路，其电感线圈是一个能通过 50Hz 大电流的强流线圈，保证 50Hz 电流的传送，而整个调谐电路谐振在高频信号的频率附近，阻止高频信号通过，起到防止发电厂或者变电所母线对高频信号的旁路作用。总之，通过这些线路设备的应用，能够有效解决耦合问题。

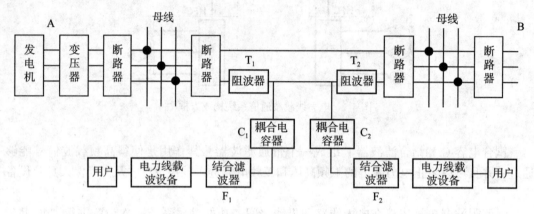

图 4-2　电力线载波通信的原理框图

在同一相电力线上，在两个方向采用两个不同的线路来回传送频带的方式称为双频带二线制双向通信。其具体过程为：A 端的语音信号经差接系统与频率为 f_1 的载波进行调制，并取其上边带，将语音信号频谱搬移到高频成为高频信号，通过放大和带通滤波器滤除谐波成分，经结合滤波器 F_1，耦合电容器 C_1 送到电力线的耦合相线上。由于阻波器 T_1 的存在，高频信号沿电力线传输到 B 端，再经过 B 端的 C_2、F_2 送入 B 端载波设备。中心频率为 f_1 的收信带通滤波器滤出高频信号，经过放大、解调以后得到 A 端的语音信号。按照相同的方式，将 B 端的语音信号传输到 A 端，这样就可以实现双向电力线载波通信。

电力线载波设备和通信线载波设备在原理上没有区别。但电力线载波设备同电力线连接时，必须经由线路设备。实际上，线路设备中的阻波器、耦合电容器和结合电容器的作用，同通信线载波设备中的线路滤波器完全相同。

由图 4-3 中可见，电力线载波通信系统由电力线载波设备和高频通道组成，它所使用的频带主要由高频通道的特性决定。使用过高频率的线路，衰减会很大，通信距离也会被限制；而使用较低频率的线路，将受到 50Hz 的工频谐波干扰，同时要求耦合电容器的电容量和阻波器的强流线圈电感量增大，而使线路设备制造困难且不经济。国际电工委员会（International Electrotechnical Commission，IEC）建议使用频带一般为 30~500kHz。在实际选择频带时，无线电广播和无线电通信的影响需要被考虑。国内统一的使用频带为 40~500kHz。

电力线载波通信充分利用 460kHz 频带，同通信线载波通信充分利用线路频带有着明显的不同。通信线是专门为开设载波通信而架设的，为了充分利用这条线路，根据其传输特性的限制，在其可使用的频带内开设多路通信，达到全频带都能合理的利用。而电力线在发电厂和变电所内均按照相同电压等级连接在同一母线上，同一电厂、变电所中不同电

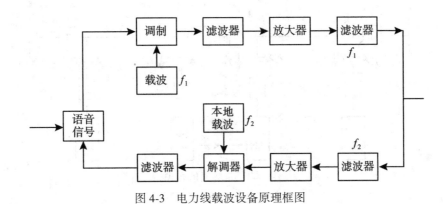

图 4-3 电力线载波设备原理框图

压等级的电力线均处于同一高压区，并由电力变压器将其互相耦合。因此，在电力线上开设电力线载波通信时，虽然其信号被耦合设备所阻塞，但仍会不同程度地串扰到同一母线的其他相线路上去。由于同一母线不同相线路间的跨越衰耗较小，致使每条电力线开设载波的频谱不能重复，而只能合理地安排在 40～500kHz 频带内。此外，在同一电力系统中，电力线是相互连接的，若想重复使用频谱，至少需相隔两段电力线路。基于这些原因，同母线上各条线路所能够共同利用的频谱，实际上窄于 40～500kHz。

4.3 电力线载波通信的工作模式与转接方式

4.3.1 工作模式

电力线载波通信的工作模式主要由电网结构、调度关系和话务量多少等因素决定，一般有定频通信、中央通信、变频通信三种模式。目前我国主要采用定频通信和中央通信两种。

1. 定频通信模式

定频通信模式如图 4-4 所示，电力线载波机的发送和接收频率固定不变。图中 A 站载波机 A 发送频率为 f_1，接收频率为 f_2，B 站载波机 B_1 的发送频率为 f_2，接收频率为 f_1，A 机与 B_1 机构成一对一的定频通信方式；同样，B 站载波机 B_2 与 C 站载波机 C 也构成一对一定频通信方式。当 A 站需要与 C 站通话时，需 B 站两台载波机转接，这种方式最为普遍。这种一对一的定频通信方式又是定点通信，传输稳定，电路工作比较可靠。

2. 中央通信模式

为实现图 4-4 中 A 站与 B、C 两站通话的需要，也可采用中央通信模式（图 4-5）。图 4-5 中 A 机为中央站，A 发送的频率为 f_1，接收频率为 f_2，而 B、C 两机为外围站，发送频率都为 f_2，接收频率都为 f_1。B、C 两机平时不发信号，只在本站拿起话机呼叫，或 A 站先拿话机呼叫到本机时，才发信号与 A 机链接通话，B、C 两台机不能同时链接，即使呼叫也不发信号。应用这种方式，在 A、B、C 三站或更多站间实现通信只使用一对频率，这节约了载波频谱，同时也节约了设备数量。这种方式只限 A 站与 B、C 两站或更多外围

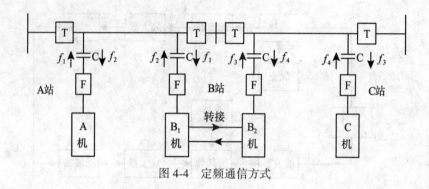

图 4-4　定频通信方式

站分别通话，但是各外围站之间不能通话。因此，这种方式只宜应用在通话量少的简单通信网中，例如集中控制站对无人值守变电所的通信。

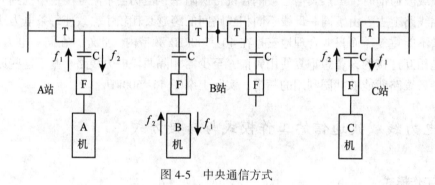

图 4-5　中央通信方式

3. 变频通信模式

采用变频通信模式可以避免中央通信模式的缺陷，只使用一对频率使各站间都能通话，如图 4-6 所示。平时 A、B、C 三机不发信号，发送频率都为 f_2，接收频率为 f_1。任一站拿起话机要通话时，该机就发信号并将发送频率改为 f_1，接收频率改为 f_2，其他站频率仍不改变，在被叫站被选择呼通后，拿起话机与主叫站通话。这种方式发送接收频率需改变，载波机结构复杂，各站间传输衰减变化较大，且调整困难，使得使用范围受到局限。

4.3.2　转接方式

在电力线载波通信中，为了构成以调度所为中心的通信网，需要进行电路转接。常用的转接方式有两种：话音通路单独转接方式、话音和远动通路同时转接方式。当话音、远动道路同时转接时，可采用中频转接或低频转接；当话音通路单独转接时，应采用音频转接。各种转接的原理及特点如下。

1. 中频转接

中频转接是指转接信号为中频信号，其转接实现不需通过中频调制与解调。如图 4-7 所示，中转站 B_1 机收信支路接收到 A 站的 f_1 信号，经过高频解调变为中频信号，由 B_1

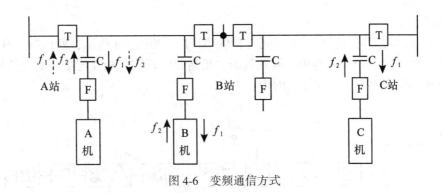

图 4-6 变频通信方式

机 "中转收" 端送到 B_2 机的 "中转发" 端，再经过 B_2 机高频调制，将中频信号变为 f_3 信号，放大后送往 C 站，完成一个方向的转接。同样，B 站 B_2 机收信支路接收到 C 站送来的 f_4 信号，经高频解调变为中频信号，由 B_2 机的 "中转收" 端转接到 B_1 机的 "中转发" 端，经 B_1 机高频调制变为 f_2 信号，放大后发往 A 站，最终实现两个方向的中频转接。

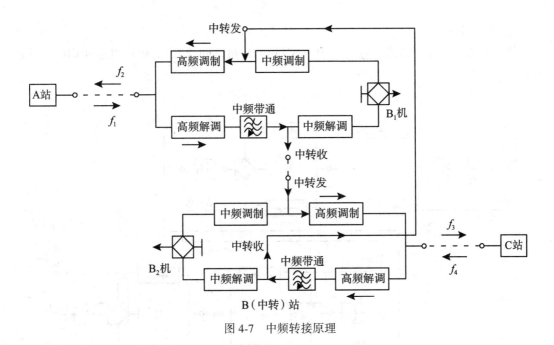

图 4-7 中频转接原理

在中频转接过程中，由于中频信号中含有话音和远动信号，因此实现了语音和远动通路同时转接。信号只经过一次调制和一次解调，转接过程中所引起的信号失真小，对保证通信质量非常有利。同时，中转站 B_1 和 B_2 两台单路载波机只起到增音机的作用，它们的音频部分平时无用，但通常都保留着，当通信线路检修时，中转站可以利用它们的音频部分分别与 A、C 站实现通话，具有实用价值。但是，中频调制接收端收到的是中转站的导频信号，而不是发送端的原始导频，两个终端站的载波机无法实现最终同步，这是中频转接存在的不足。

2. 低频转接

话音和远动通路同时转接的方式还包括低频转接，如图 4-8 所示，两台中转载波机在中频调制前的"低转发"端与中频解调后的"低转收"端彼此相互连接，实现低频转接。该方式可传输稳定电平，实现最终同步。

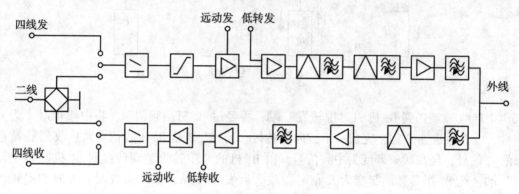

图 4-8　低频转接示意图

3. 音频转接

图 4-9 给出了音频转接示意图，图中 A 机和 B_1 机之间及 B_2 机和 C 机之间均可实现最终同步。

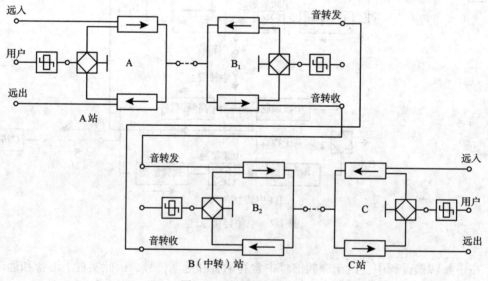

图 4-9　音频转接示意图

音频转接是对同时传输远动信号的载波机而设置的，具有低频转接的全部优点，且仅转接音频信号，可构成柔性的电话通信网，因此当前电力线载波机大量采用音频转接。

4.4　电力线载波通信基本设备

电力线载波通信的基本设备有电力载波机、结合滤波器、阻波器、耦合电容器等部件。下面将详细介绍各基本设备的构成原理及其作用。

4.4.1　电力载波机

电力线载波通信系统的主要组成部分是电力载波机，其作用是调制和解调，即在发送端将音频搬移到高频段电力线载波通信频率，完成频率搬移。电力线载波通信系统的质量直接由载波机性能的好坏来决定。

1. 差/接网络

差分是指把一个传输通路分成两个及以上的传输通路，汇接（或汇集）则是指把两个及以上的传输通路合并为一个传输通路。在各种类型的载波机中，差分或汇接网络广泛应用在多个通道（或多个信号）需要分开或汇接的地方。能同时实现差分和汇接作用的网络被称为差分/汇接网络，简称为差/接网络。在载波机中，差/接网络除完成直接的信道（信号）差分/汇接功能外，声频用户端的 2/4 线转换也是差/接网络要承担的一项重要任务。差/接网络有多种电路结构形式，下面以两种典型的差/接电路结构为例，论述其基本工作原理。

（1）变量器差/接设备

变量器差分/汇接设备分为等臂和不等臂两种类型，其工作原理都是基于电桥平衡原理。图 4-10 是等臂型变量器差/接设备用于载波机声频端 2/4 线转换的架构，其中虚线框内即为差/接设备，实质上就是一个差/接变量器。

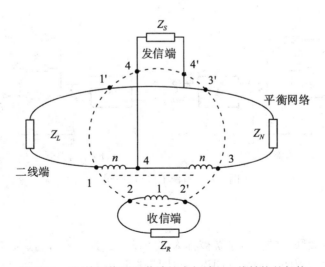

图 4-10　差/接网络用于载波机声频端 2/4 线转换的架构

变量器线圈 1 - 4 和 4 - 3 与线圈 2 - 2' 的匝比都为 n，且线圈 1 - 4 与 4 - 3 的同名端方向相同。这个差/接网络是一个入端网络，经分析计算可知，当满足平衡条件 $Z_N = Z_L$

（假设变量器为理想变量器）时，1 - 1′ 端到 3 - 3′ 端、2 - 2′ 端到 4 - 4′ 端间的对端衰减均为无限大；而所有相邻端之间，如 2 - 2′ 端到 1 - 1′ 端、1 - 1′ 端到 4 - 4′ 端，其衰减（邻端衰减）均为 3dB。因此，当这种差/接设施用于声频端的 2/4 线转换时，从声频二线端 1 - 1′ 发出的信号将衰减 3dB 后传输到 4 - 4′ 端，进入发信支路；另外一半信号功率传输到 2 - 2′ 端后，被收信号支路消耗掉。当收信时，收信支路输出的信号 2 - 2′ 端衰减 3dB 后由 1 - 1′ 端送给用户，另外一半进入平衡网络而消耗，4 - 4′ 端（发信端）将完全得不到 2 - 2′ 端的接收信号，有效地防止了振鸣现象的发生。

在实际应用中，一般取 $Z_N = Z_L = Z_R = 600\Omega$，$Z_S = Z_L/2 = 300\Omega$，变量器匝比 $n = 0.707$。实际上，由于变量器制作上的原因，其对端衰减不可能无限大，邻端衰减也会因变量器本身的损耗而稍有增加，约为 3.5dB。

（2）有源差/接设备

在电力载波机中，发信支路要把话音信号、远动信号、呼叫信号等多路信号汇集到一起，在收集支路中又要将它们分开。这些功用通常采用有源差/接电路来实现。如图 4-11（a）所示，从电路形式上看，此电路与求和电路相似，但要求放大器 A 的输入阻抗 $Z_{in} \ll R_1$，并且 Z_{in} 越小，各支路相互之间的隔离越好。当然，Z_{in} 越小，也将使传输信号在 Z_{in} 上的电压降低，即信号的传输衰减加大，因此 Z_{in} 也不能过小。为了获得 $Z_{in} \ll R_1$ 的条件，该放大器的输入级常采用共基极放大电路或并联负反馈放大电路。

各路信号通过各自的通带滤波器接入点 1，2，…，N，各支路串联很大的电阻 R_1 后并接在一起，再由放大器 A 进行群频放大，从而实现 A 信号的汇接。

图 4-11（b）是一个有源差分电路，要求放大器 A 的输出阻抗 $Z_{out} \ll R_1$。当 1，2，…，N 端外接各路信号的通带滤波器后，即能将多路信号分别从各支路输出。同样，这里要求 $Z_{out} \ll R_1$，也是为了尽量减少各支路间的相互影响。

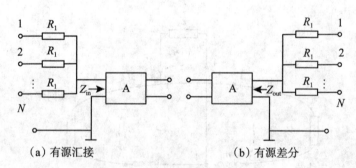

（a）有源汇接　　　　　　　　　　（b）有源差分

图 4-11　有源汇接与差分电路

2. 呼叫设备

完成用户间接续联络的信号系统被称为呼叫设备，其主要目的是向被叫用户话机输送低频铃流来实现振铃呼叫，因此呼叫设备也叫振铃设备。

（1）呼叫设备的作用和要求

载波机的每一通路都有一套呼叫设备，每个用户都具有独立呼叫对方用户的能力，即任何一方用户既可作为主叫呼叫对方，又可成为被叫接受对方呼叫。

呼出过程是指：当载波机采用自动选呼方式时，主叫要发出直流来选择脉冲，通过呼叫发送转换装置转换成声频脉冲呼叫信号，并借助载波机发信电路，来将信号送往对方。呼入过程则是指：在接收前，由呼叫接收电路把声频呼叫信号转换成直流脉冲并选择用户，然后再向被叫用户话机输送低频铃流。为了实现可靠的振铃呼叫，对呼叫设施有如下一些基本要求：

① 呼叫信号发信电平稳定并且频率准确：为保证呼叫工作的可靠性，电力载波机要求呼叫发信电平偏差不超过±0.3dB，频率误差不超过±5Hz。

② 呼叫接收动作范围：为保证可靠呼入，在一定频率及电平范围内应确保呼叫信号能被接收并可靠动作，还应考虑因噪声干扰而引起误动问题。呼叫信号频率偏离正常值±25Hz时应可靠动作，而频率偏移大于±100Hz 时应拒动。电力载波机规定接收呼叫电平在标称值±8.7dB 内，呼叫接收电路均应可靠动作（振铃边际）。

③ 对通路正常信息的影响：呼叫的发送和接收电路均跨接在信号通路上，因此对通路中正常传输的信息，其跨接影响应尽可能小。

（2）呼叫设备的制式与选用

呼叫设施的声频呼叫信号频率设置在话声频带之内的，称为带内制；设在话声频带之外的，称为带外制。由于在带外制呼叫设施中，接收端可用窄带滤波器选收呼叫信号，并利用窄带滤波器的阻带来防止话音信号等待对呼叫设施的干扰，使呼叫接收电路大为简化，故电力载波机广为采用。在话声频带为 300kHz～2000Hz 的窄带通信中，呼叫信号频率选为（2220±30）Hz；300kHz～3400Hz 的宽带通信则选为（3660±30）Hz。

电力载波机对呼叫脉冲信号的调制方式，采用频移键控（Frequency-shift Keying, FSK）式，也就是信号幅度不变，只是信号频率由键控电路控制变化。

（3）电力载波机呼叫设备的架构

电力载波机呼叫设施的基本架构如图 4-12 所示，其由呼叫发送和呼叫接收两部分组成。呼叫发送电路由频移键控、频移振荡器和呼叫发送带通滤波器组成，接收电路包括有呼叫接收带通滤波器、限幅放大器、鉴频器、直流差动放大器和收铃继电器 K_R 等。自动交换设施是另外一个设施，呼叫设施为双方自动交换设施传递直流脉冲呼叫信号，从而实现双方的自动选呼。以窄带通信为例，呼叫设施的工作过程如下：

呼出：静止时双方用户挂机，自动交换设施送出"地"信号，由 FSK 电路控制，使频移振荡器产生振荡频率为 2250Hz。用户摘机时，交换设施停送"地"信号，键控使振荡频率变为 2190Hz。拨号时，用户拨号盘的脉冲触点断续，使用户话机直流回路断续接通，交换设施则断续送出"地"信号，致使移频振荡频率在 2250Hz 和 2190Hz 两个频率点上变化。这样便将用户话机的直流脉冲信号转换成频移键控的声频呼叫信号，经发信支路送出，完成呼出过程。

呼入：双方挂机时，对方连续送来的 2250Hz 信号经"呼叫带"选出、限幅放大和鉴频后，使输出直流电压经过差动放大，从而收铃继电器 K_R 不动作。对方摘机后输送的 2190Hz 信号则使 K_R 动作，其触点闭合，将"地"信号送给自动交换设施。此后，对方拨号时发出的 2250Hz 和 2190Hz 的 FSK 信号则使 K_R 断续动作，使其触点实现给自动交换设施传送拨号直流脉冲信号的目的，完成呼入过程。

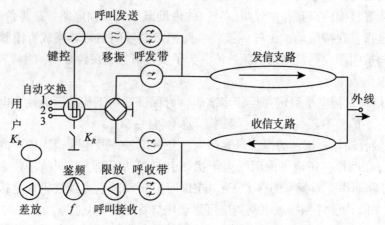

图 4-12 呼叫设施的基本架构

3. 调制设施

调制设施是实现载波通信的重要环节，也是载波机中非常重要的组成部分。在单边带载波通信机中，常使用环形调制设施。

4. 载频供给设备

载频供给设备是提供各种视频信号的设备，简称载供设备。对于通信线载波设施而言，由于路数多，采用多级调制，需要提供大量不同频率的载频信号，以及相应设置的导频信号，载供设施比较复杂。传统的方式是采用谐波源式载供设施，其各组成部分集中安装在载供架内，故称集中式载供设施。后来大量采用锁相环式载供设施，各组成部分分散设置到需用载频或导频信号的通路架和群路架中，故称分散式载供设施。

对于电力载波设备，一般都是单路机，而且一般都采用两级或三级调制，所需的载频信号和导频信号数量少，故载供设施相对简单。通常都是采用单独的晶体振荡器分散供给。近年来为了获得更好的频率稳定度和较好的生产性，也已采用锁相环法，组成相对集中的载供设备。它不仅提供载频和导频信号，还可提供其他的信号源，如测试信号等。载供设施主要的技术性能有频率稳定度、电平稳定度和频率纯洁度。频率稳定度是指在一定时间（如 1 个月）内，由于环境温度、电源电压、元件参数变化等因素而引起的频率变化的程度。

锁相环式载供设施的主要环节是锁相环和晶体振荡器。实质上，锁相环是一个相位自动控制环节。通过利用鉴相器来比较得到输入/输出信号的相位差，并以此来控制输出信号的频率，保证相位差稳定（为零），最终实现输出电压与输出电压频率相同、频率稳定度相同的效果。选取适当的石英晶体振荡器来组成锁相环式的载供设施，应用其产生基准频率信号，并通过锁相环来获取各种（基准频率的 n 倍）视频信号。

5. 压缩扩张设施

在电力载波通信中，由于线路噪声大而严重影响通信质量。如果依靠提高发信功率来提高信噪比，又将受到多种因素的限制。因此，应用压缩器/扩张器来抑制噪声，继而提高通路信噪比，是保证通信质量的有效办法，这在电力载波设备中得到了广泛的应用。压缩器和扩张器统称为压扩器，主要用在话音信号通路中。因为载波通路中各点都有规定的标称电平，但实际传输的话音信号，其音量会有一定的变化范围（即动态范围）。考虑到用户线长度不同等因素，实际到达通路入口的信号动态范围可达 60dB。发信支路设备的功率容量无法得到充分利用的原因是，为了保证话音信号不失真，而使得信号的最高电平受到通路最大发信功率的限制，并且信号的低电平部分还要遭受线路噪声的严重干扰。

压缩器应用在发信支路入口，作用是压缩话音信号的动态范围，即标称信号电平不变（该电平称为零增益电平 P_z），低于零增益电平的小信号给以增益，提高其电平；而高于零增益电平的大信号给以衰减，压低其电平。压缩的结果使信号幅度变化按比例相对减小，而不会使信号失真。显然，压缩后的信号平均功率提高，能使发信支路设备的功率容量得到较充分的利用；而其最低信号电平提高了，因而大大提高了抗干扰能力。

同压缩器作用相反，扩张器用于收信支路的出口，按一定比例对信号的动态范围进行扩张，从而恢复原始信号。高于零增益电平的信号电平被提高，而低于零增益电平的信号电平被压低。电平越低的信号，扩张后压缩得越低。随同有用信号进入收信支路的线路噪声，也将得到同样的扩张处理。显然，扩张器输入端的信噪比，不会因扩张而变化。但在信号间歇期间，由于噪声电平一般总是很小的电平，在扩张器中得到很大的压低，即噪声将得到很大的抑制。在发信端，压缩器提升了小信号的电平，这在客观上提高了信噪比，从而改善了通信质量；而处于收信端的扩张器在恢复信号动态范围的同时，通过抑制信号间隙时的背景噪声，在主观感觉上也能改善通信质量。

6. 组成部件与调试方法

上面论述了电力载波机的主要设施，下面介绍电力载波机典型产品的组成部件及其应用。电力载波机按调制方式可分为双边带电力载波机和单边带电力载波机。实际中基本上使用单边带电力载波机。现以四川灵通电气股份有限公司的单边带电力线载波机 ZBD-3B 系列为例来说明载波机的主要组成部分。

（1）发信支路组件

发信支路组件主要有低通滤波盘、高通滤波盘、发铃盘、调制盘。低通滤波盘可选用低通频率 2.0kHz、2.4kHz、3.4kHz，它将话音信号限制在标称的频率范围内通过。高通滤波盘用于控制 50Hz 工频电流及其谐波成分。发铃盘发送启机信号及拨号。调制盘包含中频调制、通路滤波、高频调制及辅助放大，它的作用是将声频信号调制到传输频带。如果需要复接远动信号，则需要将频带划分为：0.3~2.4kHz 传话音、2.4kHz 以上传远动信号；或 0.3~2.6kHz 传话音，2.6kHz 以上传远动信号。在本机空闲时，将收信支路闭塞，防止杂音干扰，用户摘机后打开收信支路的闭塞。

（2）收信支路组件

收信支路组件主要有解调盘、导频接收盘、导频放大盘、低通滤波盘、高通滤波盘等。导频系统是其主要组成部分，解调盘的高频解调器将高频信号解调成 48kHz 的导频信号，由导频接收盘将杂波剔除，然后将信号放大；再将信号辅助滤波并送至解调盘调解出声频（或远动）信号。

（3）声频接口组件

声频接口组件主要有话音及远动声频信号接口、四线声频接口、高频继电保护复用接口等。这些信号送入发送汇接盘平衡输入端。

（4）电源系统组件

电力载波机外供电源为交流 220V 或直流 −48V，两种电源可自动切换。机内电源系统由电源盘、−40V 稳压盘、−24V 稳压盘组成。

（5）呼叫/交换组件

电力系统中的电话通信主要为调度服务，一般用户数量不多，每端 1 个或 2 个用户。为使主叫同被叫用户之间快速接通，现在的载波机一般都有自动交换系统。

（6）勤务系统组件

勤务通话系统由勤务盘、用户汇集盘、音终盘、低频放大滤波盘等组成。勤务用户摘机即可振铃通话，一摘机即占用二线端，呼叫与通话方向由面板上的拨动开关人工控制。

载波机的基本工作条件是：环境温度在 0~+45℃，相对湿度不大于 80%（+25℃时），电源线采用 5A 的电力专用线，架设地线（信号地与保护地）并需用较粗的良好导体与大地可靠连接，采用 75Ω 高频同轴电缆。此外，声频转接线及用户线使用普通通信电缆即可。设备固定通过机脚底部膨胀螺丝与地固定，还可在顶部与机房横向连接，以加强其固定。

通电测试前应仔细检查各盘位置准确插入是否良好；电源盘内的直流低通滤波器应该设置为"投入"，目的是降低开机瞬间直流冲击及杂音；导频调节面板上的开关置于"人工"，防止导频自动增益系统过调。首先做单机加电测试，测试电源、调试各点电平；然后做两机对通加电试验并调试各点电平。对载波机调试各点电平一般采用的方法是发送标准 800Hz/0dB 的正弦测试信号，以此为标准来调节各点电平使之符合要求。单机调试时本端首先使用频率振荡器发出 800Hz 正弦信号送给载波机；然后用选频电平表进行测试。双机对调时由对方发送 800Hz 正弦信号，经电力线路后在本方载波机上用选频电平表进行测试。测试点、测试方法、选频测试频率以及载波机上的调试方法、各点参考电平如表 4-1 所示（电平允许误差 ≤±1dBr；F 为高频载频）。

表 4-1　　　　　　　　　　　电力载波机（单机调试）参考电平

机盘	测试点	电平/dBr	测试方法	频率/kHz	调节部位
	音终	二线	0	终端	0.8	
	限放	输入	−14	终端	0.8	
发信支路	低通	输出	−14	终端	0.8	限放增益调节电位器
	调制	输出	−37	跨测	48.8	发汇增益调节电位器
	发滤	输出	话音 −12	跨测	F—48.8	调制盘辅放增益调节电位器
	线放	监测	话音 0	跨测	F—48.8	
	引入装置	载波侧	导频 −12	跨测	F—48	
			呼叫 −13	跨测	F—48—振铃	
			话音+35/+26	终端	F—48.8	线放盘微调电位器
			导频+23/+14	终端	F—48	导频电位器
			呼叫+22/+13	终端	F—48—振铃	收发铃盘输出电位器

续表

机盘	测试点	电平/dBr	测试方法	频率/kHz	调节部位
收信支路	收滤	输出	−41	跨测	F—48.8	输入可变衰减器
	导调	输出	−24	跨测	F—48.8	本盘增益调节电位器
	低通	输入	−14	终端	0.8	收汇盘增益调节电位器
	低放	输出	+4	终端	0.8	低放增益调节电位器
	音终	输出	−7	终端	0.8	低放增益调节电位器

其实，载波机的测试还有对频率、失真、杂音、通路衰减等的测试，这里不再赘述，而主要测试与调节内容为此表所列内容。此外，随着电力网载波通信的发展，必将逐步采用数字式电力载波机，最终全面取代模拟式电力载波机。

基于目前发展状况，数字式电力载波机又分为全面数字化和部分数字化两种技术方案。全面数字化是全面应用话音压缩编码、数字复接等高性能的数字调制技术，成为完全的数字式载波通信机。部分数字化则是指只将声频部分及调制电路数字化，但最终仍采用SSB调制方式；或将话音进行压缩编码，利用高速话带调制解调器再接入常规模拟式电力载波机。

国际电工委员会建议电力载波机的使用频率的频带一般为 30~500kHz，有时可达 1MHz。实际选择频率时，必须考虑无线电广播和无线通信的影响，国内统一使用频带为 40~500kHz。实际上，在这个频带内的频率，要完全利用也非常困难。在低频段，存在着阻波器制作上的困难；在高频段，易受广播信号的干扰，而且还要考虑线路对信号衰减的不均匀性等因素。基本载波频带为 4kHz；用户需要时，可以是 2.5kHz。在分配载波机频率时，要根据同网载波机不同频而合理安排。另外，利用电力线路实现载波通信，还可以在架空避雷线上进行，即地线载波通信。由于地线载波通信的线路设备比电力线载波通信简单，在低频段仅受工频的谐波限制，因此频率可以更低一点。实际上，电力载波通信如果在低频段 40~60kHz，线路设备的性能会变差。所以，国内地线载波通信一般使用频带为 8~80kHz。这样两种通信方式的频带互相覆盖，使电力线路传输高频信号的频带得到充分的利用。

4.4.2 结合滤波器

结合滤波器为高频保护提供专用接口，即在输出变量器输出端串入电容。为了防止工频电流进入变量器，而引起变量器饱和所造成的通道阻塞，继电保护高频通道要求做到：结合滤波器和收、发信机之间应当串有电容器。该电容串入后，各项技术指标均应符合国际电工委员会标准 IEC481 和国家标准 GB/T7329—1998 关于电力载波结合设备的规定。

结合滤波器具有相地耦合和相相耦合方式，一般采用前者。相地耦合式结合滤波器电路如图 4-13 所示。

图 4-13 中各符号的含义为：CX—耦合电容器；JD—接地刀闸；BL—避雷器；T—变换器；L—排线线圈；F—放电管。

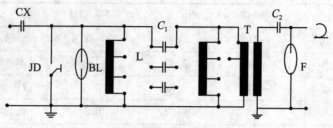

图 4-13 相地耦合式结合滤波器

4.4.3 阻波器与耦合电容器

电力线载波通信的基本设备还有阻波器和耦合电容器。阻波器（实质上就是电感器）接在变压器前，其作用是阻止高频信号流入变压器。耦合电容器接于相线与结合滤波器之间，其作用是阻止工频 50Hz 电流通过。

阻波器通常为圆柱形，其悬挂于电力线上，安装过程需要在电力线路不带电的情况下才能进行，其上端、下端分别连接着输电线路和变压器进线，即将它串联在电力线上。耦合电容器通常安装在绝缘水泥杆上端；而结合滤波器则通常固定于该水泥杆上。另外，还要有充足的 75Ω 高频电缆，一端接在结合滤波器上，分别将芯线与屏蔽层接好，另一端接载波机。如图 4-14 所示。

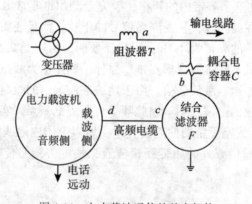

图 4-14 电力载波通信的基本架构

源端的话音信号（0.3～3.4kHz）经差/接设施，与频率为 f_1 的载波进行调幅，调幅波为 f_1、$f_1\pm$（0.3～3.4）kHz 的高频信号，通过放大和带通滤波器滤除谐波成分，经结合滤波器 F、耦合电容器 C 送到电力线路上。由于阻波器 T 的存在，高频信号沿电力线传输到目的端，再由目的端的耦合电容器 C、结合滤波器 F 送入目的端载波设备。中心频率为 f_1 的收信带通滤波器滤出 f_1 和 $f_1\pm$（0.3～3.4）kHz 的高频信号，并且放大、反调制（解调）后得到了源端的话音信号。这样的通信传输是双向的。

电力系统的通信网不仅包含电话通信，还包含有大量的遥测、遥信、遥控等远动信号和一些地方保护信号需要传输。对于电力载波通信而言，为了充分利用 0～4kHz 的声频频带，大多数采用话音信号和其他信号复用的方式。电力系统的电话仅为调度和管理使用，可以选用较窄的频带，如 0.3~2.4kHz 频带或 0.3~2.0kHz 的窄频带。这样就将 0~4kHz 的上声频段 2.65~3.4kHz 或 2.4~3.72kHz 用来传输远动信号和远方保护信号。具有同时传输话音、远动和保护信号的电力载波设备称为复合（或多功能）载波设备。

4.5 电力线载波通信的发展现状与前景

电力线载波通信（PLCC）出现于 20 世纪 20 年代初期，它以电力线路为传输信道，由于具有不需专门建设传输信道的得天独厚的优点，因此一直在不断应用与发展。

4.5.1 电力线载波通信的现状

目前电力线载波通信已经发展到全数字式 PLCC，通过采用当前先进的数字信号处理技术，大大提高了 PLCC 的容量和质量，使得 PLCC 作为"最后 1km 解决方案"成为可能。PLCC 的诸多优点吸引了国际上许多专家学者和公司、团体来投入大量的精力与财力，其不懈的努力推动了 PLCC 的发展。在全数字式 PLCC 中，可用当前流行的话音压缩编码技术（如码本激励线性预测编码技术、矢量和激励线性预测编码技术、多带激励编码技术等），对话音信号经过压缩编码，降低输入信号的冗余，提高频带利用率，然后与数据信号进行数字复接；可用自适应回波抵消技术实现双向通信并可用自适应信道均衡技术减小信道对通信造成的影响，提高可靠性。美国 AT&T 公司贝尔实验室推出的 VLSL 单片声码器 Q4401 采用高通码激励线性预测编码技术，编码速率在 800~600 b/s 的范围内可调，速率在 9600b/s 时的话音质量优于速率为 32Kb/s 的自适应差分脉码调制编码的话音质量，大大提高了通信有效性。PLCC 的理论研究已经从早期的模拟调制方法转移到数字调制方法，目前采用传统的频带传输（ASK、FSK、PSK）的 PLCC 日趋成熟，研究的热点是三种具有高抗干扰性的数字调制技术：多维格形编码技术、扩频通信技术和正交频分复用技术。

在传统数字通信系统中，纠错编码和调制是独立进行设计的。其采用纠错编码来增加冗余度，通过降低信息传输速率获得编码增益，因此传统纠错编码方法难以进一步提升通信系统性能。有机结合编码和调制技术能够更好地提高可靠性和有效性，从而将冗余度映射至与频谱展宽不直接联系的调制信号的参数扩展（如信号空间矢量点或信号星座数的扩展）中，这便是格形编码调制的基本思想。最佳的编码调制系统应按编码序列的欧氏距离为调制设计的量度，这就要求必须将编码器和调制器当做一个整体进行综合设计，使得编码器和调制器级联后产生的编码信息具有最大的欧几里得距离。多维格形编码不但采用了子集分割的思想，还通过维数的扩展减小需要存储的星座点数量，获得更好的映射增益和编码增益，具有很好的抗干扰性能，因此特别适合电力线这种干扰大的通信线路。

扩频通信是利用伪随机编码将待传送的信息数据进行调制的，其实现了频谱扩展后再进行传输的功能，在接收端则采用同样的编码进行解调及相关处理。扩频通信技术以牺牲频带和降低信噪比为代价，能在极低信噪比情况下实现可靠的通信服务。扩频通信良好的抗干扰性能使得它特别适合在低压电力线这样恶劣信道环境下提供可靠的数据服务，而且扩频通信可以实现码分多址技术，实现不同低压配电网上不同用户的同时通信。扩频通信技术主要有直接序列扩频、跳频、跳时、线性调频以及上述各种基本方式的组合。扩频通信在低压配电网上的应用将会不断完善。

　　正交频分复用技术在频域把信道分成许多正交子信道，各子信道的载波间保持正交，频谱相互重叠，用以减少子信道间的相互干扰，能够提高频谱利用率。同时，每个子信道上信号带宽远小于信道带宽，因此每个子信道是相对平坦的，大大减小了符号间的干扰，这也使得信道均衡得以简化。正交频分复用技术因具有抗多径干扰能力强、频谱利用率高的优点，受到了广泛关注。在模数转换模拟话音中采用的离散多音调制实际上就是正交频分复用技术，其在全数字电力载波通信中的应用在不断发展，其组网试验数据传输速率在不断提高。正交频分复用技术需要强调的有两点，一个是如何分配子信道的数目，另一个是如何保持子载波间的正交性。

　　电力系统载波通信是紧密依靠电力系统的发展而发展、建设而建设的。我国电力系统几十年来形成了以大型发电厂和中心城市为核心，以不同电压等级的输电线路为骨架的各大区、省级和地区级的电力系统，500kv 的线路已逐步成为各大电力系统的骨架和跨省跨地区的联络线。目前，国内电力网已基本上形成了 500kV 和 330kV（西北电网）的骨干网架，大电力网已覆盖全部城市和大部分农村。以三峡为中心的全国联网工程的启动，则标志着国内电力网进入了远距离、超高压、跨大地区输电的新阶段。

　　我国电力网现阶段的发展重点是城市电力网、农村电力网的改造和大区电力网的互联。电力通信网络的宗旨是服务于电力网，其建设紧随着电力网的建设，电力通信网发展的重点也是全国各大区电力通信网的互联建设，以及改造配套的城市电力网、农村电力网的电力通信网络。我国电力通信主干网已基本覆盖了全国电力集团公司及省一级电力公司，已建成长距离的光缆线路、数字微波电力线载波线路，多个卫星地面站。总体而言，电力通信网以光纤、微波及卫星设施组成主干网，并通过数字程控交换机（调度总机）构成了全国联网的电话交换网，可以开展多种电力系统业务如远程数据网、可视电话会议等，而且在部分城市中还建成了集群移动通信系统。我国电力专用通信网是多种类、多功能通信网络，其包括微波通信、载波通信、卫星通信、光纤通信和移动通信，它的作用是搭建南北互供、西电东送、全国联网和电力商业化运营的现代化信息平台。此外，建成了以管理信息系统计算机联网为基础的国家电力公司信息网，建成了以电力调度自动化系统计算机联网为基础的国家电力调度数据网和全国电力电话会议网、电视会议网。

　　在地方电力网，经过城乡电力网的改造，电力通信网目前已基本建成了以光纤通信、微波通信为主，电力线载波通信等其他通信方式为辅的通信传输网络结构。电话交换网已基本完善，覆盖了电力系统各行政、生活中心及各变电站，交换设备为数字程控交换机，且一般为用户机、局用机，可扩容容量较大。在地方电网中企业内联的互联网主要用于办公自动化等企业管理，远动数据方面也由传统的数据采集与监视控制系统网络升级为能量管理系统或管理信息系统，其他如可视电话会议等也均有应用。

　　电力通信作为中国最大的专网之一，在走向市场竞争中具有得天独厚的优势：电力系统有着潜力巨大的路由资源（包括可敷设光纤等通信线路的中高压电力缆路、城市地下管道及可用于未来数据传输的低压入户电力线路等）和较为完善的通信基础设施，具备强大的设计、科研、施工、运行管理队伍和健全的组织机构，能够为用户提供综合业务服务等。

我国电力通信存在的主要问题是通信结构比较薄弱且不平衡，现有的网络技术尚不能满足未来业务发展需要。目前，电力通信主干网络基本上成树型与星型相结合的复合型网络结构，难以构成电路的迂回，一旦某一线路出现故障，该结构不能有效地通过迂回线路分担故障线路业务。此外，其网络管理水平也不高，该管理系统只能实现对电路进行分路监测和简单控制的功能。干线传输容量不足，通信网内主干电路容量一般只有 34Mb/s，少数为 140Mb/s 和 155Mb/s，极大地制约了宽带新业务的开拓。由于各地经济发展水准不同等各种原因，各地在电力通信上的发展极不平衡，一些地区、单位已实现数字化、光纤化环网，有能力向社会提供通信业务；有些偏远地区变电站甚至连最基本的调度电话也不能保证。另外，还存在管理体制等方面的问题，管理运行上的问题比其他问题更为突出，多年来，一直存在着不同程度的重主机轻辅机、轻配套，重设备轻人员、轻管理、轻完善等现象，很多必需的工作都开展不力或根本没有开展，造成新设备刚运行一段时间甚至一开始运行就出问题。旧通信系统、旧通道存在的问题，尤其涉及多专业的问题，长期得不到解决。电力通信工程很少是独立建设，大部分为变电站建设项目配套，配套工程存在的问题主要有设计和建设通信网络时很难统筹考虑，工程建设只负责该工程的配套通信使用情况，往往不能作全面考虑。此外，配套工程问题还表现为电源的可靠性不高和容量小、防雷技术措施不完善、仪器仪表配置不完备和落后等。无疑，这些问题的存在也在相当大的程度上影响了通信的可靠性。比如，有些地区由于电源引起的故障竟高达 2/3，雷雨季节由于雷击而致使通信中断的事件也时有发生。至于仪器仪表配置不完备和落后，更是直接影响了设备正常维护测试的质量和速度。

近年来，随着电信体制改革，放松管制、打破垄断、引入竞争机制还在如火如荼地开展，其中电力通信体制改革已走在了前列。电力工业和通信产业的结构调整和重组，电力通信利用改革之机最终推向市场已是大势所趋，电力行业的改革、市场化运营和电网互联等，也对电力通信提出了新的要求。各种不断涌现的新通信技术，更为电力通信发展提供了契机与挑战。中国电力自 20 世纪末成立国网公司以来，即将面临二次革新，电力通信在不断改革中如何抓住机遇，如何发展和迎接挑战，已成为摆在每个电力通信同仁面前的严峻课题。

电力通信的战略地位必须首先考虑为电力行业服务，因为电力通信的物质基础是电力系统，其生存基础是特殊的保障性通信。就发展来看，通信网要统筹考虑，按照普遍服务原则，须用最新电信网技术不断发展。纵观全局，电力通信正在走上一条把握机遇、深化改革、转变观念、扬长避短、加快发展的道路。迈入 21 世纪的中国电力通信必将成为中国电力工业实施多元化发展战略、进入高成长的信息服务领域的一个新的高效的经济增长点。

总而言之，经过几十年的建设，中国电力通信网随着电力网的建设取得了长足的进步，基本形成了覆盖全国的电力通信综合业务网，在现代化电力生产和经营管理中发挥着越来越重要的作用，名副其实地成为现代电力网三大支柱之一。

4.5.2 电力线载波通信的进展

传统电力通信网主要是为安全生产、调度、指挥服务而建设的，电力系统信息化的兴起对现代电力通信提出了严峻的挑战。就电力系统而言，原有的电力通信业务具有单一化、窄带化的特点，主要通信方式有调度、行政电话和电话会议、自动化信息通信等，这对于原来电力系统原有的信息传输、运行、管理以及网络模式还较为适应。由于信息化进程的加速以及电力信息业务的综合化、宽带化和多媒体化，对信源和信宿之间的通信网的通信能力、通信结构及方式、业务承载能力、安全可靠性提出了新的要求。总而言之，建立一个话音、数据、图像、多媒体合一的电力通信网络，并且能实现其业务数据化、智能化、个人化、宽带化的综合业务网络是电力系统通信的目标。从发展层面来讲，就是如何应用新技术来发展通信网络，如何加速提升通信网络的整体能力，如何有效降低整体网络的综合成本，以及如何推进网络的可持续发展，从而充分满足用户日益增长的通信需求。

20 世纪 80 年代以前，传统的电网除输电外，仅用于简单的低速数据通信，如电表读数、负荷控制等。低速数据通信的应用限于低压配电变压器的内侧，低压配电变压器需安置集中器，通过公共交换电信网、光纤或无线电设备而传送。在欧洲，低压配电变压器为数百居住点服务，而在美国仅为 4~6 个居住点服务，因而电表自动读数技术最早用于欧洲。随着美国逐渐地放宽管制，电力部门得以经营通信业务，美国家庭公用电杆上的变压器从而能够提供以下业务：互联网接入，本地电话接入，电力负荷管理，电表、水表、煤气表读数，盗警、火警监测等。近年来，交流噪声对数据的损害以及信号衰减等问题已逐步得到解决。采用三层的分层设计方案，参照开放系统互连参考模型，以最优化的设计来克服线路的不利环境。采用高度集成的芯片组可以很容易地实现这种简化的三层体系结构，最高层为应用层，第二层为数据链路控制层，其底层包含物理层、低层链路协议层和媒体访问控制子层，可补偿电力线的任何危急状态。

美国有关的通信规程允许 535~1075MHz 作为电力通信频段。过去的电力通信用调制解调器来调制 50~500MHz 的载波频率，采用 FSK 或 ASK。当电器插入或拔出电源插座时，这类电力线通信调制解调器需经常加以调整，以调节信号的衰减和噪声。一般而言，扩频系统能够较好地克服电力线噪声和频率衰减等影响。在物理层中采用了独特的扩频技术提供了快速同步，使电力线通信变得高速、可靠、实用，使数据以连续序列的比特传输于短帧之中。物理层也介入快速的均衡作用，使接收信号所受到的噪声和频率衰减得到补偿。

数据链路协议层具有三项关键的特性，使这种大型、多节点网络能可靠地运行于电力线。首先，该链路协议用户发出的较长信息包折成较短的电力线帧；其次，该链路协议提供了可靠的纠错与检错，当收到帧时就对其中的数据进行检测，并确定应重发的帧；第三，该链路协议提供自适应均衡，由于电力线上的噪声和衰减以微数量级时刻变化，如不及时补偿，信号就将丢失。

令牌传递能够在电力线上得到应用，在电力线上区分噪声与信号是比较困难的，而令牌传递可在噪声环境中不丢失令牌的前提下，来保证节点间三次握手的可靠传送。由于每个节点位置各不相同，每一节点可以在不同的噪声和衰减情况下"听"传输。由此可能的情况是，某些站点遗失一次传输，而另一些站点则"听"传输。在令牌传递中，由于节点在未获得令牌之前不能传送，所以在任一节点传输时其他各节点不可能发送信息。

PLCC 作为电力系统传输信息的一种基本手段与设施，在电力系统通信和远动控制中得到广泛应用，经历了从分立到集成，从功能单一到微计算机自动控制，从模拟到数字的发展历程。PLCC 的核心设备——电力线载波机历经了模拟电力线载波机、准数字电力线载波机、全数字电力线载波机三代。20世纪第一代模拟电力线载波机普遍采用频分复用技术和模块化结构，调制方式选用单边带调制技术，载供系统采用稳定度很高的锁相环频率合成技术，能很容易地得到收、发信所需的各种载频，无需更换器件即可切换高频收、发滤波器及线路滤波器，切换频段也很简单，具有多功能、通用、系列化的特点。只提供单工传输，载波工作频率为40~500kHz，外加专用的调制解调器实现数据通信。早期的模拟电力线载波机解决了利用电力线进行通信的问题，但是它具有模拟通信所固有的通信质量差、通信容量小、传输速率低等缺点。

相比第一代模拟电力线载波机，第二代电力线载波机的关键技术实现方式不同，其仍然采用模拟体制实现通信。而数字信号处理技术应用在准数字电力线载波机上，采用DSP来模拟实现调制、滤波和自动增益控制等。由于应用了数字技术和中央处理机，准数字电力线载波机的整机性能得到了提高，同时许多控制功能得到了扩展，比如，使用者通过串口可用微机对DSP和中央处理机进行编程，并能设置和更改系统参数。

全数字电力线载波机完全采用数字体制，在信源编码、复接、基带调制等各个环节采用数字技术对信号进行处理，可以获得更好的整机性能。可用多电平调制技术提高频带利用率，采用回波抵消技术。

随着通信新技术蓬勃发展，作为专网的电力通信网，首先要保证合理利用各种先进技术手段来满足电力企业生产和管理的需要。要紧抓光纤技术、电力特种光缆、互联网技术、软件技术、移动通信等核心技术，不断扩充网络功能，不断健全和完善网络，最终能够满足电力系统的各种通信要求，并为电力系统创造效益。当今电力通信网的发展方向是：大力建设光纤网；大力发展互联网设施；大力发展电力线低压载波通信，并将其作为数据网络的接入方式；优化网络结构，以建设和完善数据网络，并逐步向综合业务的多媒体网络演进。

PLCC的发展还要完善电力调度网络、电力自动化信息网络、办公自动化信息网络以及财务、客户服务、电子商务等各种信息网络。面对网络的数据化和宽带化趋势，电力网既要继承现有通信网中以微波为媒质的无线通信网络，又要以坚持保留、按需扩容、统一制式为原则，逐步改造原有的微波通信网络，在因地制宜地新建微波通信的同时加速建设全系统光纤有线通信网。要以坚持发展电力线特种光缆为主，适当预留纤芯，以统一制式为原则，做到各个地区局、主要发电厂光纤通信物理链路成环成网。继承现有通信网络以电路交换为主的程控交换网络，逐步将它由网络中心移向网络边缘至网络接入点直至用户机，同时建设完善FR、异步传输模式和IP交换核心、边缘、接入网，坚持以信元交换为本，分层分步实施，以异步传输模式和IP技术相结合为原则，实现逐步替代原有电路交换网络的目标，建成电力宽带综合业务数字网。电力通信系统应形成以光纤为媒质的宽带、高速通信主网架，以微波为媒质的基础备份通信网架，初步形成以同步数字序列、异步传输模式和IP技术相结合的交换传输通信网络结构。

中国电力公司规划有"三纵四横"10G速率大通道的目标。随着西电东送、三峡送出和全国联网等重点工程的建设，光缆、微波线路，与通信网配套的国家电力通信网网管系统、数字同步网，以及全国电力数据网工程，也都在筹建及建设当中。届时，覆盖30个省、自治区和直辖市的光纤骨干网络将形成，该网络北起哈尔滨，南至广州、昆明，西起青海西宁，东达上海、青岛。

随着国企深化改革的进程，按照国家"十二五"、"十三五"计划以及信息化发展的要求，电力工业正步入调整结构、优化资源、提高效益的新阶段。国家电力公司从战略的高度出发，适时提出了"推动电力宽带网络的互联和商用化运营，加快国电通信信息产业集团发展，打造电通品牌，参与信息通信市场的竞争"的战略要求，电力通信面临着发展机遇，通过调整和优化结构，能够尽快发展成电力系统新的经济增长点。

随着电力网改造，旧电力网更新，新电力网大量建立，电力调度显得更为重要，这也对电力通信提出了更高的要求。过去的电力通信网远远不能满足要求，也必须采用光纤光缆进行传输。除采用普通光缆外，更多采用特种专用光缆即在国际上通常采用的全介质自承式架空光缆和光纤复合架空地线，前者适合在已有电力线路上加挂，后者适用于新建电力线路，由于后者比前者有更大的优越性，因此必将得到大力发展。至于其他形式的光缆，如地线缠绕式光缆、全介质捆绑式光缆，由于施工复杂，在全球未能得到推广，如果使用，也是用量极少。

中国电力通信网自 20 世纪 70 年代建立以来，已经历了近 40 年的建设与发展。在这近 40 年里，中国电力通信网从无到有，越来越发展壮大，当前已经应用各类先进技术，从较为单一的通信电缆和电力线载波通信手段发展到包含光纤、数字微波、卫星等多种通信手段并用，从局部点线通信方式发展成覆盖全国的干线通信网和以程控交换为主的全国电话网、移动电话网、数字数据网，目前已经初步建设了通过卫星、微波、载波、光缆等多种通信手段和设施构成的以北京为中心，覆盖全国范围内 30 个省（市、区）的立体交叉通信网。

电力通信是随着电力网及通信技术的发展而同步发展的。20 世纪 70 年代，由于电力系统内部生产和管理对通信有特殊的需求，国家批准建立电力专用通信网。当时电力通信主要是为调度服务的电力调度通信，设备以电力线载波、声频电缆、无线电为主要媒体，通信路由基本以调度为中心的辐射式通信方式。通信业务基本只提供话音电话业务，交换机为空分纵横制交换机。

20 世纪 20 年代初期，第一次提出电网载波通信技术。其传输信道为电力线路，具有投资少见效快、信道可靠性高、能够与电力网同期建设等优势。我国在 20 世纪 40 年代已有日本生产的载波机在东北运行，作为长距离调度的通信手段。经过几十年的风雨历程，目前已具备较大规模和较高水平。在技术层面，从以前的电子管、晶体管到现在的集成电路，从以前的模拟电路到现在的数字电路；在通信容量层面，电力线载波机从一路发展成多路。当前，多种通信手段竞相发展，以数字光纤、微波通信、卫星通信为主干线并覆盖全国的电力通信网络已经初步形成，然而电力网载波通信仍是各级电网的重要通信手段与设施之一，仍是电力系统应用最广泛的通信方式，仍是电力通信网最为重要的通信手段。从 20 世纪 80 年代起，通信技术的发展日新月异。随着调度自动化的发展，电力通信由单一的电话通信扩展为电话与远动信息（主要是遥测、遥信）的混合通信，通信媒体扩展到微波、扩频、特高频、一点多址微波等，上述设备与技术的应用，为以调度为中心的通信网结构奠定了基础，满足了初期调度自动化的需要。进入 20 世纪 90 年代，交换设备经历了以下几个阶段的发展：人工交换机、机电式自动交换机、电子交换机、程控交换机。而现在数字程控交换机已是主流通信设备，并且已在试用 ATM 交换机和 IP 路由交换机。在传输线路上，多年以铜线为主，迅速地越过同轴电缆发展到光纤光缆、光波分复用。在传输内容上，已从单纯话音传递扩大到数据、图像。在传输容量上，从一对电话线传一对电话线到今天一对光纤可支持 1 亿路电话和 10 万路电视。在传输制式上，从准同步数字系列发展到同步数字系列。

随着电子技术、计算机技术、信号处理技术的发展，变电站综合自动化和电力调度自动化高级功能的开发应用，以及变电站无人值守的实现与大面积的普及，电力通信逐步向着综合数据信息通信（包括话路通信、以传输"四遥"为主的数据通信和视频与话音通信）全面发展，其通信媒体又增加了光纤和卫星数字通信，因此数据传输的速度和容量也有了很大发展，该通信网的结构为中心辐射传输型；以调度为中心，汇接所辖各个变电站的数据，然后再向有关部门（无人值守操作队、区局等）转送。这种以调度为中心的辐射式电力通信方式，随着无人值守站的增加和以配电自动化为标志的电力网自动化的实现，越来越暴露出了其不足之处：它使调度端的数据传输拥挤，数据信息在采集点（厂站端）、调度所与使用部门操作队、区局用电所间发生迂回流动，影响了数据响应速度，增加了相应的通信设施费用，同时不利于供电经营和服务信息的传递以及综合数据信息网的形成，不利于数据的共享。

电力通信网的发展目标是建成以光纤通信为主的电力现代化通信骨干网络，形成宽带、高效、多业务的电力通信综合应用平台，从而推进电力通信的产业化。大力使用电力特种光缆是电力系统光纤通信的特点，其优势突出，具有可靠性和安全性，并且寿命长、安装方便、总体造价低。

电力线作为一种广泛分布的线路资源，长久以来，人们一直试图通过它传输数据和话音信号。但由于电力线通信环境恶劣，许多技术问题一直困扰着人们。其中，最主要的问题在于噪声和信号衰减。电力线通信的噪声主要来自于低压电力网的负载，以及无线电广播的干扰；而信号的衰减是与通信信道的物理长度和低压电力网的阻抗匹配相关的。由于负载的开关会引起电力线上供电电流的波动，从而导致在电力线的周围产生电磁辐射，所以，沿电力线传送数据时，会出现许多意想不到的问题。在这样的噪声环境下，很难保证数据传输的质量。而且，电力线通信的噪声和信号衰减是随时间变化的，很难找到规律。因此，电力线通信的环境极为恶劣。

20 世纪 20 年代，第一次通过电力线载波方式来传送网络信息，发展初期主要集中在 11kV 以上的高压远距离传输上，工作频率在 150kHz 以下，因此该频段便成为欧洲电技术标准化委员会电力线通信的正式频段。20 世纪 50 年代，在监控、远程指示、设备保护以及话音传输等诸多领域，低频高压电力线通信技术已得到了广泛应用。20 世纪 50 年代后至 90 年代初的 30 多年里，在中压和低压电网上开始应用电力线通信，其开发工作主要集中在电力网负载控制、电力线自动抄表和供电管理等领域。20 世纪 90 年代后期至今，电力线通信在不断研发、研制互联网应用产品，并不断得到应用，其静态画面稳定、动态画面流畅。

配电网是一种共享介质，即所有与之相连的用户都共享同一电缆。在典型的城市配电设置中，它转化为同一变压器相连的 100~200 个用户。低压电力线载波通信系统能够在 1Mb/s 的最佳传输速率下支持 80 个用户，这一比例是足够的。由此技术支持的客户，需要具备一个技术条件，即具有很强的带宽分配能力的介质接入控制层。这就使用户的电力电源线网络不仅仅能够支持 80 个互联网用户的数据往复交换，而且能够灵活地适应以不同速率传输的上行和下行数据。

在家庭内部,计算机、打印机、电话和传真机等设备都可以通过普通电源插座由已有的电力线连接起来,组成一个局域网。其组网过程非常简单,只需把网络设备插入电源插座,就可以和任何其他网络设备进行通信,而不必重新布线。因此,电力线通信技术具有广阔的应用前景。近年来,用电线连接家电网络的功能期待得到更多发展,通过将家用电脑、电话、音响甚至电冰箱连成一体,实现彼此的沟通。经过数年的研发历程,如今许多厂商已纷纷研制出新颖先进的产品,证明该理论技术的可行性。在硬件方面,只要用配套产品中的电缆,把一个特制的适配器,与个人电脑的一个并行端口连接,并把适配器的播头插入电源插座即可。这样可把家中的多台电脑连接起来,建立家庭局域网,其数据传输速度主要取决于适配器,数据传输速度不断提高将可达 4000Kb/s。预计将来推出上网服务后,供电网络不只是用来传输数据,也将用来传输声频和视频节目等。未来数年,随着科技进步与发展,将计算机、各种电子装置、安全电子系统和家电串连成家庭网络将成为现实。

用电力线作家庭总线,其显著的特点是成本低、施工方便、一线两用、价格低廉、延伸方便。电力线可抵达家庭、公司以及生活中的各种场所,相比电缆和固定电话,网络分布更为广泛。例如,在任何有电插座的地方,用户能够自由地选择上网,并且十分经济。理论上,电力线作为通信线路的通信速度能够达到 3~10Mb/s。然而,一个民用 220V 线路的变压器只能覆盖一定范围内的用户,因此在同一条电力线上的资源不会因用户过多而降低效率。在用户较少时,可把几个变压器线路区域内的用户联在一起,以提高服务器的利用率。当用户逐渐增多时,将不同变压器区域内的用户分开即可。通过本区域主服务器的使用,使得资源利用率始终能够保持在较高水平。

电力线通信所存在的明显的缺点就是其噪声大和安全性低的问题。尽管电力线可以作为高速通信的一种备选介质,但电力系统的基础设施(包含电力线本身)并不具备提供高质量数据传输服务的功能。而且,使用电力线来进行通信经常会发生一些不可预知的错误。电力电流会对通信产生干扰,家庭电器产生的电磁波也会对通信产生干扰。

4.5.3 电力线载波通信的前景

电力网通常可以分为高压网、中压网和低压网。电力线是按照输电的要求设计的,因而实现通信必然有许多限制。而且由于电网所处的环境不同,欲在这三种电力网上实现通信要克服的技术困难也不同。在低压网上实现通信较为困难,而在高压网上实现通信更为容易。

然而,无论是哪种级别的电力网,要实现电力线上的通信都会遭遇强噪声的干扰,主要包括电晕噪声和脉冲噪声。电晕噪声又称随机噪声,是由于电力线在高压强电场作用下,对周围空气产生游离放电引起的,以及绝缘子表面及其内部局部放电引起的,主要存在中、高压电网中。传统的 PLCC 主要利用高压输电线路作为高频信号的传输通道,仅仅局限于传输话音、远动控制信号等,应用范围窄,传输速率较低,不能满足宽带化发展的要求。现代的 PLCC 正在向大容量、高速率方向发展,同时重点转向于采用低压配电网进行载波通信,实现家庭用户利用电力线打电话、上网等多种业务。如美国、日本、以色列等国家正在开展低压配电网通信的研究和应用试验。由美国 3COM 公司、Intel 公司、Cisco 公司以及日本松下公司等 13 家公司联合组建的使用电力线作为传送媒介的家庭网络推进团体 "Homeplug Powerline Alliance" 已经提出家庭插座（Home Plug）计划，旨在推动以电力线为传输媒介的数字化家庭（Digital Home）。中国也正在进行利用电力线上网的试验研究。可以预见，在未来电力线可以实现 Internet 接入的计算机联网、智能自动抄表、小区安全监控、家庭智能网络管理等业务。载波通信技术以低压电力线为传输媒介，必将得到更为广泛的关注和研究，PLCC 应该能实现传输能力的宽带化、通信业务的综合化和网络管理的智能化，并能够同远程网进行无缝连接。

PLCC 的应用当前还存在以下三个方面的问题有待进一步研究：

① 硬件平台，主要包括通信方式的合理选择、通信网络结构的优化选择等。扩频方式、光频分复用方式和多维格形编码方式各有优点，哪一种适合低压网还有待研究，或者也可以采用软件无线电的方略为这三种方式提供一个统一的平台。由于电力网具有复杂的结构，千变万化的网络拓扑，因而深入研究通信网的结构优化十分必要。

② 软件平台，主要包括进一步研究 PLCC 通信理论，改进信号处理技术和编码技术以适应 PLCC 特殊的环境。除了研究适用于电力线通信的调制编码技术之外，还需要研究回波抵消技术、自适应信道均衡技术、自适应增益调整技术等，在低压 PLCC 中这些技术显得尤为重要。

③ 网络管理问题，除了上网、打电话外，低压电力线还可以完成远程自动读出水、电、气表数据；永久在线连接，构建防火、防盗、防有毒气体泄漏等保安监控系统；构建医疗急救系统等。因此，利用电力线可以传输数据、话音、视频和电力，实现 "四网合一"，也就是说，家中的任何电器都可以接入网络中，和骨干网连接。但是，需要进一步对四种网络的无缝连接方法进行深入研究，以解决因此而带来的复杂且庞大的网络管理问题。

随着互联网技术在全球范围的迅速发展和用户对新业务服务要求的不断增加，PLCC 的价格低廉、使用灵活方便、提供宽带服务等优点将会有巨大的发展空间。然而，进行 PLCC 技术推广是一个系统工程，有一个时间与发展过程。尽管 PLCC 有覆盖面广、使用方便、价格合理和设备简单等优势，但是到目前为止，还没有大规模的商用化 PLCC 系统投入使用，其主要原因首先是法律上的，世界各国尚未建立广泛承认的 PLCC 技术标准，因此所支持的生产厂家比较少。此外，没有立法允许在电力线上经营因特网服务和电信服务。其次是服务上的原因，PLCC 技术提供的速率和服务质量还不稳定，没有达到高质量电信服务标准。最后是技术上的原因，国内外的配电网结构有着很大区别，国外产品无法在中国直接使用，居民小区的低压电线路还不够规范，各种电器插座的规范、质量不同，这都给电力线宽带接入的普及带来了极大困难。因此，需要在我国的电网环境下进一步完善 PLCC 技术。随着骨干网采用光纤光缆和其他几种接入方式的技术已经比较成熟，能够满足人们的需要，PLCC 要想发展还需要寻找更多的市场机会，可在通信相对比较落后的农村、边远地区进行推广应用。随着相关技术的进步，利用电力线进行多媒体通信，从而真正实现网络的融合将会实现。

习　题

1. 电力线载波通道由哪几部分组成?
2. 电力线载波通信有哪些优点?
3. 电力线载波通信的方式主要有哪些? 简述各种方式的特点及使用范围。
4. 电力线载波通信常用的耦合方式有哪些?
5. 模拟电力线载波机采用哪种调制方式? 该调制方式有何优点?

第5章 电力微波通信技术和卫星通信技术

5.1 电力无线通信技术概述与分类

通信有多种类型和方式。按传输媒质划分，可分为有线通信和无线通信两大类。无线通信是利用电磁波信号可以在自由空间中传播的特性进行信息交换的一种通信方式。无线通信技术是近年来信息通信领域发展最快、应用最广的通信技术，在移动中实现的无线通信通称为移动通信，二者合称为无线移动通信。

进行无线通信时，发信端需将待传信息转换成无线电信号，依靠无线电波在空间传播；收信端需将无线电信号还原成发信端所传信息。

无线电频段的划分如表5-1所示。

表5-1 无线电频段的划分

频段名称		频率范围	波长范围
长波		30~300kHz	10000~1000m
中波		300~3000 kHz	1000~100m
短波		3~30MHz	100~10m
超短波（特高频）		30~300MHz	10~1m
微波	分米波	300MHz~3GHz	100~10cm
	厘米波	3~30GHz	10~1cm
	毫米波	30~300GHz	1cm~1mm

在无线电技术中，通常用频率（或波长）作为无线电波最有表征意义的参量。频率（或波长）相差很远的无线电波，往往具有很不相同的性质，如在传播方式方面，中长波沿地面传播，绕射能力较强；而微波却只能在大气对流层中沿直线传播，绕射能力很弱。一般说来，各个频段的无线电波都可用作无线通信。所谓微波，一般是指频率为300MHz~300GHz（或波长为1m~1mm）范围内的无线电波。"微"，就是该无线电波的波长相对于周围物体的几何尺寸很小的意思。

无线通信有以下特点：

① 利用无线电磁波进行信息传输；

② 占用无线频道资源；

③ 电磁波信号强度随着传输距离增加而不断衰减;

④ 无线移动通信会引起多普勒效应;

⑤ 在复杂的干扰环境中运行,如环境的干扰、无线信号间的干扰等。

无线通信技术的工作方式有三种:单工系统(只提供单向通信)、半双工系统(通信双方可交替进行收信和发信,但两者不能同时进行)以及全双工系统(允许通信双方同时进行发信和收信)。单工、半双工、全双工通信方式的示意图如图 5-1 所示。

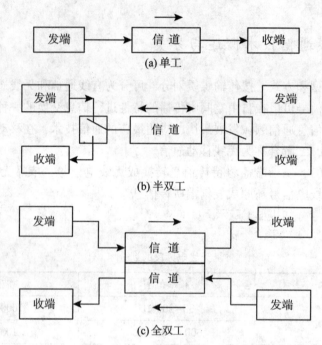

图 5-1　单工、半双工、全双工通信方式示意图

目前常见的无线通信系统有:

① 微波中继通信系统:用微波波段(2~13GHz)进行通信,带宽和系统容量都较大。由于微波的视距传播特性,必须相隔几十千米设一个中继站,故称"中继"通信。

② 卫星通信系统:以空间卫星作为中继站的微波通信系统。由于利用三颗同步卫星就可以覆盖全球,故将是越洋通信及未来个人通信的主要手段之一。

③ 移动通信系统:本来是为车载电台、舰载电台等移动体内的通信终端服务的系统,近年来随着社会和技术的进步,已主要用于大量移动电话(手机)的通信,并可在世界范围内漫游。

④ 无线寻呼通信系统:一种单向的无线通信系统,只限于由局端向寻呼机(俗称 Call 机)发送消息。

另外,无线电广播、电视系统理论上是一种单向无线通信系统,他们各自占用不同的频段,向覆盖区域内的所有接收终端(收音机、电视机)发送信号。

除以上的分类以外,随着计算机网络的兴起,已使传统的通信系统从概念到应用,都发生了巨大的变革,比如网络中的电子邮件、IP 电话等。显然,计算机网络已经成为新的通信媒体。若从计算机的角度看，这是一种计算机网络；而从通信的角度看，这就是一种数据通信网。计算机技术和通信技术的紧密结合更加促进了网络通信技术的快速发展。

5.2 电力微波通信技术

5.2.1 微波及其传播特性

微波是分米波和厘米波的总称，其频率在 300MHz~300GHz 范围内，是一种平面电磁波。

不同波长电磁波的传播特性不同。微波在空间传播时沿直线进行，称为微波的视距传播特性。微波的视距传播和地球表面的弯曲特性，将使微波信号在传输一定距离后，被地面阻挡；同样，山峰和高大的建筑物等也会阻挡微波的向前传播。正因为如此，微波的发射和接收均由架设在高空的天线完成，以获得较远的传播距离。

根据地球的半径大小（6378km），容易推算得出：当两个微波站的天线高度分别为 h_1、h_2（单位：m）时，其间的最大传播距离为：

$$d = 3.57(\sqrt{h_1} + \sqrt{h_2}) \ (km) \tag{5-1}$$

例如，若 $h_1 = h_2 = 50m$，即使用高度约 50m 的天线，则其传输距离为 50km 左右。微波的传播过程很复杂，由于受多种因素的影响，将使微波在传播过程中产生损耗。

对于无方向的天线，从天线发射的信号将以发射点为球心，朝各个方向辐射出去。设微波的发射功率为 P_t，则在距离发射天线 d 的球面上，单位面积能接收到的信号功率，即距离发射点 d 处的信号功率密度 P_r 为：

$$P_r = \frac{P_t}{4\pi d^2} \tag{5-2}$$

显然，随着距离的增大，信号功率将急剧衰减。

在实际的通信系统中，为提高接收点的信号功率密度，一般使用有向天线，并用"天线增益"表示其方向特性。

考虑球状辐射形成的损耗、发射天线增益 G_t 及接收天线增益 G_r，则传播距离为 d 时总的传播损耗（dB 值）为

$$A = 32.44 + G_t + G_r + 20\lg d + 20\lg f \tag{5-3}$$

式中，f 为微波频率，单位为 MHz；G_t、G_r 的单位为 dB；d 的单位为 km。

上述传播损耗没有考虑大气和地面的影响，故称为自由空间传播损耗。事实上，大气将对电磁波的传播产生吸收损耗、雨衰及折射，从而引起附加损耗；平滑的地面（湖泊水面、沙漠、草原等）将产生镜面反射，形成多径传播，这种反射信号和直射信号在接收天线处合成时，若相位正好相反，则相互抵消，成为所谓的多径衰落。雨衰和多径衰落是微波通信中需要重点考虑并克服的问题。

5.2.2 微波通信技术特点

微波通信是指利用微波作为载波来携带信息并通过空间电波进行传输的一种无线通信方式。常采用中继方式，故又称微波中继通信（微波接力通信）。根据所携带信息的形

式，微波通信可分为模拟微波通信和数字微波通信。数字微波通信通常可分为地面微波中继通信、一点对多点微波通信、微波卫星通信和微波散射通信。

微波通信的特点：

① 微波频段受工业、天电和宇宙等外部干扰的影响很小，使微波通信的传输可靠性提高。12GHz 以下，受风雨冰雪等恶劣气象条件的影响较小，可使微波通信的稳定度大大提高。

② 微波频段占有频带很宽，可以容纳更多的无线电设备工作。由表 5.1 可知，全部长、中、短波频段的总频带占有不到 30MHz，而微波仅厘米波的频带就占有 $27×10^3$ MHz，几乎是前者的 10^3 倍。占有频带越宽，可容纳的同时工作的无线电设备就越多，信息容量也就越大。

③ 微波射束在视距范围内直线、定向传播，天线的两站间的通信，距离不会太远，一般为 50km。

5.2.3　抗衰落技术

在微波通信中，收信机的接收电平会发生变化，有时会降低到接收门限电平以下而导致通信中断。这是由于电波在传播中，发生了各种各样的衰落的缘故。衰落是影响微波通信传输质量的一个重要因素。

衰落的大小与气候条件、站距的长短有关。衰落的持续时间长短不一，有的衰落持续的时间很短，只有几秒钟，这种衰落称为快衰落；有的衰落持续的时间较长，可达几分钟甚至几小时，这就是慢衰落。因多径传播而造成的衰落被称为频率选择性衰落。衰落的出现将使收信机的接收电平起伏变化。

微波传播中的衰落现象给中继传输带来了不利影响，所以人们在研究电波传播统计规律的基础上提出了各种对付电波衰落的技术措施，即抗衰落技术。

1. 空间分集技术

空间分集分为空间分集发信和空间分集接收两种方式。通常使用空间分集接收方式，即在接收端安装几副高度不同的天线，利用电磁波到达各接收天线的不同行程来减少或消除衰落的影响。这种方法通常应用在微波干线上。

2. 频率分集技术

利用两个或两个以上具有一定频率间隔的微波频率同时发送和接收同一信息，然后进行合成或选择，以减轻衰落影响，这种工作方式称为频率分集。备用波道工作就属于频率分集方式。

3. 自适应均衡技术

高性能的数字微波信道往往把空间分集和自适应均衡技术配合使用，以最大限度地减少通信中断时间。自适应均衡技术有频域自适应和时域自适应之分。

① 频域自适应均衡器。这种均衡器是一个谐振频率 f, 和回路 Q 值可变的中频谐振电路。用该中频谐振电路产生的与多径衰落造成的幅频特性相反的特性，去抵消带内振幅偏差，使带内失真减至最小。

当电波衰落的结果使干涉波与直射波的时延差非常大时，可能造成接收机的输入频谱中有两个凹陷点，这时再用这种只有一个谐振电路的频域自适应均衡器就无法补偿其幅频特性了，而必须采用能适应时间变化的时域自适应均衡器。

② 时域自适应均衡器。时域自适应均衡器的方案很多，常使用加在基带电路中的横向滤波器式均衡器。它能够均衡空间分集和频域自适应均衡器没有完全均衡的剩余波形失真。在实际使用中，往往将横向滤波器式均衡器与频域自适应均衡器配合使用。在理论上讲，这样可以均衡基带领域中的任何波形失真。

5.3 数字微波通信系统

数字微波通信系统包括如下几部分，其组成如图 5-2 所示。

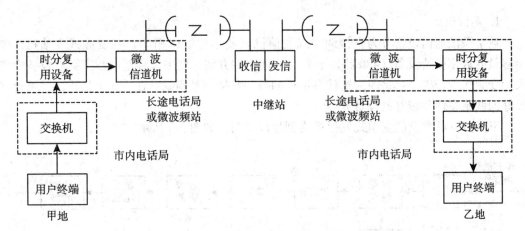

图 5-2 微波通信系统组成方框图

下面以微波通信用于长途电话传输时的工作原理为例加以简单说明。

电话机相当于甲地的用户终端（即信源），人们讲话的声音通过电话机送话器的声/电转换而变成电信号，再经过市内电话局的交换机，将电信号送到甲地的长途电话局或微波端站。经时分复用设备完成信源编码和信道编码，并在微波信道机（包括调制机和微波发信机）上完成调制、变频和放大，然后经天线发射出去。微波已调波信号经过中继站转发，由乙地的接收天线接收后到达乙地的长途电话局或微波端站。乙地（收端）方框图中与甲地对应的设备，其功能与作用正好与甲地相应设备相反。

5.3.1 数字微波通信技术的性能指标

在数字微波通信中，数字信道包括基带信道和微波信道两部分。从性能上，对数字信道可提出传输容量和传输质量这两方面的技术要求。其中传输质量是由误码率体现的，而误码的原因又取决于噪声干扰、码间干扰及定时抖动，其中噪声干扰是主要因素。

1. 传输容量

传输容量是用传输速率来表示的。有两种表示传输速率的单位，即码元传输速率 R_a 和比特传输速率 R_n。

2. 传输质量

传输质量用差错率来表示。有两种表示差错率的单位，即比特误码率和码元误码率。

比特误码率定义为确定时间内接收错误的比特数与发送的总比特数之比，记为 BER。当对某系统的 BER 进行测量时，须按有关标准进行。

3. 信道利用率

数字通信在传输信号时，传输速率越高，所占用的信道频带也越宽。为了能体现出信息的传输效率，说明传输数字信号时频带的利用情况，使用了信道利用率这一指标，它表示单位频带的信息传输速率。单位为 b/ (s · Hz)。

例如，比特速率为 8Mb/s 的基带信号，通过 4MHz 的信道传输，其信道利用率为 2b/ (s · Hz)。

5.3.2 微波收发信设备

1. 发信设备

数字微波通信设备分为直接调制式发信机（使用微波调相器）和变频式发信机。中小容量的数字微波设备（480 路以下）可用前一种方案，而中大容量的数字微波设备大多采用变频式发信机，这是因为这种发信机的数字基带信号调制是在中频上实现的，可得到较好的调制特性和较好的设备兼容性。

下面以一种典型的变频式发信机为例加以说明，如图 5-3 所示。

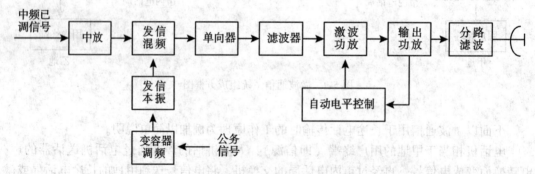

图 5-3　变频式发信机方框图

由调制机或收信机送来的中频已调信号经发信机的中频放大器放大后，送到发信混频器。经发信混频，将中频已调信号变为微波已调信号，由单向器和滤波器取出混频后的一个边带。由功率放大器把微波已调信号放大到额定电平，经分路滤波器送往天线。微波功放及输出功放多采用场效应晶体管功率放大器。为了保证末级功放的线性工作范围，避免过大的非线性失真，常用自动电平控制电路使输出维持在一个合适的电平。

公务信号是采用复合调制方式传送的，公务信号通过变容管实现对发信本振浅调频。这种调制方式设备简单，在没有复用设备的中继站也可以上、下公务信号。

微波发信设备最重要的性能指标有以下三项：

① 工作频段。工作频率越高，越能获得较宽的通频带和较大的通信容量，也可得到更尖锐的天线方向性和天线增益。但当频率较高时，雨、雾及水蒸气对电波的散射或吸收衰耗也会增加，造成电波衰落。这些影响对 12GHz 以上的频段尤为明显。

目前我国基本使用 2、4、6、7、8、11GHz 频段，其中 2、4、6GHz 频段因电波传播比较稳定，常用于干线微波通信。

② 输出功率。输出功率是指发信机输出端口处的功率大小，一般为几十毫瓦到几瓦之间。

③ 频率稳定度。工作频率的稳定度取决于发信本振源的频率稳定度。设实际工作频率与标称工作频率 f_0 的最大偏差值为 Δf，则频率稳定度的定义为：

$$k = \Delta f / f \tag{5-4}$$

发信本振源的频率稳定度与本振源的类型有关。微波介质稳频振荡源可以直接产生微波频率，频率稳定度可达 $1 \times 10^{-5} \sim 2 \times 10^{-5}$。当用公务信号对介质稳频振荡源进行浅调频时，其频率稳定度会略有下降。对频率稳定度要求较高时，可采用脉冲抽样锁相振荡源，其频率稳定度可达 $1 \times 10^{-6} \sim 5 \times 10^{-6}$。

2. 收信设备

数字微波的收信设备和解调设备组成了收信系统，这里所讲的收信设备只包括射频和中频两部分。目前收信设备都采用外差式收信方案，如图 5-4 所示。

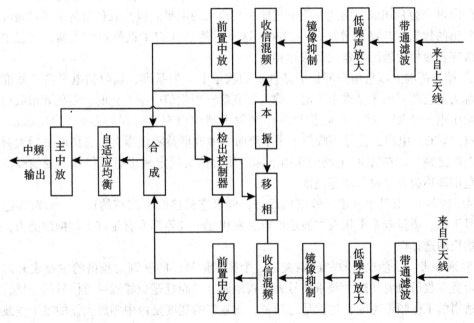

图 5-4　外差式收信机方框图

图 5-4 是一个空间分集接收的收信系统组成方框图。分别来自上天线和下天线的直射波和经各种途径（多径传播）到达接收点的电波，经过两个相同的信道：带通滤波器、低噪声放大器、镜像抑制滤波器、收信混频器、前置中放，然后进行合成，再经主中频放大器输出中频检出电路的控制电压对移相器进行相位控制，以便抵消上、下天线收到多径传播的干涉波（反射波和折射波），改善带内失真，获得较好的抗多径衰落效果。

为了更好地改善因多径衰落造成的带内失真，在性能较好的数字微波收信机中还要加入中频自适应均衡器，使它与空间分集技术配合使用，最大限度地减少通信中断时间。

低噪声放大是砷化镓场效应晶体管（Field Effect Transistor，FET）放大器，这种放大器的低噪声性能很好，并能使整机的噪声系数降低。

由于 FET 放大器是宽频带工作的，其输出信号的频率范围很宽，因此在 FET 放大器的前面要加带通滤波器，其输出要加装抑制镜像干扰的镜像抑制滤波器。

收信机的主要性能指标除工作频段、频率稳定度外，主要还有：

① 噪声系数。噪声系数是衡量收信机热噪声性能的一项指标，它的定义为：在环境温度为标准室温（17℃）、网络输入与输出匹配的条件下，噪声系数 N_F 等于输入端的信噪比与输出端信噪比的比值，记作

$$N_F = \frac{P_{si}/P_{ni}}{P_{so}/P_{no}} \tag{5-5}$$

数字微波收信机的噪声系数一般为 3.5~7dB。

② 接收门限及收信机的最大增益。接收门限是在保证通信误码率指标的前提条件下，所能接收的最低信号功率，也就是收信机的接收灵敏度。

为维持解调器正常工作，收信机的主中放输出应达到所要求的电平，例如要求主中放在 75Ω 负载上输出 250mV（相当于 0.8dBm）。但是收信机的输入端信号是很微弱的，假设其门限电平为 80dBm，则此时收信机输出与输入的电平差就是收信机的最大增益。对于上面给出的数据，其最大增益为 79.2dB。这个增益值由 FET 低噪声放大器、前置中放和主中放等各级放大器的增益之和来达到。

③ 动态范围。以自由空间传播条件下的收信电平为基准，当收信电平高于基准电平时，称为上衰落；低于基准电平时，称为下衰落。当收信电平变化时，若仍要求收信机的额定输出电平不变，就应在收信机的中频放大器内设有自动增益控制（Automatic Gain Control，AGC）电路，使得当收信电平下降时，中放增益随之增大；收信电平增大时，中放增益随之减小。在 AGC 电路的作用下，能使收信机额定输出电平保持不变的收信电平变化范围即称为收信机的动态范围。

④ 选择性。对某个波道的收信机而言，要求它只接收本波道的信号，而对邻近波道的信号干扰、镜像频率干扰及本波道的收、发相互干扰等都要有足够大的抑制能力，这就是收信机的选择性。

⑤ 通频带。收信机接收的已调波是一个频带信号，即已调波频谱的主要成分占有一定的带宽。收信机要使这个频带信号无失真地通过，而且避免邻近频道信号的干扰，就要具有适当的工作频带宽度，这就是通频带。通频带的宽度是由中频放大器的集中滤波器予以保证的。

3. 天线与馈线

（1）微波天线

天线是微波通信设备的重要组成部分。在实际的通信系统中，常使用有向天线。常用天线的基本形式有：喇叭天线、抛物面天线、喇叭抛物面天线、潜望镜天线等。

天线的方向特性用"天线增益"表示。对于发射天线，天线增益是指该有向天线在其发射方向上每单位立体角的发射功率与无向天线在单位立体角发射功率之比（倍数或分贝数）；类似地，对于接收天线则是指从接收方向接收到的功率与无向天线从同一接收点接收到的功率之比。一般而言，天线的口面面积越大，其增益就越高。

"天线防卫度"是天线的另一项重要指标。所谓天线防卫度，是指天线在最大辐射方

向上，对来自其他方向的干扰电波的衰耗能力。对于反向信号的衰耗能力称反向防卫度，通常要求在偏离主辐射方向180°±45°之间，反向防卫度大于65dB。

对微波天线总的要求是：方向性好、增益高、与馈线匹配良好、波道间寄生耦合小。此外，由于微波天线都采用面式天线，并往往架设在野外，所以还必须使天线具有很好的机械强度，防锈蚀，并采取有效的抗风、防冰雪措施。

（2）馈线

因微波信号频率很高，在设备内各高频部件之间，以及信道机和天线之间，均不能用一般的导线进行连接，而必须使用特殊的馈线。微波通信系统中的馈线有同轴电缆和波导两种型式。一般在分米波波段（2GHz），采用同轴电缆馈线；在厘米波波段（4GHz以上频段），因同轴电缆损耗较大，故采用波导馈线。波导是一种空心的金属腔体，根据外形的不同分为圆形波导和矩形波导两种。圆形波导可以传输相互正交的两种极化波，故与相适应的双极化天线连接时，只要一根圆波导即可。

5.3.3 数字微波通信的中继方式

在微波中继线路中，有大量的中继站。中继转接的方式有多种，通常采用的是基带转接、中频转接和微波转接三种。如图5-5所示。

1. 基带转接

图5-5（a）所示的是数字微波系统的基带转接方式。由于解调后经取样判决恢复信码再进行转接，所以又称再生转接。再生中继能有效地消除中继段的噪声积累，因此，基带的再生中继是目前常用的一种中继方式。

只有基带转接才能实现上、下话路。基带转接可以是基带群路信号转接，也可以是经数字分接设备后的音频转接。

2. 中频转接

中频转接只将接收的微波信号混频（下变频）变换至中频（中、小容量系统中频为70MHz，大容量为140MHz）由中放提供足够的增益，再送至发送设备的上变频器，变换为微波频率，经功率放大后发射出去。如图5-5（b）所示。

3. 微波转接

中继转接接口是微波，由微波放大器提供足够的增益。由于微波转接设备简单，电源功耗低，也是一种实用的转接方式。

由于实际系统中天线发射的信号功率不是全在发射方向主瓣内，背向旁瓣的信号功率不为零，引起所谓"背背干扰"。考虑到发射信号功率与接收信号功率的悬殊差别，仅仅依靠对天线背向耦合衰减指标提出的要求，是难以达到系统抗干扰指标的。所以，需要中继站发射的载频在接收载频基础上偏离 Δf（图5-5（c））中继站接收 f_1 的频率，发射 f_2 的频率），使背背干扰从同频干扰变成异频干扰，便于机内滤波器对这种干扰的抑制。

5.3.4 数字微波通信的射频频率配置

一条微波线路有许多微波站，每个站上又有多个波道的微波收发信设备。为了减小波道间或其他路由间的相互干扰，同时又提高微波射频频带的利用率，对射频频率的选择和分配就显得十分重要。

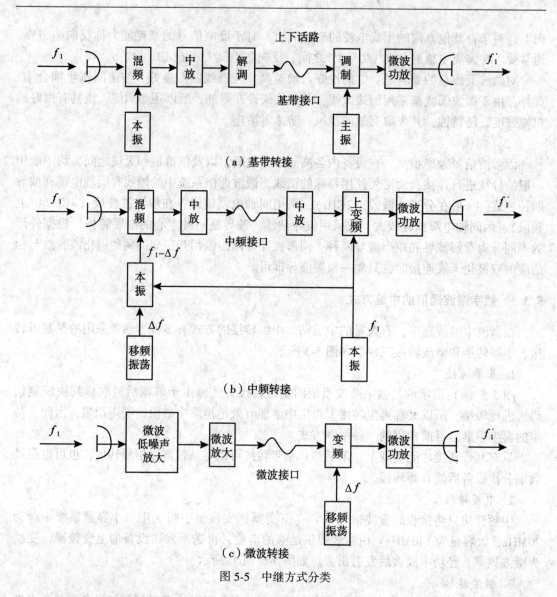

（a）基带转接

（b）中频转接

（c）微波转接

图 5-5　中继方式分类

频率配置的基本原则：

① 在一个中间站，同一个波道的收信和发信必须使用不同频率，而且有足够大的间隔，以避免发送信号被本站的收信机收到，使正常的接收信号受到干扰。

② 多波道同时工作时，相邻波道频率之间必须有足够的间隔，以免产生邻道干扰。

③ 整个频谱安排必须紧凑，使给定的频段能得到经济的利用。

④ 频率配置方案应有利于天线共用，以降低天线建设费用。

⑤ 对于外差式收信机，不应产生镜像干扰，即不允许某一波道的发信频率等于其他波道收信机的镜像频率。

根据上述原则，微波通信系统采用称为"二频制"的频率配置方案，如图 5-6 所示。即对每一个波道而言，两个方向的发信使用同一个载频（如 f_1'），而两个方向的收信使用另一个相同的载频（如 f_1）。对同一波道而言，发信频率和收信频率逐站更换使用。

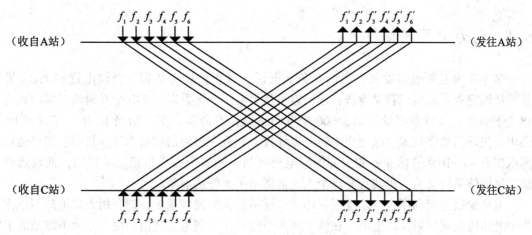

图 5-6 二频制方案

图 5-6 表示有 6 个波道的微波线路的频率配置情况。不难看出，二频制方案将整个频带的半个频带用于接收，另外半个频带用于发送。而在相邻的中继站（A 或 C），则两半频带交换。

在数字微波通信中，由于调制方式不同，射频已调波的带宽也不同。所以数字微波系统的频率配置还取决于 t 波道的传输容量、调制方式、码元传输速率、波道间隔及收发频率间隔、带外泄漏功率等。对于后三项的考虑是：

① 相邻波道间隔 $\Delta f_{波道} = x \cdot f_s$，取 $1.5 < x < 2$。f_s 为码元速率。x 的下限取决于滤波器的选择性和允许的码间干扰量，上限取决于射频频带的利用率。

② 相邻收发间隔 $\Delta f_{收发} = y \cdot f_s$，取 $2 < y < 4$。y 的下限取决于滤波器的选择性和天线方向性，上限取决于射频频带利用率。

③ 频段边缘的保护间隔 $\Delta f_{保护} = \xi \cdot f_s$，取 $\xi = 1$。ξ 的选择要考虑和邻近频段的相互干扰因素（即考虑带外泄漏）。

图 5-7 示出了上述三种频率间隔与占用的总信道带宽 $\triangle f_{带宽}$ 之间的数量关系，当波道数为 N 时，有

$$\Delta f_{带宽} = 2(N + 1)\Delta f_{波道} + \Delta f_{收发} + 2\Delta f_{保护} \tag{5-6}$$

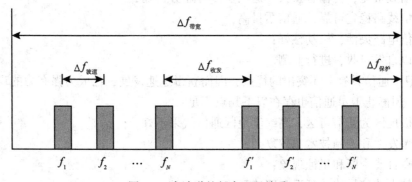

图 5-7 多波道的频率配置关系

5.4　电力卫星通信技术

多年来的卫星通信发展，通信业务从电话、电视扩展到数据、会议电视和 ISDN 业务，从固定业务发展到移动业务；通信容量从只有 2 个转发器共 240 个双向话路发展到有 48 个转发器，等效总容量达到 35000 个双向话路；寿命从 3 年增加到 10 年。在技术上，采用了先进的数字技术、星上交换时分多址技术和数字电路倍增技术等。目前，卫星通信网承担着 80%国际通信业务和全部国际电视转播。随着个人通信概念的提出，低轨道移动卫星通信系统又为人类实现全球个人通信展示了美好的前景。

卫星通信是指利用人造地球卫星作为中继站的微波通信系统，即利用人造地球卫星作为中继站转发或反射无线电波，在两个或多个地球站之间进行通信。由于作为中继站的卫星处于外层空间，这就使卫星通信不同于其他地面无线电通信方式，而属于宇宙无线电通信的范畴。对固定通信业务的系统来说，大多采用"静止卫星"。所谓静止卫星就是发射到赤道上空 35 786.62km 高度处的圆形轨道上的卫星，它的运行方向与地球自转方向相同，绕地球一周的时间恰好是 24 小时，因和地球的自转周期相等，故从地球上看去，如同静止一般。静止卫星也称为同步卫星，静止轨道称为同步轨道。

当卫星天线的波束宽度为 17.4°时，波束边缘与地球表面相切。这种波束最大限度地覆盖了地球表面，称为覆球波束。它所覆盖的面积约占地球总表面积的 42%。若以 120°的相等间隔在静止轨道上配置三颗卫星，则地球表面除了两极地区外，都在卫星波束覆盖范围之内，而且其中部分区域为两颗静止卫星波束的重叠地区。因此，借助于重叠区内地球站的中继，可以实现不同卫星覆盖区内地球站之间的通信。由此可见，只需三颗均匀分布于静止轨道的同步卫星，就可以实现全球通信。这一特点是其他任何通信方式所不具备的。目前国际卫星通信和绝大多数国家的国内卫星通信大多采用静止卫星通信系统，如国际卫星通信组织负责建立的世界卫星通信系统（Inter SAT，简称 IS），就是利用静止卫星来实现全球通信的，静止卫星所处的位置分别在太平洋、印度洋和大西洋上空。

与其他通信手段相比，采用静止卫星进行通信的主要优点是：

① 通信距离远，且费用与通信距离无关；

② 覆盖面积大，可进行多址通信；

③ 通信频带宽，传输容量大，适用于多种业务传输；

④ 通信线路稳定可靠，通信质量高；

⑤ 通信电路灵活，机动性好；

⑥ 可以自发自收，进行监测。

由于卫星通信具有上述突出的优点，因而获得迅速发展，已成为强有力的现代化通信手段之一。但静止卫星通信也存在以下几点不足：

① 两极地区为通信盲区，高纬度地区通信效果不好；

② 卫星发射和控制技术比较复杂；

③ 存在日凌中断和星蚀现象；

④ 有较大的信号传播延迟和回波干扰。

5.5 电力卫星通信系统

5.5.1 卫星通信系统组成

卫星通信系统由空间分系统、地球卫星站、跟踪遥测及指令分系统和监控管理分系统四大部分组成。

1. 空间分系统

空间分系统即通信卫星。通信卫星内的主体是通信装置，另外还有星体的遥测指令、控制子系统和能源装置等，主要起无线电中继站的作用。卫星中的通信装置为卫星转发器，一个通信卫星往往有多个转发器，每个转发器被分配在某一工作频段中工作。

2. 地球卫星站

地球卫星站具有收、发信功能，用户通过它们接入卫星线路，一般包括中心卫星站和若干个普通地球卫星站。中心卫星站除具有普通地球卫星站的通信功能外，还负责通信系统中的业务调度与管理，对普通地球卫星站进行监测控制以及业务转接等。

3. 跟踪遥测及指令分系统

其任务是对卫星进行跟踪测量、控制其准确进入静止轨道上的指定位置。卫星正常运行后，还要定期对卫星进行轨道修正和位置保持。

4. 监控管理分系统

在卫星业务开通前、后进行通信性能的监测和控制，以保证正常通信。

5.5.2 卫星通信线路

卫星通信线路就是卫星通信电波所经过的整个线路，它由发端地球站、上行线传播路径、卫星转发器、下行线传播路径和收端地球站组成。

来自地面通信线路的各种信号（如电话、电视、数据等），经过地球卫星站 A 的终端设备（模拟或数字），输出一个多路复用信号，即基带信号。基带信号通过调制器被调制到一个中频载频（如 70MHz）上，调制方法常采用 FM（模拟信号）或 PSK（数字信号）。调制器输出的已调中频信号在发射机的上变频器中变成频率更高的发射频率 f_1（如 6GHz），最后经过发射机的功率放大器放大到足够高的电平（可达 30dBW），通过双工器由天线向卫星发射出去。这里双工器的作用是把发射信号与接收信号分开，使收发信号共用一副天线。

从地球卫星站发射的射频信号，穿过大气层以及自由空间，经过一段相当远的传输距离到达卫星转发器。射频信号在这段上行线路中衰减很大，且混进了大量噪声。卫星转发器首先将接收到的射频信号变换成中频信号，并进行适当放大（也可对射频信号直接放大），然后再将中频信号变换成频率为 f_2（如 4GHz）的射频信号，放大后由天线发回地面。转发器发射频率 f_1 与接收载频 f_2 间应有足够的频差，以免较强的转发信号通过转发器干扰接收信号。

卫星转发器转发下来的射频信号，经过下行线路后同样受到很大衰减，并混入大量噪声，故到达地球卫星站的接收信号很弱。地球卫星站 B 经天线收到微弱信号后，先由低噪声放大器加以放大，在下变频器中变换为中频信号，并进一步放大，然后经解调器解调出基带信号，最后通过终端设备将基带信号分路，送到地面通信线路。

上面是地球卫星站 A 至地球卫星站 B 的单向通信过程。从地球卫星站 B 至地球卫星站 A 的通信过程类似，其上行线路、下行线路的频率分别采用 f_3、f_4，与 f_1、f_2 稍有差别，以免相互干扰。

习 题

1. 某数字微波中继通信系统，线路总长 880km，用于电话通信。请以我国标准站距的瞬断率为依据，求中继段段数。

2. 在 480 路 8PSK 调制的数字微波通信系统中，信息速率为 34.368Mb/s，从噪声指标分配表中查出 [C/N] =18dB，又已知收信机的噪声系数为 4dB，机房设备所处的环境温度为标准室温，$KT_0 = 4 \times 1\,011$ （W/Hz），求收信机的门限电平。

3. 用 2GHz、NEC34 Mb/s 数字微波通信设备，组成 2 500km 高级假想参考电路。全线用于数据传输，高误码率等于 10^{-6} 时中断概率为 0.01%。其中继段为平原地区，站距为 45km，求该段的衰落深度。

第6章　电力通信网络技术

6.1　电力通信网络技术概述

通常情况下，电力系统通信网主要由传输、交换、终端三大部分组成。其中，传输与交换部分组成通信网络，传输部分为网络的线，交换设备为网络的节点。目前，我国常见的交换方式有电路交换、分组交换、ATM 异步传送模式和帧中继。传输系统以光纤、数字微波传输为主，卫星、电力线载波、电缆、移动通信等多种通信方式并存，实现了对除台湾外所有省（自治区）、直辖市的覆盖，承载的业务涉及语音、数据、远动、继电保护、电力监控、移动通信等领域。

电力系统通信技术主要有以下八种。

1. 电力线载波通信

电力线载波通信（Power Line Carrier Communication，PLCC）是利用高压输电线作为传输通路的载波通信方式，用于电力系统的调度通信、远动、保护、生产指挥、行政业务通信及各种信号传输。电力线路是为输送 50Hz 强电设计的，线路衰减小，机械强度高，传输可靠，电力线载波通信复用电力线路进行通信不需要通信线路建设的基建投资和日常维护费用，是电力系统特有的通信方式。

2. 光纤通信

光纤通信是以光波为载波，以光纤为传输媒介的一种通信方式。在我国电力通信领域普遍使用电力特种光缆，主要包括全介质自承式光缆（ADSS）、架空地线复合光缆（PGW）、缠绕式光缆（GWWOP）。电力特种光缆是适应电力系统特殊的应用环境而发展起来的一种架空光缆体系，它将光缆技术和输电线技术相结合，架设在 10~500kV 不同电压等级的电力杆塔和输电线路上，具有高可靠、长寿命等突出优点。

3. 微波通信

微波通信是指利用微波（射频）作载波携带信息，通过无线电波进行空间中继（接力）的通信方式。常用微波通信的频率范围为 1~40GHz。微波按直线传播，若要进行远程通信，则需在高山、铁塔或高层建筑物顶上安装微波转发设备进行中继通信。

4. 卫星通信

卫星通信是在微波中继通信的基础上发展起来的，它是利用人造地球卫星作为中继站来转发无线电波，从而进行两个或多个地面站之间的通信。卫星通信主要用于解决国家电网公司至边远地区的通信。目前，我国电力系统内已有地球站 32 座，基本上形成了电力系统专用的卫星通信系统，实现了北京对新疆、西藏、云南、海南、广西、福建等边远省区的通信。卫星通信除用作话音通信外，还用来传送调度自动化系统的实时数据。

5. 移动通信

移动通信是指通信的双方中至少有一方是在移动中进行信息交换的通信方式。作为电力通信网的补充和延伸，移动通信在电力线维护、事故抢修、行政管理等方面发挥着积极的作用。

6. 现代交换方式

现代交换方式包括电路交换、分组交换、ATM 异步传送模式、帧中继和多协议标记交换（Multi-Protocol label-Switching，MPLS）技术。电路交换和分组交换是两种不同的交换方式，是代表两大范畴的传送模式，帧中继和 ATM 异步传送模式则属于快速分组交换的范畴。

电路交换是固定分配带宽的，连接建立后，即使无信息传送也需占用电路，电路利用率低；要预先建立连接，有一定的连接建立时延，通路建立后可实时传送信息，传输时延一般可以不计；无差错控制措施。因此，电路交换适合于电话交换、文件传送及高速传真，不适合突发业务和对差错敏感的数据业务。

分组交换是一种存储转发的交换方式，它将需要传送的信息划分为一定长度的包，也称为分组，以分组为单位进行存储转发。而每个分组信息都包含源地址和目的地址的标识，在传送数据分组之前，必须首先建立虚电路，然后依序传送。在分组交换网中，在一条实际的电路上能够传输许多对用户终端间的数据，其基本原理是把一条电路分成若干条逻辑信道，对每一条逻辑信道有一个编号，称为逻辑信道号，将两个用户终端之间的若干段逻辑信道经交换机链接起来构成虚电路。分组交换最基本的思想就是实现通信资源的共享。分组交换最适合数据通信。数据通信网几乎全部采用分组交换。

快速分组交换为简化协议，只具有核心的网络功能，以提供高速、高吞吐量和低时延服务。

帧中继（Frame Relay，FR）技术是在 OSI 第二层上用简化的方法传送和交换数据单元的一种技术。

异步传送模式（Asynchronous Transfer Mode，ATM）是电信网络发展的一个重要技术，是为解决远程通信时兼容电路交换和分组交换而设计的技术体系。

MPLS 技术是一种新兴的路由交换技术。MPLS 技术是结合二层交换和三层路由的 L2/L3 集成数据传输技术，不仅支持网络层的多种协议，还可以兼容第二层上的多种链路层技术。采用 MPLS 技术的 IP 路由器以及 ATM、FR 交换机统称为标记交换路由器（Label Switching Rowter，LSR），使用 LSR 的网络相对简化了网络层复杂度，兼容现有的主流网络技术，降低了网络升级的成本。此外，业界还普遍看好用 MPLS 提供 VPN 服务，实现负载均衡的网络流量工程。

7. 现代通信网

现代通信网按功能可以划分为传输网、支撑网。

支撑网是使业务网正常运行，增强网络功能，提供全网服务质量，以满足用户要求的网络。在各个支撑网中传送相应的控制、检测信号。支撑网包括信令网、同步网和电信管理网。

信令网是指在采用公共信道信令系统之后，除原有的用户业务之外，还有一个起支撑作用的、专门传送信令的网络——信令网的功能是实现网络节点（包括交换局、网络管理中心等）间信令的传输和转接。

同步网是指实现数字传输后，在数字交换局之间、数字交换局和传输设备之间均需要实现信号时钟的同步。同步网的功能就是实现这些设备之间的信号时钟同步。

电信管理网是为提高全网质量和充分利用网络设备而设置的。网络管理实时或近实时地监视电信网络的运行，必要时采取控制措施，以便在任何情况下最大限度地使用网络中一切可以利用的设备，使尽可能多的通信业务得以实现。

8. 接入网

接入网是由业务节点接口和用户网络接口之间的一系列传送实体（如线路设施和传输设施）组成的、为传送电信业务提供所需传送承载能力的实施系统，可经由 Q3 接口进行配置与管理。接入的传输媒体可以是多种多样的，可灵活支持混合的、不同的接入类型和业务。G.963 规定，接入网作为本地交换机与用户端设备之间的实施系统，可以部分或全部代替传统的用户本地线路网，可含复用、交叉连接和传输功能。

通信技术与计算机技术、控制技术、数字信号处理技术等相结合是现代通信技术的典型标志。随着电力系统信息化的兴起，电力系统通信技术的发展趋势可概括为数字化、综合化、宽带化、智能化和个人化。电力系统通信技术大发展时代已经开始。

6.2 电力通信同步网

国家电力通信网已逐渐由模拟通信转为数字通信。为了适应当前电力系统通信发展的需要，利于在网上开通各种新的业务，如 SDH、智能业务、ISDN 业务、多媒体业务等必须解决网同步问题。这就促使我们尽快建立一个全国性的、准确度高、性能良好、稳定可靠的数字同步网。由于它对保证通信网正常运行起着重要作用，因此，人们常把它与电信管理网、七号信令网并称为通信系统的三大支撑网。其实同步网与后两者相比是最基础的部分，如果没有网同步的环境，网络管理信息、七号信令数据都无法正常传送。

6.2.1 基本概念

在数字通信网络中，传输链路和交换节点上流通及处理的均为数字的信号比特流，为实现它们之间的相互连接，并能协调地工作，就必须要求其所处理的数字信号都具有相同的时钟频率。所以，数字同步就是使网中的数字设施的时钟源同步。作为电力通信网的一个重要组成部分，数字同步网能够生成高精度的同步信号并准确地将同步信号从基准时钟源向同步网各同步节点传递，从而调节同步网中的时钟以建立并保持同步，满足电力通信网传递业务信息所需的传输和交换性能要求，这是保证网络定时性能的关键。

6.2.2 数字通信网实现同步的必要性

目前，我国运行中的通信网基本已经数字化，即传输和交换都是数字设备。通信网使用的时分多路复用传输系统主要有准同步数字系列（Plesiochronous Digital Hierarchy，PDH）和同步数字系列（Synchronous Digital Hierarchy，SDH）。PDH 复用逐级进行，因为被复接的支路信号可能来自不同方向，各支路信号的码率和到达时间不可能完全相同。因此，在复接前各支路的码率应相等，且划分比特流段落的帧同步码应对齐，即频率和帧同步均码要同步。为此，PDH 采用码速调整技术。

SDH 可进行整套同步数字传输。复用和交叉连接为标准化数字传送结构等级，其同步传送模块（STM-1）是基本信息结构，由信息净负荷、段开销及管理单元指针组成。在 SDH 系统内，各网元（如复用器）间的频率差是靠调节指针值来修正的，即使用指针调整技术，解决节点之间时钟差异带来的问题。指针调节是把净负荷起始点向前或向后移动与帧相关的字节。因为 SDH 以字节为单位进行复接，所以，指针进行调节也是以字节为单位。一次指针调节引起的抖动可能不超过网络接口所规定的指标，一旦指针调节的速率不能控制，而使抖动频繁出现和积累，并超过网络接口抖动的规定指标时，将引起净负荷出现错误。因此，在 SDH 系统的网元内，时钟也应保持同步，并纳入数字同步网。

SDH 设备在正常工作时，有几种同步时钟源作为跟踪的参考基准：内部时钟源、接口板时钟源、由线路板信号和支路板信号提供的同步时钟基准。外部时钟源由外部同步源设备（如 BITS）提供同步时钟基准，由外部时钟接口引入。类型是 2 Mb/s 或 2 MHz 的外部时钟定时信号，同时还能向外部时钟输出口输出两路 2 Mb/s 或 2 MHz 的定时信号。在 SDH 传输过程中，子网元设备由于 2 Mb/s 信号传输距离长，有同步状态信息功能，因此，应优选 2 Mb/s 信号。在干线 SDH 传输系统中，为了保证传输系统的高稳定性，采用两路时钟信号作为时钟源，其中一路采用高级别的原子钟，另一路采用主站内部震荡模式，传输系统子站从线路侧取子站两路时钟互为备份。其保护原理为当两路时钟基准源源于不同时钟源时，时钟的质量可能有些差异，因此使用同步状态消息（Synchronization Status Message，SSM）作为定时质量标记方法，以便选取最高质量的时钟源作为网络同步的时钟源。

数字交换设备通过数字信号中的时隙交换来完成时隙的重新安排。在信号进入交换网络之前，需具备以下时隙交换条件：① 参加交换的数字信号帧要在时间上对齐，即与各路信号帧同步；② 各路信号的码率要以交换设备的时钟速率为准，转换成相同的码率，使时隙具有相同的速率，才能准确无误地进行时隙交换。

参与交换的信号可能来自不同的交换节点和传输设备，到达时间不可能完全相同，信号码率与本地时钟可能不同步，需进行帧同步和比特同步。如外来信号与设备内时钟频率有差异，在比特同步时将产生滑动。滑动会使信号受到损伤，影响通信质量。若频差过大，则可能使信号产生严重错误，甚至会使通信中断。

6.2.3　同步网同步方式

数字同步网的同步方式主要有：主从同步方式、互同步方式、准同步方式、混合同步方式。

① 主从同步方式。主从同步方式是指在同步网内设置一系列的等级时钟，最高级的时钟称为基准主时钟，上一级时钟和下一级时钟形成主从关系，即主时钟向其从时钟提供定时信号，从时钟从主时钟提取信号频率。在主从同步网中，基准主时钟的定时信号由上级主时钟向下级从时钟逐级传送，各从时钟直接从其上级时钟获取唯一的同步信号。通过使用锁相环技术，使从时钟的相位与定时基准信号的相位保持在一定的范围内，从而使节点从时钟与基准主时钟同步。主从同步的优点是从时钟频率精度性能要求较低，控制简单，适合于树型结构和星型结构，组网灵活，稳定性好等。缺点是对基准时钟的依赖较

大，因此需要采用基准时钟备份等措施；同步信号多级传递后，由于链路引起的抖动、漂移不可避免，因此同步范围受到限制（一般规定基准时钟的频率信号逐级传送的节点数应小于20跳）；在规划同步传输链路时要避免定时环路。

② 互同步方式。互同步方式是指同步网内各个节点接收与其相连的其他节点时钟送来的定时信号，并对所有接收到的定时信号频率进行加权平均，以此来调整自身频率，从而将所有的时钟都调整到一个稳定、统一的系统频率上。但由于网络系统复杂，因此网络稳态频率不确定且易受外界因素的影响。

③ 准同步方式。准同步方式是指在网内各个节点上都设立高精度的独立时钟，这些时钟具有统一的标称频率和频率容差，各时钟独立运行，互不控制。虽然各个时钟的频率不可能绝对相等，但由于频率精度足够高，频差较小，产生的滑动可以满足指标要求。准同步方式的优点是简单、灵活；缺点是对时钟性能要求高，成本高，同时存在周期性的滑动。

④ 混合同步方式。混合同步方式是指将全网划分为若干个同步区，各同步区内采用主从同步方式，即在每个区域内设置一个主基准时钟，本区域内其他节点时钟与区域主基准时钟同步，各同步区域主基准时钟之间则采用准同步方式。这种混合同步方式可以减少时钟级数，使传输链路定时信号传送距离缩短，改善同步网性能。当同步区内采用精度高的主基准时钟时，可减少同步链路的周期性滑动，满足定时指标要求，网络可靠性更高。

6.2.4 同步网建网原则与时钟选择

1. 建网基本原则

组建时钟同步网的基本原则可归纳为以下5条：

① 网内应避免定时环路的出现，若出现定时环路，则所有的时钟都将与基准时钟隔离，网络有可能短时失去同步，使通信中断，造成损失。另外，出现定时环路后，即便不出现短时失步问题，也会由于定时参考信号的反馈作用，使时钟频率出现不稳定，从而导致定时信号恶化。

② 各级从站的从钟，应从不同的路由获取自己的主、备用基准信号，这样做的目的也是为了防止定时环路的出现。

③ 各级从站的从钟，其主、备用基准信号，可以从其高一级的时钟设备中获取，也可以从其同级时钟设备中获取。

④ 应尽量减少定时链路内介入时钟的数量，否则会影响同步性能。

⑤ 为了提高传达同步基准时钟信号的可靠性，应选择可用性最高的传输系统，并尽量缩短定时链路长度。

2. 基准时钟选择

实际中使用的时钟类型一般有以下3种：

① 铯原子钟：其长期频率稳定度和准确度都很高，一般不低于 1×10^{-12} s。因此，可把它作为全网同步最高等级的基准时钟。但它的缺点是短期稳定度不够理想，可靠性也较差，而且其无故障时间不会超过3年。为了克服这一缺点，基准中心应配备多重备用，并应具有自动倒换的功能。

② 恒温下的石英晶振：其短期频率稳准度可达 10^{-10} s/d，可靠性也较高，并且其价

格相对低廉，频率稳定范围也宽；缺点是长期稳准度不够好。由此可见，石英晶振与铯原子钟的特性正好相反，两者可互补。高稳定度的石英晶振通常被用作下级局级的从时钟标准。

③ 铷原子钟：其频率稳定度及价格等方面，均介于上述两种时钟之间，并且其频率可调范围还优于铯原子钟。因此，可将其用作同步区内的基准时钟。

除了上述 3 种可供选用的时钟外，全球定位系统（Global Positioning System，GPS）也可作为基准时钟使用。GPS 导航卫星在离地面约 20 000km 的近圆轨道上运行，其安装有频率稳定度高达 1×10^{-13} s 的原子钟，并以两种频道向地面发射，可供使用。然而 GPS 非国内设施，由他人控制。故在考虑地面时钟设施时，可采用铷原子钟或者晶振和 GPS 接收机联合作为基准时钟使用。正常情况下，铷原子钟以主从同步的方式锁定在所接收到的 GPS 提供的高精度频率信号上，一旦接收失败，则高稳定度的铷原子钟或者晶振仍可在短时间内维持同步网正常工作。对基准时钟的特性通常可用两个指标进行检测：其一，最大时间间隔误差，它用来表征时钟的漂移特性，这一指标可以对时钟长期频率稳准度进行考察；其二，时间偏差，它用来表征时钟抖动等特性，该指标可以用来考察时钟短期频率稳准度。

6.2.5　同步网等级结构及构成

1. 同步网的等级结构

电力数字同步网内的同步方法宜采用等级主、从同步，应分三级。同步网的等级结构见图 6-1 所示。

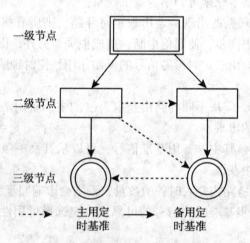

图 6-1　数字同步网等级结构图

网内各同步节点之间是主、从关系，每个同步网节点赋予一个等级地位。一级节点采用 1 级基准时钟，二级节点采用 2 级节点时钟，三级节点采用 3 级节点时钟。

2. 同步网的网络结构

同步网的构成如图 6-2 所示。电力数字同步网可按分步式多基准时钟方案建设，并将同步网按照同步区来划分。在各省（或区）各设一个同步区，各同步区可以作为一个独立的实体对待，也可接受与其相邻的同步区的基准作为备用。

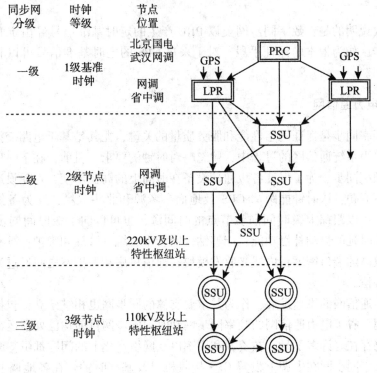

图 6-2　同步网的构成示意图

　　基准时钟的等级为 1 级，包括基准参考时钟（Primary Reference Clock，PRC）和区域基准时钟源（Local Primary Reference，LPR）两种。为缩短定时基准传输距离，可在北京国家电力通信中心（简称北京国电）和武汉华中电力通信中心（简称华中网调）各设一个 PRC，在各同步区的网、省级电力通信中心（简称网调或省中调）至少设置一个 LPR，并配置相应的同步供给单元（Synchronous Supply Unite，SSU）。在二级节点和三级节点设置同步供给单元。具体时钟节点位置见图 6-2。基准钟是由铯原子钟组或铯原子钟和 GPS（或其他卫星定位系统）构成。而其他同步区内的区域基准钟是由 GPS（或其他卫星定位系统）与铷原子钟构成。

　　基准钟及区域基准钟的精度均要符合 ITU-TG. 811 的规定。PRC 平时可同步于 GPS（或其他卫星定位系统），在 GPS（或其他卫星定位系统）不可用时，能使其同步于来自铯原子钟的定时基准信号，使 PRC 作为同步网定时基准的根本保证。

　　LPR 平时同步于 GPS（或其他卫星定位系统），在 GPS（或其他卫星定位系统）不可用时，能使其同步于来自 PRC 的定时基准信号。

　　同步供给单元是受控钟（即从时钟），它对输入的时钟信号进行跟踪与过滤，并提供多路输出，为通信楼内的数字交换设备、数字数据设备、数字复用设备等提供定时信号。其精度受 PRC 或 LPR 控制。内置的时钟等级应根据其在同步网中的等级确定。在二级节点采用 2 级节点时钟，三级节点采用 3 级节点时钟，精度要符合 ITU-TG. 812 的规定。

一般对于一级、二级干线网层面的通信中心或枢纽站（即 220kV、500kV 通信枢纽站）可设二级节点，本地网层面的通信中心或枢纽站（即 110kV 通信枢纽站）可设三级节点。

这里需要说明的是：数字同步网要以 PRC 产生的定时基准信号经由定时基准传输链路送到各同步区作为根本的保证手段。对于来自 GPS 的定时基准信号可以利用，但不能依靠。

6.2.6　省级电力通信网

全网的频率同步是保证网络性能和服务质量的关键，尤其是基于电路交换的网络。此前，在组建电力系统通信网的过程中，曾忽略对时钟的要求，目前，在下一代网络中，仍需高质量的频率同步。为了保证各级通信设备在时间上的高稳定度，在建设通信网的初期应该考虑以下问题：该时钟能跟踪 GPS 及地面参考源和北斗卫星，互为备份；能够组建时间同步网，可以跟踪上级时间同步节点的时间源，也可以向下级时间同步节点分发时间；支持时间时延的自动补偿功能；能够纳入网管中心统一管理和维护；具有丰富的时间同步接口和较高的端口密度；内置光收发模块，通信机房和保护室之间通过光纤组网，且时延可自动补偿。

省级电力通信网的飞速发展，作为其重要支撑的同步网也相继建立，包括频率同步网及时间同步网。省级电力通信网的频率同步网和时间同步网目前均已处在运行状态，但在组网建设上仍存在着许多不足，在资源利用率以及网络优化上的问题都亟待解决。省级电力通信网的频率同步网在中调上设置 GPS 接收机以及基准时钟，在各地调上则建有大楼综合定时系统（Building Integrated Timing Supply，BITS）以及地面时钟，而时间同步网则建设在中调、地调和变电站，利用 GPS 设备以及时间分配器。频率同步网采用的是 SDH 网络进行同步信号传输，拥有安全稳定的地面链路。因此在 GPS 无法工作的情况下，整个网络也可以凭借中调的基准时钟通过地面传输定时信号稳定运行。而时间同步网则采用孤立的 GPS 准同步方式，若 GPS 发生故障，时间同步便遭到严重破坏。

目前省级调度数据网采用路由器及 MPLS 技术分三层建设，以信通公司为中心的五个节点组成核心层，其余地市局节点构成网络的汇聚层，500kV 站和直调电厂组成接入层。分布在各地区的设备采集信息后，依次通过接入层、汇聚层和核心层将数据信息传输到信通中心。

但随着数据网的发展，新站点与新业务不断加入其中，调度数据网需要在网络链路结构上进行改进，并在重要链路带宽上进行升级。图 6-3 所示为调度数据网"十二五"规划，调度数据网新增一些汇聚层设备，满足汇聚比要求，在核心层采用基于波分的光传送网（Optical Transport Network，OTN）技术，汇聚接入层面采用分组传送网（Packet Transport Network，PTN）技术。OTN 具有大容量交换和路由能力，可以处理大颗粒业务，以便更好地满足新业务对带宽的需求。

从图 6-3 中可以看出，调度数据网将是一个复杂分层大网络，随着新节点的不断加入，设备分布分散化程度增加，若采用 GPS 进行时间同步，会带来很大的建设负担。且在 GPS 失效情况下，各时钟独立工作，但由于时钟数量巨多，时钟同步质量存在差异，会导致产生明显的时间偏差，影响同步精度。因此，根据未来通信网的规划，时间同步网

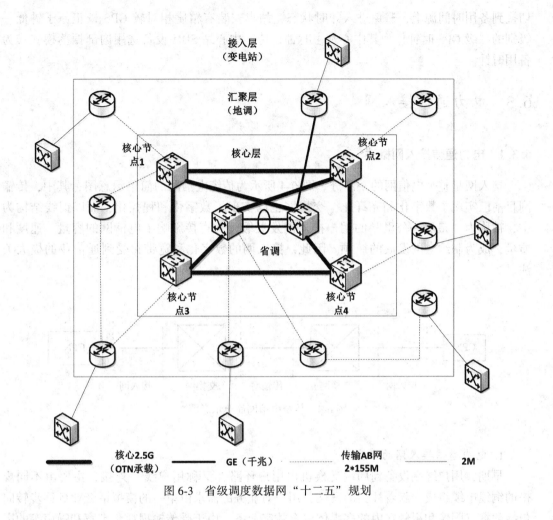

图 6-3　省级调度数据网"十二五"规划

的建设需要摆脱单纯对 GPS 的依赖,建设地面同步网络来达到对更大规模通信网的同步需求。

　　从现存时间同步网以及未来通信网的规划上看,省级电网在时间同步网的建设上,应该采用 GPS 与地面链路传送结合的方式。在地面链路传输中,采用 OTN+PTN 组网方式,OTN 与 PTN 网络均具有强大的信息承载能力,可以充分满足省级复杂大电网及通信协制系统对同步信号的需求,也与数据调度网保持一致。在时间同步信号传输上,采用 IEEE158 时间同步协议。IEEE 1588 协议能够提供亚微秒级别的时间精度,完全能够胜任为复杂网络中的电力设备提供精准时间信号的任务。

　　以电力 SDH 传输网为例,在电力通信的干线传输网和市区 SDH 传输网上,采用冗余的主从同步方式,即在地区调度中心放置 1 台带冗余时间同步设备(带 GPS 校正的铷原子时钟),其功能为跟踪 GPS 或者北斗卫星的时钟,中心站通过 V.24 协议将 DCLS 时间码承载到传输网作为主时钟,电厂和变电站的传输从中心站主时钟上取线路侧时钟;调度中心的中心站 SDH 网元内部振荡的时间作为中心站主用时钟备份;时间在传输网上的时延按照原理可以在接收端自动补偿。当卫星不可用时,将主用时间源 GPS 或者北斗卫星切换到备用时间源上，避免进入守时状态，站点安装有精度相对较 GPS 校正原子钟低一级别的二级 GPS 时钟作为其中心站主时钟，传输中心站 SDH 设备选用内部振荡模式作为备用时钟。

6.3　电力通信接入网

6.3.1　电力通信接入网概述

接入网是整个电信网的一部分。图 6-4 所示为传统电信网的简单示意图，其中，传输网目前已实现了数字化和光纤化，交换网也已实现了数字化和程控化，而以铜线结构为主，被称为"最后一公里"的用户接入网发展缓慢，直接影响了电信网的容量、速度和质量，成为制约全网发展的瓶颈。因此，接入网的数字化和宽带化受到通信业的极大关注。

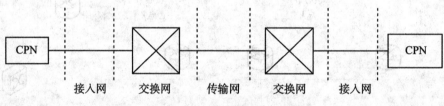

图 6-4　传统电信网简单示意图

1. 电力通信接入网的产生

早期，用户终端设备到局端交换机由用户环路（又称用户线）连接，主要由不同规格的铜线电缆组成。随着社会的发展，用户对业务的需求由单一的模拟话音业务逐步转向包括数据、图像和视频在内的多媒体综合数字业务。由于受传输损耗、带宽和噪声等的影响，这种由传统铜线组成的简单用户环路已不能适应当前网络发展和用户业务发展的需要，在这种新形势下，各种以接入综合业务为目标的新技术、新思路不断涌现，这些技术的引入增强了传统用户环路的功能，也使之变得更加复杂。用户环路逐渐失去了原来点到点的线路特征，开始表现出交叉连接、复用、传输和管理网的特征。基于电信网的这种发展演变趋势，ITU 正式提出了用户接入网（Access Network，AN）的概念，其结构、功能、接入类型和管理功能等在 G.902 中有详细描述。图 6-5 给出了目前国际上流行的电信网结构，其中用户驻地网（Customer Premises Network，CPN）指用户终端到用户网络接口（User Network Interface，UNI）之间所包含的机线设备，是属于用户自己的网络，在规模、终端数量和业务需求方面差异很大，CPN 可以大到公司、企业、大学校园，由局域网络的所有设备组成，也可以小到普通民宅，仅由一对普通话机和一对双绞线组成。核心网包含了交换网和传输网的功能，或者说包含了传输网和中继网的功能。接入网则包含了核心网和用户驻地网之间的所有设施与线路，主要完成交叉连接、复用和传输功能，一般不包括交换功能。

综上可知，接入网已经从功能和概念上代替了传统的用户环路，成为电信网的重要组

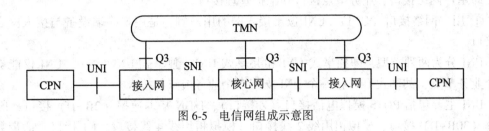

图 6-5　电信网组成示意图

成部分，其技术发展必将给整个网络的发展带来巨大影响。接入网的投资比重占整个电信
网的 50%左右，具有广阔的市场应用前景。

2. 电力通信接入网的定义与边界

1995 年 7 月，ITU-T 第 13 研究组通过的建议 G. 902 对接入网定义为：接入网是由业
务节点接口（Service Node Interface，SNI）和用户网络接口之间的一系列传送实体（如线
路设施和传输设施）组成的，为传送电信业务提供所需传送承载能力的实施系统，可由
管理接口进行配置与管理。

如图 6-6 所示，接入网所覆盖的范围可由三个接口定界，即网络侧经业务节点接口与
业务节点（Service Node，SN）相连，用户侧经用户网络接口与用户相连，管理侧经 Q3
接口与电信管理网（Telecommunication Management Network，TMN）相连，通常需经适配
再与 TMN 相连。其中 SN 是提供业务的实体，是一种可以接入各种交换型或永久链接型
电信业务的网络单元，如本地交换机、IP 路由器、租用线业务节点或特定配置情况下的
视频点播和广播业务点等，而 SNI 是 AN 与 SN 之间的接口。

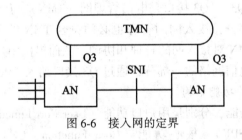

图 6-6　接入网的定界

3. 电力通信接入网的接口

接入网作为一种公共设施，其最大功能和最大特点是能够支持多种不同的业务类型，
以满足不同用户的多样化要求。根据电信网的发展趋势，接入网承载的接入业务类型主要
有本地交换业务、租用线业务、广播模拟或数字视音频业务、按需分配的数字视频和音频
业务等几种。而从另一个角度来说，接入网的业务又可分为话音、数据、图像通信和多媒
体类型。不管采用哪一种分类方法，接入网所能提供的业务类型都与用户需求、传输技术
和网络结构有着密切的关系，需要经历一个由单一的窄带普通电话业务到数据、视频等宽
带综合性业务的发展过程，其传输媒质也由单一的一对铜线发展为同轴、光纤和无线等多
种传输媒质。

将上述多种类型的业务接入核心网需要相应类型接口的支持。接入网主要有三类接

口，即用户网络接口、业务节点接口和维护管理接口。

①用户网络接口（UNI）。UNI 位于接入网的用户侧，是用户终端设备与接入网之间的接口。

UNI 分为两种类型，即独享式 UNI 和共享式 UNI。独享式 UNI 指一个 UNI 仅能支持一个业务节点，共享式 UNI 指一个 UNI 支持多个业务节点的接入。

UNI 主要包括 POTS 模拟电话接口（Z 接口）、ISDN 基本速率（2B+D）接口、ISDN 速率（30B+D）接口、模拟租用线 2 线接口、模拟租用线 4 线接口、E1 接口、话带数据接口 V. 24 及 V. 35 接口、CATV（RF）接口等。

②业务节点接口（SNI）。SNI 位于接入网的业务侧，是接入网（AN）与一个业务节点（SN）之间的接口。如果 AN-SNI 侧和 SN-SNI 侧不在同一个地方，可以通过透明通道实现远端连接。

不同的接入业务需要通过不同的 SNI 与接入网连接。为了适应接入网中的多种传输媒质，并向用户提供多种业务的接入，SNI 主要支持两种接入：仅支持一种专用接入类型、可支持多种接入类型，但所有类型支持相同的接入承载能力，可支持多种接入类型，且每种接入类型支持不同的接入承载能力。

根据不同的业务需求，需要提供相对应的业务节点接口，使其能与交换机相连。从历史发展的角度来看，SNI 是由交换机的用户接口演变来的，分为模拟接口（Z 接口）和数字接口（V 接口）两大类。Z 接口对应于 UNI 的模拟 2 线音频接口，可提供普通电话业务或模拟租用线业务。随着接入网的数字化和业务类型的综合化，Z 接口将逐渐被 V 接口所代替，为了适应接入网内的多种传输媒质和业务类型，V 接口经历了从 V1 到 V5 接口的发展，V5 接口是本地数字交换机数字用户的国际标准，能同时支持多种接入业务。

③维护管理接口（Q3）。Q3 接口是电信管理网（TMN）与电信网各部分相连的标准接口，作为电信网的一部分，接入网的管理也必须符合 TMN 的策略。接入网通过 Q3 接口与 TMN 相连来实施 TMN 对接入网的管理和协调，从而提供用户所需的接入类型及承载能力。接入网作为整个电信网络的一部分，通过 Q3 接口纳入 TMN 的管理范围之内。

4. 电力通信接入网的功能结构

接入网有 5 个基本功能，分别是用户口功能（User Port Function，UPF）、业务口功能（Service Port Function，SPF）、核心功能（Core Function，CF）、传送功能（Transport Function，TF）和 AN 系统管理功能（System Management Function，SMF），图 6-7 给出了各功能之间的相互关系。

UPF 是将特定的 UNI 要求与核心功能和管理功能相匹配。SPF 是将特定 SNI 规约的要求与公用承载通路相适配，以便核心功能处理，同时负责选择收集有关信息，以便系统管理功能处理。CF 处于 UPF 和 SPF 之间，其主要作用是将个别用户口通路承载要求或业务口承载通路要求与公共承载通路适配，还负责对协议承载通路的处理。TF 的主要作用是为接入网中不同地点之间公用承载通路的传送提供通道，同时也为所用传输媒质提供适配功能。接入网系统管理功能对其他 4 个功能进行管理，如配置、运行、维护等，同时也负责协调用户终端（通过 UNI）和业务点（通过 SNI）的操作功能。

5. 电力通信接入网的特点

由于电信网中的位置和功能不同，接入网与核心网有着非常明显的差别。接入网主要

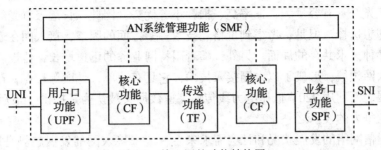

图 6-7 接入网的功能结构图

有以下特点：

① 具备复用、交叉连接和传输功能，一般不含交换功能。接入网主要完成复用、交叉连接和传输功能，一般不具备交换功能，提供开放的 V5 标准接口，可实现与任何种类的交换设备的连接。

② 接入业务种类多，业务量密度低。接入网的业务需求种类繁多，除了接入交换业务外，还可接入数据业务、视频业务以及租用业务等，但是与核心网相比，其业务量密度很低，经济效益差。

③ 网径大小不一，成本与用户有关。接入网只是负责在本地交换机和用户驻地网之间建立连接，但是由于覆盖的各用户所在位置不同，造成接入网的网径大小不一，例如市区的住宅用户可能只需 1~2km 长的接入线，而偏远地区的用户可能需要十几千米的接入线，成本相差很大。而对核心网来说，每个用户需要分担的成本十分接近。

④ 线路施工难度大，设备运行环境恶劣。接入网的网络结构与用户所处的实际地形有关，一般线路沿街道铺设，铺设时经常需要在街道上挖掘管道，施工难度较大，另外接入网的设备通常放置于室外，要经受自然环境和人为的破坏，这对设备提出了更高的要求。

⑤ 网络拓扑结构多样，组网能力强大。接入网的网络拓扑结构具有总线型、环型、星型、链型、树型等多种形式，可以根据实际情况进行灵活多样的组网配置。其中，环型结构可带分支，并具有自愈功能，优点较为突出。在具体应用时，应根据实际情况有针对性地选择网络拓扑结构。

6. 电力通信接入网的技术分类

接入网研究的重点是围绕用户对话音、数据和视频等多媒体业务需求的不断增长，提供具有经济优势和技术优势的接入技术，满足用户需求。就目前的技术研究现状而言，接入网主要分为有线接入网和无线接入网。有线接入网包括铜线接入网、光纤接入网和混合光纤同轴电缆接入网；无线接入网包括固定无线接入网和移动接入网。此外，接入网还有以太网接入、卫星 Internet 接入及新兴的电力线接入。各种方式的具体实现技术多种多样，特色各异。有线接入主要采取如下措施：一是在原有铜质导线的基础上通过采用先进的数字信号处理技术来提高双绞铜线对的传输容量，提供多种业务的接入；二是以光纤为主，实现光纤到路边、光纤到大楼和光纤到家庭等多种形式的接入；三是在原有 CATV 的基础上，以光纤为主干传输，经同轴电缆分配给用户的光纤/同轴混合接入。无线接入技术主要采取固定接入和移动接入两种形式。另外，有线和无线结合的综合接入技术也在研究之列。由于光纤具有容量大、速率高、损耗小等优势，因此从长远来看光纤到户应该是接入网的最理想选择。但是，考虑到价格、技术等多方面的因素，接入网在未来很长时间内还将维持多种技术共存的局面。另外，随着因特网业务的迅速增长，传送以太网技术逐渐渗透到接入网领域，形成了以太网接入技术，它具有简单、低廉等特点，在近期内将会得到迅速发展。而利用 220V 低压电力线传输高速数据又被认为是提供"最后一公里"解决方案最具竞争力的技术之一。

从目前通信网络的发展状况和社会需求来看，未来接入网的发展趋势是网络数字化、业务综合化和 IP 化，在此基础上，实现对网络的资源共享、灵活配置和统一管理。

6.3.2 铜线接入技术

1. 铜线接入技术概述

普通用户线由双绞铜线对构成，是为传送 300~3400Hz 的话音模拟信号设计的，目前采用 V.90 标准的话带调制器，它的上行速率是 33.6Kb/s，下行速率是 56Kb/s，这几乎接近了香浓定理所规定的电话线信道（话带）的理论容量，而这种速率远远不能满足宽带多媒体信息的传输需求。

由于 V 系列调制解调器占用的频带十分有限，只有 3400Hz，因此传输速率进一步提高的潜力不大。为适应对因特网接入的需求，要进一步提高传输速率，必须充分利用双绞铜线的频带，于是各种数字用户线（Digital Subscriber Line，DSL）技术应运而生。最先出现的是窄带综合业务数字网（Narrowband Integrated Services Digital Network，N-ISDN），它使用 2B1Q 的线路码，在一对双绞线上双工传送 160Kb/s 的码流，占用 80kHz 的频带，传输距离达 6km，如果使用更新、功能更强大的数字信号处理（Digital Signal Processing，DSP）技术，传输距离还可进一步增加。在美国，N-ISDN 的应用并不广泛，因此有些人认为 N-ISDN 在美国是失败的。但在欧洲某些国家，如德国，N-ISDN 是相当成功的。我国的部分地区也已经开通了 N-ISDN 的服务。

为了适应新的形势和需要，出现了多种其他铜线宽带接入技术，即充分利用原有的铜线（电话用户线）这部分宝贵资源，采用各种高速调制和编码技术，实现宽带接入。这类铜线接入主要是 xDSL 技术，是数字用户线 DSL 技术基于普通电话线的宽带接入技术，它在同一铜线上分别传送数据和语音信号，数据信号并不通过电话交换机设备，减轻了电话交换机的负载；并且不需要拨号，一直在线，属于专线上网方式，这意味着使用 DSL 上网不需缴付另外的电话费。xDSL 中的"x"代表了各种数字用户线技术，包括 HDSL、ADSL、VDSL 等。DSL 技术主要用于 ISDN 的基本速率业务，在一对双绞线上获得全双工传输，因而它是最现实、最经济的宽带技术。

2. 速率数字用户线技术

速率数字用户线（High-data-rate Digital Subscriber Line，HDSL）技术是一种上下行速率相同的 DSL，它在两对铜双绞线上的两个方面上均匀传送 1.544Mb/s 带宽的数据，若是使用三条双绞线时速度还可以提升到 E1（2.048Mb/s）的传输速率。HDSL 采用了高效的自适应线路均衡器和全双工回波抵消器，传输距离可达 3~5km。HDSL 的性能远好于传统的 T1、E1 载波设备，不需要中继，安装简单，维护方便。因此，在美国已不再安装老式的 T1 载波设备，而是全部代以 HDSL。HDSL 还可作为连接蜂窝电话基站和交换机的链路，以及用于线对增容，传输多路话音。

HDSL 采用的编码类型为 2B1Q 码或 CAP 码，可以利用现有用户电话线缆中的两对来提供全双工的 T1/E1 信号传输，对于普通 0.4~0.6mm 线径的用户线路来讲，传输距离可达 3~6km，如果线径更粗些，则传输距离可接近 10km。

美国国家标准协会（ANSI）制定的 T1E1.4/94-006 以及欧洲电信标准协会（ETSI）提出的 DTR/DM-0.3036 定义了 HDSL 的电气及物理特性、帧结构、传输方式及通信规程等标准。由于采用回波抑制自适应均衡技术，增强了抗干扰能力，克服了码间干扰，可实现较长距离的无中继传输。HDSL 系统分别置于交换局端和用户端，系统由收发器、复用与映射部分以及 E1 接口电路组成。收发器包括发送与接收两部分，是 HDSL 系统的核心。发送部分将输入的 HDSL 单路码流通过线路编码转换，再经过 D/A 变换以及波形形成与处理，由发送放大器放大后送到外线。接收部分采用回波抵消器，将泄漏的部分发送信号与阻抗失配的反射信号进行回波抵消，再经均衡处理后恢复原始数据信号，通过线路解码变换为 HDSL 码流，然后送到复用与映射部分处理。其中，回波抵消器和均衡器作为系统自适应调整并跟踪外线特性变化，动态调整系统参数，以便优化系统传输性能。

HDSL/SDSL 技术广泛应用于 TDM 电信网络的接入上，也用于企业宽带上网应用中。其优点是双向对称，速率比较高。

3. 非对称数字用户线技术

非对称数字用户线（Asymmetric Digital Subscriber Line，ADSL）是一种非对称的宽带接入技术，即用户线的上行速率和下行速率不同，根据用户使用多种多媒体业务的特点，上行速率较低，下行速率则比较高，特别适合检索型网络业务。ADSL 典型的上行速率为 16~640Kb/s，下行速率为 1.544~8.192Mbit/s，传输距离为 3~6km。ADSL 带宽接入可以和普通电话业务共享同一条用户线。在实际应用中，ADSL 有选线率的问题，一般的选择率在 10% 左右。另外，ADSL 的速率随着线路长度的增加而减少。由于存在各种限制因素，因此，ADSL 的实际业务速率在下行 512Kb/s~1Mb/s，上行约 64Kb/s。

ADSL 的核心技术实际上就是编码技术，目前我国使用的是基于离散多音（Discrete Multi-Tone，DMT）的复用编码技术。此外，常用的还有抑制载波幅度/相位（Carrierless Amplitude/Phase，CAP）编码方式。相比较而言，DMT 技术具有很强的抗干扰能力，而且对线路依赖性小。DMT 将整个传输频带以 4kHz 为单位分为 25 个上行子通道和 249 个下行子通道。ADSL 中使用了调制技术，即采用频分多路复用（Frequency Division Multiplexing，FDM）技术或回波抵消技术实现有效带宽的分隔，从而产生多路信道，而回波抵消技术还可以使上行频带与下行频带叠加，使频带得到复用，因此使带宽得以增加。此外，DMT 还可根据探测到的信噪比自动调整各个子通道的速率，使总体传输速度接近给定条件下的最高速度。

传统的电话系统使用的是铜线的低频（4kHz 以下频段）部分。而 ADSL 采用 DMT 技术，将原先电话线路 0Hz 到 1.1MHz 频段划分成 256 个频宽为 4.3kHz 的子频带。其中，4kHz 以下频段仍用于传送模拟电话业务（Plain Old Telephone Service，POTS），20kHz 到 138kHz 的频段用来传送上行信号，138kHz 到 1.1MHz 的频段用来传送下行信号。DMT 技术可根据线路的情况调整在每个信道上所调制的比特数，以便更充分地利用线路。一般来说，子信道的信噪比越大，在该信道上调制的比特数越多。如果某个子信道的信噪比很差，则弃之不用。因此，对于原先的电话信号而言，仍使用原先的频带，而基于 ADSL 的业务，使用的是话音以外的频带。所以，原先的电话业务不受任何影响。

国内目前主流的宽带接入方式，即 ADSL 接入服务有较高的性能价格比，可以在现有的线路上提供高速 Internet 接入等应用，具有一定的发展潜力。

4. 甚高速数字用户环路技术

高速数字用户环路（Very-high-bit-rate Digital Subscriber Line，VDSL）是 ADSL 的快速版本。使用 VDSL，短距离内的最大下传速率可达 55Mb/s，上传速率可达 19.2Mb/s，甚至更高。VDSL 速率大小通常取决于传输线的长度，最大下行速率目前考虑为 51 ~ 55Mb/s，长度不超过 300m，13Mb/s 以下的速率可传输距离为 1.5 公里以上。VDSL 技术是 DSL 技术中速率最快的一种，在一对铜质双绞电话线上，下行数据的速率为 13 ~ 52 Mb/s，上行数据的速率为 1.6~2.3Mb/s，但是 VDSL 的传输距离只在几百米以内，VDSL 可以成为光纤到家庭的具有高性价比的替代方案，虽然线路速率较 ADSL 高许多，但是线路长度较短，且应用环境较单纯，不像 ADSL 那样面对复杂的应用环境，因此实现起来较 ADSL 要简单一些，成本也相应会低一些。由于 VDSL 覆盖的范围比较广，能够覆盖足够的初始用户，初始投资少，便于设备集中管理，也便于系统扩展，因此，使用 VDSL 技术的解决方案是适合中国实际情况的宽带接入解决方案。高速铜线/缆接入是研究的一个热点，它以其优良的性能/价格比获得广泛的应用。

6.3.3　光纤接入网

1. 光纤接入网概述

尽管人们采取了多种改进措施来提高双绞铜线对的传输能力，最大限度保护现有投资，但是由于铜线本身存在频带窄、损耗大、维护费用高等固有缺陷，因此从长远角度看，各种铜线接入技术只是接入网发展过程中的过渡措施。而光纤具有频带宽、容量大、损耗小、不易受电磁干扰等突出优点，成为骨干网的主要传输手段。随着技术的发展和光缆、光器件成本的下降，光纤技术将逐步得到更加广泛的应用。

光传送网（OTN）、光纤接入网（Optical Access Network，OAN）是以光纤作为主要传输媒质，实现接入网功能的技术。光纤容量大、速率高、损耗小，因此 OAN 具有带宽宽、传输质量好、不需要中继器、市场看好等优点。OAN 包括光线路终端、光配线网、光网络单元和适配模块等。

接入网光纤化有很多方案，有光纤到路边、光纤到小区、光纤到办公楼、光纤到楼面、光纤到家庭等。采用光纤接入网是光纤通信发展的必然趋势，尽管目前各国发展光纤接入网的步伐各不相同，但光纤到家庭是公认的接入网发展目标。现阶段大规模实现 FTTH 还不经济，主要是实现 FTTB/FTTC，目前可采用的传送技术手段以有源光纤接入（如 PDH、ATM、SDH、GE/FE 等）为主。但当无源光纤接入开始得到应用时，其必将成为 FTTH 的一种最经济有效的技术手段。

2. 有源与无源光网络接入技术

光纤接入网可以粗分为有源光网络（Active Optical Network，AON）和无源光网络（Passive Optical Network，PON）两类，前者采用电复用器分路，后者采用光分路器分路。

（1）有源光网络（AON）

有源光网络（AON）使用有源电复用设备代替无源光分路器，可延长传输距离，扩大光网络单元的数量。在 AON 中 SDH 技术应用较为普遍，在接入网中应用 SDH 技术，可以将 SDH 技术在核心网中的巨大带宽优势带入接入网领域，充分利用 SDH 在灵活性、可靠性以及网络运行、管理和维护方面的独特优势。但干线使用的机架式大容量 SDH 设备不是为接入网设计的，接入网中需要的 SDH 设备应是小型、低成本、易于安装和维护的，因此应采取一些简化措施，降低系统成本，提高传输效率。而且，光接入网的发展需要 SDH 的功能和接口尽可能靠近低带宽用户，使得低带宽用户能够以低于 STM-1 的 Sub-STM-1 或 STM-0 子速率接入，这就需要开发新的低速率接口。有源接入依然是目前光纤接入的主要手段。然而，这种技术作为有源设备仍然无法完全摆脱电磁干扰和雷电影响，以及有源设备固有的维护问题。尽管它在中近期会有所发展，但不是接入网的长远解决方案。

（2）无源光网络（PON）

无源光网络（PON）是一种很有吸引力的纯介质网络，其主要特点是避免了有源设备的电磁干扰和雷电影响，减少了线路和外部设备的故障率，提高了系统可靠性，同时节省了维护成本。PON 由于简洁、廉价、可靠的网络拓扑结构，被普遍认为是宽带接入网的最终解决方案。

PON 技术是最新发展的点到多点的光纤接入技术。无源光网络由光线路终端、光网络单元和光分配网络组成。一般其下行采用时分复用（Time Division Multiplexing，TDM）广播方式，上行采用时分多址接入（Time Division Multiple Access，TDMA）方式，而且可以灵活地组成树型、星型、总线型等拓扑结构（典型结构为树型）。PON 的本质特征就是光分配网络，全部由无源光器件组成，不包含任何有源电子器件，这样避免了外部设备的电磁干扰和雷电影响，减少了线路和外部设备的故障率，简化了供电配置和网管复杂度，提高了系统可靠性，同时节省了维护成本。与有源光接入技术相比，PON 由于消除了局端与用户端之间的有源设备，从而使维护简单、可靠性高、成本低，而且能节约光纤资源。目前 PON 技术主要有 APON（基于 ATM 的 PON）、EPON（基于以太网的 PON）和 GPON（Giga-bit PON）等几种，其主要差异在于采用了不同的二层技术。

APON 是基于 ATM 的无源光网络，即在 PON 上实现基于 ATM 信元的传输，可用于宽带综合业务接入。EPON 是无源光网络实现的以太网接入，它是在吉比特以太网大量涌现，10G 以太网渐成为主流的情况下，由 Alloptic 公司提出的。

APON 兼有 ATM 和 PON 的特点，与传统窄带 PON 相比，具有很好的性价比；它以光纤为共享媒质，无有源器件，组网方式为树型，是点到多点的无源光分配网；作为纯介质网络，具有波长透明性；由于基于 ATM 的集中和统计复用技术，可服务于更多的用户；APON 还具有 ATM 的高速分组技术和 QoS 管理，有成熟的技术保证，能很好地与 ATM 主干段互通；APON 的标准化程度很高，使大规模生产和降低成本成为可能。但 APON 对视频传输带宽有限，标准不适合本地环。APON 作为分布式 ATM 接入复用器，可用于商用写字楼；作为综合业务接入网系统，可用于信息化小区；作为传输平台，可用于基站与中心站/基站集中器互联；作为数字回传平台，可实现 HFC 渗透。

EPON 上行为用户共享 10Gb/s 信道，下行可广播到各个数字网络单元。通道层用以太网来承载。EPON 兼有以太网和 PON 的特点，容量较大，可提供各种宽带网络接口；传输距离可达 20km；成本低、带宽高；与现有的以太网 802.3 完全兼容。但由于以太网的时延较大，EPON 还需解决语音时延的问题。目前 EPON 技术还不够成熟，重要的是实现 QoS 时，价格优势将丧失。

6.3.4　无线接入网

1. 无线接入网概念

无线接入是指从交换节点到用户终端部分或全部采用无线手段接入技术。无线接入系统具有建网费用低、扩容可以按照需要确定、运行成本低等优点，可以作为发达地区有线网的补充，能迅速及时替代有故障的有线系统或提供短期临时业务，广泛用来替换有线用户环路，节省时间和投资。因此，无线接入技术已在通信界备受关注。

2. 无线接入网分类

根据终端入网方式，无线接入技术可以分为移动接入和固定接入两大类。

（1）移动无线接入

移动无线接入网包括蜂窝区移动电话、无线寻呼网、无绳电话网、集群电话网、卫星全球移动通信网，直至个人通信网等，是当今通信行业最活跃的领域之一。其中移动无线接入又可分为高速和低速两种。高速移动接入一般包括蜂窝系统、卫星移动通信系统、集群系统等。低速移动通信系统一般为 PCN（个人通信）的微小区和毫微小区，如 CDMA 的本地环 WLL、PACS、PHS 等。

（2）固定无线接入

固定无线接入是指从交换节点到固定用户终端采用无线接入，实际上是 PSTN/ISDN 网的无线延伸，其目标是为用户提供透明的 PSTN/ISDN 业务。固定无线接入系统的终端不含或仅含有限的移动性，固定无线接入系统以提供窄带业务为主，基本上是电话业务，接入方式有微波一点多址、蜂窝区移动接入的固定应用、无线用户环路及卫星 VSAT 网等。无线用户环路目前正逐渐从模拟系统向数字系统发展。

主要的固定无线接入技术有三类，即已经投入使用的多路多点分配业务（Multichannel Multipoint Distribution Service，MMDS）、直播卫星系统（Direct Broadcast Satellite System，DBS）以及正在做现场试验的本地多点分配业务（Local Multipoint Distribution Service，LMDS）。前两者已为人熟知，而 LMDS 则是刚刚兴起，近来才逐渐成为热点的新兴宽带无线接入技术。

总的来看，宽带固定无线接入技术代表了宽带接入技术的一种新的不可忽视的发展趋势，不仅开通快、维护简单、用户较密时成本低，而且改变了本地电信业务的传统观念，最适于新的本地网竞争者与传统电信公司及有线电视公司展开有效竞争，也可以作为电信公司有线接入的重要补充而得到发展。

无线接入技术按照接入网的数据传输速率的大小又可以分为窄带、准宽带和宽带三类。

窄带无线接入主要用来提供语音业务，解决部分地区不能通过有线手段提供语音通信的问题，同时满足部分用户的移动语音需求，是有线接入的有效补充。宽带无线接入主要用来提供综合的语音和数据业务，以满足用户对宽带数据业务日益增长的需求。窄带和宽带是个相对概念，一般 2Mb/s 以上属于宽带。

信息通信从窄带向宽带、从有线向无线转变乃大势所趋。话音业务与数据业务的融合，注定会使未来的移动网与固定网相融合。因此，我们有理由相信，固定宽带无线接入与移动宽带无线接入未来在技术上、业务上也会不断融合、统一，成为一个广阔的无线通信网。

3. 宽带无线接入技术

近年来，随着电信市场的开放和通信与信息产业技术的快速发展，各种高速率的宽带接入不断涌现，而宽带无线接入系统凭借其建设速度快、运营成本低、投资成本回收快等特点，受到了电信运营商的青睐。

目前宽带无线接入技术的发展极为迅速：各种微波、无线通信领域的先进手段和方法不断引入，各种宽带固定无线接入技术迅速涌现，包括本地多点分配业务（LMDS）宽带无线接入系统、无线局域网（WLAN）、全球微波互联接入（WIMAX）等。

①本地多点分配业务（LMDS）。LMDS 是一种宽带固定无线接入系统，其中文名称为本地多点分配业务系统或区域多点传输服务。第一代 LMDS 设备为模拟系统，没有统一的标准。目前通常所说的 LMDS 为第二代数字系统，主要使用异步传输模式（ATM）传送协议，具有标准化的网络侧接口和网管协议。LMDS 具有很宽的带宽和双向数据传输的特点，可提供多种宽带交互式数据及多媒体业务，能满足用户对高速数据和图像通信日益增长的需求，因此 LMDS 是解决通信网无线接入问题的锐利武器。

LMDS 是一种微波宽带系统，它工作在微波频率的高端（频段为 20~40GHz），组网灵活方便，使用成本低，是一种非常有前途的宽带固定无线接入新技术。从理论上讲，LMDS 在上行和下行链路上的传输容量是一样的，因此能方便地提供各种交互式应用，如会议电视、VOD、住宅用户互联网高速接入等。LMDS 也可以支持所有主要的语音和数据传输标准，如 ATM、MPEG-2 等标准。LMDS 由一系列蜂窝状的无线发射枢纽组成，每个蜂窝由点对多点的基站和用户站构成。

但 LMDS 也有不足之处。如毫米波只能工作于视距范围，传输距离一般在 5km 之内；毫米波通信质量受降水和树叶衰减影响较大，这主要通过增大发射功率、提高天线高度来补偿。

②无线局域网（WLAN）与无线高保真（WiFi）。在有线接入系统中，局域网占据了非常重要的地位，它提供了计算机接入因特网的方式，并获得了广泛的应用。WLAN（Wireless Local Area Network）是针对无线环境开发的接入技术，目前得到了广泛的运用。WLAN 是一种利用射频技术进行数据传输的系统，该技术的出现可有效弥补有线局域网络之不足，使用户利用简单的架构，实现无网线、无距离限制的通畅网络访问。

WLAN 使用 ISM（Industrial、Scientific、Medical）无线电广播频段通信。目前 WLAN 所包含的协议标准有：IEEE802.11b、IEEE802.11a、IEEE802.11g、IEEE802.11n、IEEE802.11i、IEEE802.11e/f/h。WLAN 的 IEEE802.11a 标准使用 5GHz 频段，支持的最大速度为 54Mb/s，而 IEEE802.11b 和 IEEE802.11n 计划将传输速率增加至 108Mb/s 以上，且向下兼容。工作于 2.4GHz 频带不需要执照，该频带属于工业、教育、医疗等专用频段，是公开的；工作于 5.15~8.825GHz 频带需要执照。

WiFi（Wireless Fidelity）技术是一个基于 IEEE802.11 系列标准的无线网络通信技术

的品牌，目的是改善基于 IEEE802.11 标准的无线网络产品之间的互通，由 WiFi 联盟（WiFi Alliance）所持有。WiFi 是专为 WLAN 接入设计的，狭义的 WiFi 专指 IEEE802.11b，目前使用的通信标准为多个，如 IEEE802.11b、IEEE802.11a、IEEE802.11g 等。WiFi 是 WLAN 的一个标准，WiFi 包含于 WLAN 中，属于采用 WLAN 协议的一项新技术。

③ 全球微波互联接入（Worldwide Interoperability for Microwave Access，WIMAX）技术是一种新兴的宽带无线接入技术。WIMAX 是基于 IEEE802.16 标准的宽带无线接入技术，它是一项无线城域网技术，能提供面向互联网的高速连接，数据传输距离最远可达 50km。

WIMAX 网络参考架构可以分成终端、接入网和核心网 3 个部分。WIMAX 终端包括固定、漫游和移动 3 种类型终端；WIMAX 接入网主要为无线基站，支持无线资源管理等功能；WIMAX 核心网主要是解决用户认证、漫游等功能及 WIMAX 与其他网络之间的接口关系。

WIMAX 是针对微波和毫米波频段提出的一种新的空中接口标准。它可作为线缆和 DSL 的无线扩展技术，从而实现无线宽带接入。WIMAX 采用波束赋形、多入多出（MIMO）、OFDM/OFDMA 等超 3G 的先进技术来改善非视距性能，更高的系统增益也提供了更强的远距离穿透阻挡物的能力。WIMAX 技术的优势在于集成了 WiFi 无线接入技术的移动性与灵活性，以及 DSL 和电缆调制解调器等基于线缆的传统宽带接入的高带宽特性和相对理想的服务质量。WIMAX 作为"最后一公里"宽带无线接入技术，由于它包含了接入技术的移动性与灵活性、业务网络组建的便捷性等特点，因而具有极强的市场吸引力。

4. 近距离无线接入技术

（1）蓝牙（Blue Tooth，BT）技术

蓝牙是一种支持设备短距离（一般是 10m 之内）通信的无线连接技术，能在包括移动电话、PDA、无线耳机、笔记本电脑、相关外设等众多设备之间进行无线信息交换，用于提供一个低成本的短距离无线连接解决方案。家庭信息网络由于距离短，蓝牙技术完全可以胜任。蓝牙采用 2.4GHz 的 ISM 频段，可免受各国频率分配不统一的影响；采用 FM 调制方式，降低了设备成本；采用快速跳频、前向纠错（FEC）和短分组技术，可减少同频干扰和随机噪声，使无线通信质量有所提高。蓝牙的传输速率为 1Mb/s，正常情况下最大传输距离约为 10m，加大功率后可达 100m，蓝牙的标准是 IEEE802.15。

蓝牙系统由无线射频单元、连接控制单元、链路管理器和软件组成，每个功能描述如下。

① 无线射频单元。蓝牙微波收发信机是一个微波扩频通信系统，无线发射功率衰减系数按 0dB/m 设计，符合前向纠错 ISM 波段，扩频技术使发射功率增加到 100mW，最大跳频速率为 1600 跳/秒，在 2.480GHz 之间采用 79 个 1MHz 带宽的频点，通信距离为 10cm~10m，增加发射功率则可达 100m。

② 连接控制单元。含基带数字信号处理硬件并完成基带协议和其他底层链路规程，包括建立物理链路，在主从设备间建立两种物理连接，即面向连接的同步链路（用于同步话间传输）和无连接的异步链路（用于分组数据传输）；确认分组类型；产生时钟信号和随机跳频序列，完成跳频同步和定时；信道控制和模式设置，建立连接；执行分组的发

送和接收；差错校验和验证、加密。

③ 链路管理器。链路管理软件实现链路的建立、验证、链路配置及其协议，链路管理层通过链路控制器提供的服务实现上述功能。服务包括：发送和接收数据、设备号请求、链路地址查询、建立连接、验证、协商并建立连接方式、确定分组类型、设置监听方式、保持方式和休眠方式等。

④ 软件。蓝牙系统的软件完成的功能包括配置及诊断、蓝牙设备的发现、电缆仿真、与外围设备的通信、音频通信及呼叫控制、交换名片电话号码等。

协议栈是蓝牙技术的核心组成部分，它能使设备之间互相定位并建立连接，通过这个连接，设备间能通过各种各样的程序进行交互和数据交换。

蓝牙技术的应用范围相当广泛，可以广泛应用于局域网络中各类数据及语音设备，如PC、拨号网络、笔记本电脑、打印机、传真机、数码相机、移动电话和高品质耳机等。应用蓝牙技术的典型环境有无线办公环境、汽车工业、信息家电、医疗设备以及学校教育和工厂自动控制等。蓝牙技术作为一个开放的无线应用标准，能通过无线连接方式将一定范围内的固定或移动设备连接起来，使人们能够更方便更快速地进行语音和数据的交换，这无疑将会成为未来无线通信领域一个重要的研究方向。

（2）ZigBee 技术

ZigBee 是一种新兴的短距离、低复杂度、低功耗、低数据速率、低成本的无线网络技术，主要用于近距离无线连接。它基于 IEEE802.15.4 标准，在数千个微小的传感器之间相互协调实现通信。IEEE 802.15.4 强调的就是省电、简单、成本低的规格。IEEE 802.15.4 的物理层（Physical Layer）采用直接序列展频（Direct Sequence Spread Spectrum，DSSS）技术，再经由编码方式传送信号，避免干扰。在媒体存取控制（Media Access Control，MAC）层方面，主要是沿用 IEEE 802.11 系列标准的 CSMA/CA 方式，以提高系统兼容性。所谓的 CSMA/CA 是在传输之前，会先检查信道是否有数据传输，若信道无数据传输，则开始进行数据传输动作，若产生碰撞，则稍后重新再传。可使用的频段有三个，分别是 2.4GHz 的 ISM 频段、欧洲的 868MHz 频段以及美国的 915MHz 频段，而可使用的信道分别是 16 个、1 个和 10 个。

ZigBee 的特点包括：数据传输速率低：10~250Kb/s，专注于低传输应用；功耗低：在低功耗待机模式下，两节普通 5 号电池可使用 6~24 个月；成本低：ZigBee 数据传输速率低，协议简单，所以大大降低了成本；网络容量大：网络可容纳 65 000 个设备；时延短：典型搜索设备时延为 30ms，休眠激活时延为 15ms，活动设备信道接入时延为 15ms；安全：ZigBee 提供了数据完整性检查和鉴定功能，采用 AES-128 加密算法（美国新加密算法，是目前最好的文本加密算法之一），各个应用可灵活确定其安全属性；有效范围小：有效覆盖范围 10~75m，具体依据实际发射功率大小和各种不同的应用模式而定；工作频段灵活：使用频段为 2.4GHz、868MHz（欧洲）和 915MHz（美国），均为免执照（免费）的频段。

ZigBee 用于工业控制、消费性电子设备、智能用电、楼宇自动化、医用设备控制等，其适合传输的数据包括：周期性数据：如家庭中水、电、气三表数据的传输，烟雾传感器；间断性数据：如电灯、家用电器的控制等数据的传输；反复性的低反应时间的数据：如鼠标、操作杆传输的数据。ZigBee 不适合图像和视频等流媒体业务。

　　中国在物联网领域的发展已经进入高速时代，ZigBee 成为物联网领域的核心技术之一，已经被广泛应用。ZigBee 可以作为物联网网络层的一环，是一种近距离无线组网技术，将现有的 ZigBee 模块应用于传感器，可以实现传感器件间的协调通信。ZigBee 联盟制定的 ZigBee 标准是世界公认的物联网无线传感器网络技术中的权威标准，在此标准上形成了一整套的物联网关键性技术。

　　(3) 射频识别 (Radio Frequency Identification, RFID) 技术

　　现代物流业的发展，对识别技术提出了更高的要求。传统的磁卡、IC 识别技术已不能满足人们的需求。RFID 技术是非接触式自动识别技术，它利用射频方式进行非接触式双向通信交换数据以达到识别目的。它通过射频信号自动识别目标对象并获取相关数据，识别工作无需人工干预，可工作于各种恶劣环境。RFID 技术可识别高速运动物体并可同时识别多个标签，操作快捷方便。RFID 是一种利用无线电射频信号进行物体识别的新兴技术，可应用于防盗、门禁、仓储管理等方面，尤其在物流系统中，RFID 可以加快供应链的运转，提高物流的效率。

　　RFID 技术应用系统由四部分组成：

　　① RFID 电子标签。RFID 电子标签能够储存有关物体的数据信息。在自动识别管理系统中，每个 RFID 标签中保存着一个物体的属性、状态、编号等信息。标签通常安装在物体表面。

　　② 读写器。用于识读及写入标签数据，其主要功能是：查阅 RFID 电子标签中当前储存的数据信息；向空白 RFID 电子标签中写入欲存储的数据信息；修改 RFID 电子标签中的数据信息；与后台管理计算机进行信息交互。

　　③ 发送接收信号的天线。天线是标签与阅读器之间传输数据的发射、接收装置。

　　④ 通信网络系统。包括数据库服务器和其他信息系统。数据库服务器负责处理读写器传送过来的信息，并进行信息处理。其他信息系统根据需要向读写器发送指令、对标签进行相应操作。

　　射频识别系统能支持多种不同的频率，但应用最广泛的主要有四种：低频频段 (大约在 125kHz)、高频频段 (大约在 13.56MHz)、超高频频段 (860～960MHz)、微波频段 (2.4GHz 或 5.8GHz)。在不同的国家各个频段具体的使用频率有所不同。

　　目前国际上与 RFID 相关的通信标准主要有：ISO/IEC 标准、ISO11785 标准、EPC 标准、DSRC 标准等。

　　RFID 作为物联网中最为重要的核心技术，对物联网的发展起着至为重要的作用，也会随着物联网产业发展有更大的发展空间。RFID 技术也存在一些问题，如隐私权、如何由条形码向电子标签过渡、安全性、标签成本过高、国际标准的制定等，这些问题都在一定程度上阻碍了 RFID 的发展。只有解决了这些问题，RFID 技术才能更好地推广和发展。

6.3.5　电力通信接入网技术对比

　　被称为"最后一公里"的用户接入网发展缓慢，直接影响了电力通信网的容量、速度和质量，成为制约全网发展的瓶颈。网络数字化、业务综合化和 IP 化是未来接入网的发展趋势。

　　就通信接入网而言，接入网主要有铜线接入网、光纤接入网、无线接入网等几种主流

技术。下面从承载业务及建设成本对其进行分析。

① 铜线接入技术，即 xDSL 技术。它是目前最成熟的接入网技术，组网灵活，充分利用原有铜线，成本低廉，技术难度低，应用广泛。但是，由于铜线本身存在频带窄、损耗大、维护费用高等固有缺陷，铜线接入技术只是接入网技术发展过程中的临时性过渡技术。

② 光纤接入技术。光纤具有频带宽、容量大、损耗小、不易受电磁干扰等优点，随着光器件成本的下降，光纤技术得到了广泛的应用。有源光网络接入技术没有完全摆脱电磁干扰和雷电的影响以及有源设备固有的维护问题，不是接入网的长远解决方案。无源光网络接入技术避免了有源设备的电磁干扰和雷电的影响，减少了线路和外部设备的故障率，提高了系统的可靠性，同时节省了维护成本，被普遍认为是宽带接入技术的最终解决方案。APON 具有 ATM 和 PON 的特点，传输速率高，传输距离远，技术成熟，性价比高，但是对非 ATM 业务支持不好。其市场前景由于 ATM 在全球范围的受挫而不理想。EPON 综合了 PON 技术和以太网技术的优点，容量大，成本低，频带宽，可扩展性强，与现有以太网兼容，管理方便等。但是目前 EPON 技术还不够成熟，技术难度较大，实现QoS 时，其价格优势将会丧失。

③ 无线接入技术。无线接入技术具有建网费用低、扩容可以按照需要确定、运行成本低等优点，可以作为发达地区有线网的补充，能够在紧急情况下迅速提供短期临时业务，在发展中地区和边远地区可广泛用来替换有线环路，节省时间和投资。LMDS 具有频带宽、容量大、传输速率快等优点，缺点是通信质量受天气及地理环境等影响较大。WiFi弥补了有限局域网的不足，使用户实现无网线的网络访问，传输速度快。WIMAX 有很好的移动性和灵活性、业务网络组建的便捷性等特点，具有极强的市场吸引力。蓝牙主要用于设备之间的无线信息交换，能够提供低成本的短距离无线解决方案。ZigBee 具有功耗低、成本低、网络容量大、时延短、安全、工作频段灵活等优点，主要用于工业控制、消费电子设备、智能用电等，不适合图像和视频等流媒体业务。RFID 技术可以非接触自动识别，无需人工控制，可工作于恶劣环境，主要用于门禁、仓储管理等方面。

6.3.6 电力通信接入网技术应用实例

下面以 EPON 技术在某市配电通信系统中的应用为例，介绍接入网通信技术在电力系统的实际应用。

该配电自动化试点工程涉及 3 个 110 kV 变电站，30 余条 10 kV 出线。区域内 10 kV公用架空线路主要采用多分段单联络接线方式和多分段多联络接线方式，也存在部分单辐射线路。架空单辐射线路主要集中在站点资源有限、负荷密度较低和供电可靠性要求较低的区域。架空多分段单联络和多分段多联络线路主要集中在负荷密度较高、供电可靠性要求较高的区域。

1. 引入 EPON 的目的

配电通信网分为骨干层即配电主站与配电子站之间的通信网络和接入层即配电主站至远方终端的通信网络。目前该市在骨干层已经采用基于同步数字体系（Synchronous Digital Hierarchy，SDH）的光纤通信技术，几乎覆盖 35kV 及以上变电站，而接入层包括 300 多个配电监控终端，这些终端分别位于环网柜、配电箱、变台等室内外环境中，从配电主站到配电监控终端缺乏优良通信手段，是现阶段配电自动化重点建设的范围。

配电自动化系统具有信息量大、在线分析与离线管理、应用分析与终端设备紧密结合等特点，对通信系统提出了一系列适应配电自动化特点的要求，必须要满足可靠性高、安全性高、适用性强、业务能力强等要求。

以太网无源光网络（Ethernet Passive Optical Network，EPON）是一种采用点到多点（P2MP）结构的单纤双向光接入网络。EPON 系统由网络侧的光线路终端（Optical Line Terminal，OLT）、用户侧的光网络单元（Optical Network-Unit，ONU）和光分配网络（Optical Distribution Network，ODN）组成，下行方向（OLT 到 ONU）采用广播的方式，OLT 发送的信号通过 ODN 到达各个 ONU。上行方向（ONU 到 OLT）采用 TDMA 多址接入方式，ONU 发送的信号只会到达 OLT，而不会到达其他 ONU。相对于其他通信技术，EPON 技术抗干扰能力强，传输距离可达 20km；无源分路节点，拓扑灵活，可就近接入用户；双 PON 口弹性保护；升级扩容性良好；带宽非常大；具有完善的网管功能。

结合配电通信系统的特点，相对于 EPON 技术，其他通信技术可靠性不高、带宽低、易受环境影响。采用 EPON 技术，可为该市配电自动化提供高可靠、高带宽、易维护、易部署的通信解决方案。

2. EPON 的应用

在该市配电通信系统设计中，将 OLT 设备安装在变电站（配网子站）的专用通信机房中，每个配电自动化通信终端安装 ONU 设备，终端数据信号集中汇集到变电站机房，再通过 SDH 光纤网络汇集到配电主站。基于 EPON 的配电自动化通信系统结构如图 6-8 所示。

对于架空单辐射线路 ODN 设计为单链路结构，由于光缆路由是单链路，没有冗余光缆路由，因此 EPON 系统不能提供网络保护功能。ODN 网络采用多级光分路器级联的组网方式，可以实现在 1 根光纤上级联多个配网馈线终端的能力，可以节省光纤的需求量。

对于架空多分段单联络、多分段多联络线路 ODN 设计成"手拉手"全保护结构。在这种结构中，OLT 位于 2 个不同的变电站，相互保护的 2 个 PON 口位于不同的 OLT 设备上，PON 口倒换需要在 2 台 OLT 之间进行，同时每个 ONU 的 2 个 PON 口可以互为主备，配置数据到不同的 OLT。"手拉手"全保护方案不但可以实现环网结构中单节点失效保护，还可以实现 OLT 的 PON 口或整个 OLT 失效时的网络保护，是一种有效的保护方案。

3. 应用效果

通过 EPON 技术支撑的配电自动化试点工程的实施，该市试点区域初步实现一次网架的配电自动化，有效提高了配网供电可靠性和电压合格率等指标。

① 试点区域架空线路平均分段数从 1.39 段/条提高到 2.35 段/条。

② 开闭所、分线箱、柱上开关"三遥"覆盖率达 100%；公用配变、用户分界隔离负荷开关"二遥"比例达 100%。

③ 从变电站节点向下覆盖 10 kV 及以下配电网线路、10 kV 开闭所、箱变/配电室、柱上开关、分线箱、公用配变等设备的配网通信网覆盖率达 100%，效果显著。

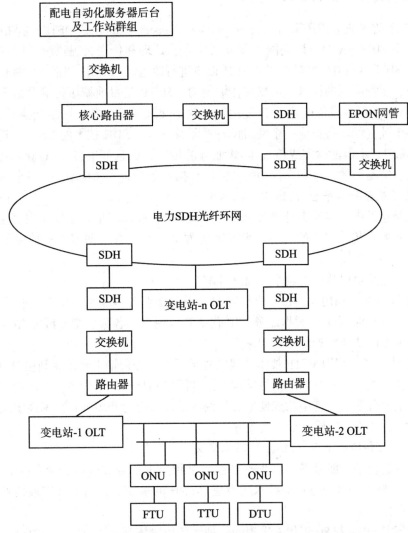

图 6-8　基于 EPON 的配电自动化通信系统部署结构

6.4　电力通信骨干网

现代电力系统是电力、自动化、电子、信息通信四大技术的综合，是统一、高效、灵活和高生存性的通信平台，对电力系统传输是必要的支撑。当前通信网的主体正在由传统的 TDM 业务逐渐转向 IP 业务，业务颗粒度也由原来的 2M、155M 向 GE、2.5G POS、10GE 等大颗粒业务增长，这对传输带宽提出了很高的要求。传统的传输网只使用多业务传输平台（MSTP）、波分复用（WDM）传输技术，已经无法解决传输效率及调度问题，以 OTN、PTN 和 ASON 为代表的下一代光网络技术取代了传统技术，逐渐成为光传送的主流产品。光传送网在高效、安全等方面取得了长足的进展。

6.4.1 多业务传输平台（MSTP）技术

基于 SDH 的多业务传送平台（Multi-Service Transfer Platform，MSTP）是指基于 SDH 平台同时实现 TDM、ATM、以太网等业务的接入、处理和传送，提供统一网管的多业务节点。基于 SDH 的 MSTP 是对传统的 SDH 设备进行改进，在 SDH 帧格式中提供不同颗粒的多种业务、多种协议的接入、汇聚和传输能力。MSTP 是目前城域传输网最主要的实现方式之一。MSTP 可以将传统的 SDH 复用器、数字交叉连接设备、网络交换机和 IP 边缘路由器等多个独立的设备集成一个网络设备，即通过基于 SDH 技术的 MSTP，进行统一控制和管理。MSTP 不但能够完成传统 TDM 业务的传输，而且能够接入 ATM、以太网等分组业务，实现链路层的桥接和交换功能，完成数据业务的接入和传输。

1. 广义多业务传输平台（MSTP）技术定义

在骨干网建设中，能够满足狭义 MSTP 技术定义，能够满足多业务（主要指数据业务和电路交换业务）传输要求的所有技术或解决方案均称为骨干网多业务传输平台实现技术，简称广义 MSTP 技术。

关于这一定义可以从以下两个方面来理解：

① 功能性角度。利用 MSTP 技术构建的骨干网多业务传输平台能够为骨干网中的多种类型的业务（TDM 业务、数据业务、IP 化语音、视频、各种虚拟专线业务等）提供技术支持，保证不同业务类型的 QoS 要求。

② 技术性角度。利用 MSTP 技术构建的骨干网多业务传输平台需要利用 MSTP 设备和其他辅助设备按照一定的骨干网网络结构和某种网络拓扑结构来构建。功能性定义与技术性定义的差别十分明显，其中功能性定义强调的是外界行为和服务；技术性定义强调的则是构成 MSTP 所需要的物质基础和集成方法。

2. 狭义多业务传输平台（MSTP）技术定义

在骨干网建设中，能够满足多业务（主要是指数据业务和电路交换业务）传输要求的、基于 SDH 技术的多业务传输技术成为基于 SDH 的多业务传输平台实现技术，简称狭义 MSTP 技术。

SDH 技术是 20 世纪 80 年代末出现的一种新的传输体制。用以取代当时已经不适合传输网络发展的 PDH 体制，经过 20 多年的技术研究和工程应用，SDH 已经有了相对完整的技术标准，在中国得到了广泛的应用，已经成为中国基础骨干网的核心技术。在 SDH 的基础上提供对多种业务的支持，可以集成 SDH 技术的诸多优点，实现网络的平滑过渡，有着突出的技术优势和市场优势。因此，基于 SDH 的多业务传输平台实现技术的研究和基于 SDH 的多业务传输节点设备的设计与开发有着广阔的发展前景。

在通常情况下，除非特殊声明，MSTP 技术均指狭义的 MSTP 技术，即基于 SDH 的多业务传输平台实现技术。

MSTP 设备按照设备容量和其在网络中的定位可以分为高端 MSTP 设备、终端 MSTP 设备和低端 MSTP 设备，它们分别应用在城域网的核心层、汇聚层和接入层。

3. 多业务传输平台（MSTP）的技术特点

MSTP 的技术特点如下：

① 继承了 SDH 技术的诸多优点，例如良好的网络保护倒换性能、对 TDM 业务较好

的支持能力等。

② 支持多种协议。MSTP 对多业务的支持要求其必须具有对多种协议的支持能力，通过对多种协议的支持来增强网络边缘的智能性；通过对不同业务的聚合、交换或路由，来提供对不同类型传输流的分离。

③ 支持 WDM 扩展。MSTP 根据在网络中位置的不同有着多种不同的信号类型。当 MSTP 位于核心骨干网时，信号类型最低为 OC-48，并可以扩展到 OC-192 和密集波分复用（Dense Wavelength Division Multiplexing，DWDM）；当 MSTP 位于边缘接入和汇聚层时，信号类型从 OC-3/OC-12 开始并可以在将来扩展至支持 DWDM 的 OC-48。

④ 提供集成的数字交叉连接交换。MSTP 可以在网络边缘完成大部分交叉连接功能，从而节省传输带宽，可以省去核心层中最昂贵的数字交叉连接系统端口。

⑤ 支持动态带宽分配。MSTP 支持 G.7070 中定义的级联和虚级联功能，可以对带宽进行灵活的分配，带宽可分配粒度为 2Mb/s，甚至通过一些厂家的自定义协议可以把带宽分配粒度调整为 576Kb/s。

⑥ 链路的高效建立能力。面对骨干网用户不断提高的即时带宽要求和 IP 业务流量的增加，要求 MSTP 能够提供高效的链路配置、维护和管理能力。

⑦ 提供综合网络管理功能。MSTP 提供对不同协议层的综合管理能力，便于网络的维护和管理。MSTP 管理是面向整个网络的，其业务配置、性能告警监控直接基于向用户提供的网络业务。MSTP 还能支持用户等级定义、带宽租用和计费等功能。越来越强的智能化特性成为 MSTP 的显著特征。

⑧ 支持多种以太网业务类型。目前 MSTP 支持的以太网业务类型主要包括点到点（point to point）、点到多点（point to multi-point）和多点到多点（multi-point to multi-point）。点到点是指利用 MSTP 实现两个节点间以太网端口的连接。点到多点是指利用 MSTP 实现多个节点到中心节点间以太网端口的互联。多点到多点是指利用 MSTP 实现多个节点间以太网端口的互联。

⑨ MSTP 技术是一种骨干网建设技术，同时 MSTP 技术可以应用到网络的核心层、汇聚层和接入层。

4. 多业务传输平台（MSTP）的关键技术

（1）虚级联技术

利用虚级联（Virtual Concatenation，VC）技术可以实现以太网带宽与 SDH 虚通道的速率适配，目前 MSTP 的设备可以实现 VC-12 的虚级联去适配 10、100Mb/s 的以太网业务。

① 虚级联的概念。虚级联技术可以被看成是把多个小的容器级联起来并组装成为一个比较大的容器来传输数据业务。这种技术可以级联从 VC-12 到 VC-4 等不同速率的容器，用小的容器级联可以做到非常小颗粒的带宽调节，相应的级联后的最大带宽也只能在很小的范围内。例如，利用 VC-12 的级联所能提供的最大带宽只能达到 139Mb/s。IP 数据包由三个虚级联的 VC-3 所承载，然后这三个 VC-3 被网络分别独立地传输到目的地。图 6-9 表示了数据包由三个虚级联的 VC-3 所构成。由于是被独立地传输到目的地，所以它们到达目的地的延迟也是不一样的，这就需要在目的地进行重新排序，恢复成原始的数据包。

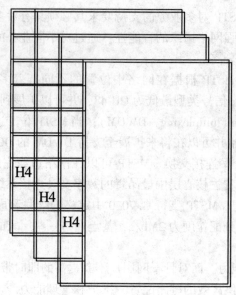

图 6-9 三个虚级联的 VC-3

图 6-9 所示的 H4 字节携带了如何重组这些 VC 的信息，完成原始数据的恢复工作。这个由 16 个字节组成的 H4 主要包括两个重要信息：多帧指示符和序列号。

② 虚级联技术特点。虚级联最大的优势在于它可以使 SDH 给数据业务提供合适的通道，避免了带宽的浪费。虚级联技术可以通过很小的颗粒度来调整传输带宽，以适应用户对带宽的不同需求。G. 707 中定义的最小可分配粒度为 2Mb/s。由于每个虚级联在网络中的传输路径是各自独立的，这样，当物理链路有一个路径出现中断时，不会影响从其他路径传输的 VC。当虚级联和 LCAS 协议相结合时，可以从虚级联中去除故障路径所对应的 VC，利用无故障路径继续传输数据，从而提高了整个传输网络的可靠性和稳定性。

③ 虚级联的应用。多径传送：利用虚级联技术可以实现数据业务的多径传送，即以太网业务可以在源端分别映射到虚级联的不同 VC 中，这些 VC 可以经过不同的路径单独传输，在目的端再对其进行重组。多径传送时应注意的问题包括经过不同路径到达的 VC 可能存在时间差，当时间差较大时，在目的端将不能完成帧的重组，一般要求时间差不能大于 125μs。这将限制对不同路径的选择和传输路径上的节点数。负载分组：多径传送实际上已经实现了 SDH 传送网上负载均衡的功能，一个业务流可以充分利用环上的空余带宽，消除带宽瓶颈，缓解传送拥塞。特别是当虚级联技术和动态链路调整技术相结合时，将实现负载的动态分担。

（2）多协议标记交换技术（MPLS）

多协议标记交换技术（MPLS）是 1997 年由思科公司提出，并由 IETF 制定的一种多协议标记交换标准协议，MPLS 是一种可以在多种数据链路层媒介上进行标记交换的网络技术。MPLS 吸取了 ATM 高速交换的优点，把面向连接引入控制，是介于 2、3 层之间的 2.5 层协议。它结合了第二层交换和第三层路由的特点，将第二层的基础设施和第三层的路由有机地结合起来。第三层的路由在网络的边缘实施，而在 MPLS 的网络核心采用第二层交换。

① 标记分发协议（Label Distribution Protocol，LDP）。根据数据流的要求，负责在标记交换路由器（Label Switching Router，LSR）之间分发标记的协议。

② 转发等价类（Forwarding Equivalence Class，FEC）。将若干属性等同的数据流合并起来，称为转发等价类。

③ 标记交换路径（Label Switched Paths，LSP）。通过标记分发协议在数据流通过的路径上，将每一个 LSR 的标记和特定的 FEC 绑定完成后，就建成了标记交换路径。

④ 标记交换路由器（Label Switching Router，LSR）。支持标记分发协议（LDP）的路由器、交换机称为标记交换路由器。

⑤ 标记边缘路由器（Label Edge Router，LER）。在 MPLS 域与其他网络边缘的标记交换路由器称为边缘标记交换路由器。实际上这只是为了区别于 LSR 的一种简单的称谓，分为入口标记路由器（Ingress LSR）和出口标记交换路由器（Egress LSR）。

（3）MPLS 的网络结构

MPLS 网络结构分为两层：边缘层和核心层。在边缘层是边缘标记交换路由器，在核心层是标记交换路由器，具体结构如图 6-10 所示。

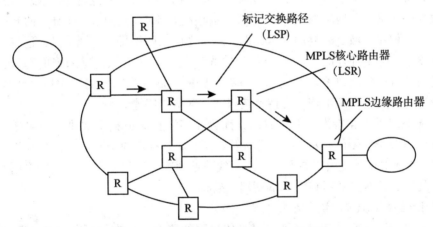

图 6-10　多业务传输平台 MPLS 的网络结构

边缘层完成 IP 数据包的分类、过滤、安全和转发功能，同时将 IP 数据包转换为采用标记标示的流连接，提供服务质量、流量控制、虚拟专网、多播等功能。针对不同的流连接，MPLS 边缘节点采用 LDP 进行标记分配/绑定，LDP 具有标记指定、分配和撤销的功能，它在 MPLS 网内分布和传递。而在 MPLS 的核心层同样需要 LDP，但它只提供高速的标记交换，面向连接的服务质量、流量工程、多播控制等功能。

这里尤其值得注意的是，MPLS 网络采用了许多 ATM 的思想，例如 ATM 的服务质量分类和控制机制等。如果采用 ATM 作为 MPLS 的连接基础，那么 MPLS 实际上可以继承ATM 技术诸多优势。

（4）MPLS 工作原理

MPLS 技术改变了数据包转发的方式，它通过在每一个节点（LSR）处的标记交换来实现包的转发。它为进入通信网络中的 IP 数据包分配标记，并通过对标记的交换来实现 IP 数据包的转发。标记作为 IP 包头在网络中的替代品而存在，在网络内部，MPLS 在数据包所经过的路径沿途通过交换标记来实现转发；当数据要退出 MPLS 网络时，数据包被解开封装，继续按照 IP 数据包的路由方式到达目的地。

6.4.2　光传送网（OTN）技术

光传送网络（OTN）是以波分复用技术为基础、在光层组织网络的传送网，是下一代的骨干传送网络。随着智能电网建设的推进，信息化应用的需求日益增长，电力通信系统带宽扩容的建设步伐将进一步加快。电力市场的各类信息应用系统已进入建设或实用阶段，这些系统的应用范围广、实时性与可靠性要求高，对带宽的要求也越来越高。仅依靠现有的以同步数字体系（SDH）技术为基础的主干传输网，显然已无法满足我国电力通信系统的发展要求。

如何提高通信系统的性能，增加系统带宽，以满足不断增长的业务需求，成为电力光传输网的焦点。目前最有效的解决方法就是建成利用波分复用（WDM）技术的全光网络。WDM 技术是利用已经敷设好的光纤，将复用方式从电信号转移到光信号，在光域上用波分复用的方式提高传输速率，光信号实现了直接复用和放大，并且各个波长彼此独立，对传输的数据格式透明，使单根光纤的传输容量在高速率时分复用（TDM）的基础上成倍增加。它是一种在光域上的复用技术，形成一个光层的网络即"全光网"，这将是光通信的最高阶段。用一个纯粹的"全光网"消除光、电转换的瓶颈将是未来的趋势，它可有效解决通信网络传输能力不足的问题，具有广阔的发展前景。同时，它还可融合 SDH 丰富的管理特性以及电交叉矩阵，支持复杂组网，网络扩展能力强。

WDMA 系统虽然凭借光纤天然的带宽优势和多波长通道技术提供了海量带宽，但是目前点对点的 WDM 系统无法满足组网的需求，也缺乏有效的全网业务监控和维护管理手段，不同厂商 WDM 系统由于在业务适配、线路处理等方面的不一致，只能采用业务口进行互通，既增加成本，又不利于"端到端"管理。

1. 光传送网（OTN）技术发展概述

早在 1998 年，ITU-T 就已经提出了光传送网的概念，并在随后的几年内逐渐完成了 OTN 相关技术的标准化工作。OTN 将解决 SDH 基于 VC12/VC4 的交叉颗粒偏小、调度较复杂、不适应大颗粒业务传送需求的问题，也解决了传统 WDM 网络无波长/子波长业务调度能力差、组网能力弱、保护能力弱、系统故障定位困难等问题。OTN 包括光层和电层的完整体系结构，对于各层网络都有相应的管理监控机制，光层和电层都具有网络生存性机制。其思想来源于 SDH/SONET（映射、复用、灵活交叉、嵌入式开销、级联、保护），把 SDH/SONET 的可运营、可管理能力应用到 WDM 系统中，同时具备了 SDH/SDNET 灵活可靠和 WDM 容量大的优势。SONET/SDH 定位于话音业务的传送，提供低阶、高阶（155Mb/s）两种级别交叉。当线路速率提高到 10~40Gb/s 时，四等业务将大量涌现，交换速率仍然不变，硬件成本和管理成本增加，连续级联虽然能解决一些问题，但管理困难，同时 T 级别的交叉容量较难实现。OTN 体制消除了交叉速率上的限制，可随着线路速率的增加而增加，也可通过反向复用来适应线路速率的变化，即各个部分可分别设计、独立发展，可扩展性好，几十 T 级别的交换容量较易实现，成本低，易于管理。

SDH/SONET 系统由于采用同步复用方式，要求全网同步，而 OTN 采用异步映射、异步复用机制，不需要系统全网同步，消除了由于同步带来的限制，可以简化系统设计，降低实现成本，同时也可节省时钟同步设备的建设成本。

同时，传统 WDM 设备使用 TMUX 方式将子速率业务直接复用到波道上，只能点到点地传送，无法兼顾波道带宽高利用率和端到端的灵活调度，而 OTN 设备具备和 SDH 类似的特性，支持子速率业务的映射、复用和交叉连接，两方面均可得到满足。

总体来看，OTN 技术兼有传统 SDH/SONET 和 WDM 的优势，同时又保持了对它们的兼容能力。在光层，OTN 的实现与现有 WDM 没有本质区别，因此实现上没有太大的成本代价。在电层，OTN 使用异步的映射和复用，使得关键的交叉内核可采用最经济的空分交叉技术。经过多年的发展，OTN 技术较成熟，接口 OTN 化的 SDH/SONET/WDM 设备也已得到大量应用，OTN 化的 ASAN 设备也已在运营商层面开始部署。随着 IP 化浪潮的逐步来临，OTN 将成为构建灵活的宽带传送网络的首选技术。

2. OTN 组网的关键技术

OTN 技术融合了 SDH 与 WDM 的技术优势，既具有超大容量的数据业务承载能力，又能实现更大粒度上的灵活业务调度，同时还具备完善的管理维护能力，能够满足电力通信网络对于 IP 数据业务大颗粒接入、大容量交叉、透明传输以及灵活业务调度的要求，是下一代骨干传输网的发展方向。

（1）OTN 的功能划分和分层结构

OTN 根据功能纵向分为光通路层（Optical Channel，OCh）、光复用段层（Optical Multiplex Section，OMS）和光传输段层（Optical Transmission Section，OTS），而光通路层又分为光通路传送单元（Optical Transport Unit，OTUk）、光通路数据单元（Optical Channel Data Unit，ODUk）和光通路净荷单元（Optical Channel Payload Unit，OPUk）等几个子层。具体层间结构如图 6-11 所示。

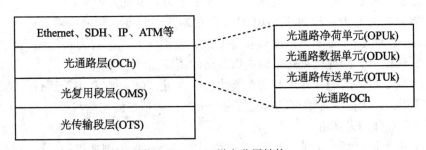

图 6-11 OTN 纵向分层结构

① 光通路层（OCh）。光通路层是整个 OTN 技术的核心，在 3R 再生点之间提供透明的网络连接，主要对客户信号进行路由的选择和波长的分配，为网络路由安排光通道连接，处理光通道开销，并提供光通道层的管理和检测的功能。当故障发生的时候，重新进行路由选择或直接把业务从工作路由切换到保护路由来实现保护倒换和网络恢复。光通道层由三个数字结构单元组成：光通路净荷单元（OPUk）、光通路传送单元（OTUk）和光通路数据单元（ODUk），OTUk 和 ODUk 两个子层采用数字封装技术来实现。

OTUk 将客户信号 ODUk 在 OTN 网络 3R 再生点之间的 OTUk 路径上传送，在 3R 再生点之间提供了信号监测的功能。OTUk 由传送 ODUk 客户信号的 OTUk 净荷和 OTUk 两部分组成。ODUk 在 ODUk 路径上实现数字客户信号（如 SDH/SONET、以太网、ATM 等）在 OTN 网络上端到端地传送，ODUk 包括传送客户信号的 OPUk 和 ODUk。

② 光复用段层（OMS）。光复用段层的作用是，在相邻的传输设备之间有多个波长复用成光信号时，要保证光信号的完整性，并为多波长信号提供网络功能。主要功能包含：为多波长信号选择路由并重新安排光复用段的功能；处理光复用段开销以保证多波长光复用段适配信息的完整；提供光复用段的管理和检测功能，从而保证网络的稳定运行并提供维护。

③ 光传输段层（OTS）。光传输段层为光信号在不同类型的光缆传输媒介（如 G.652、G.653、G.655 光纤等）上提供传输功能，并且对光放大器（Optical Amplifier，OA）或中继器进行检测和控制，光传送网的性能通常受到功率均衡、掺铒光纤放大器（Erbium Doped Fiber Amplifier，EDFA）增益控制、色散的积累和补偿等问题的影响。

OTN 体系结构定义了两类网络接口：域间接口 IrDI 和域内接口 IaDI。不同管理域之间的接口 IrDI 具有 3R 再生能力；同一管理域之间的接口为 IaDI。在 ITU 标准中 IrDI 接口是一个完全标准化的接口，而 IaDI 不是一个具备互通性的标准接口。如果把分层和分域综合到一起，那么每个域内或者域间都存在相应的纵向分层。

（2）OTN 的复用结构

OTN 技术将光网络分为三层，即 OCh、OMS 和 OTS。OCh 为整个 OTN 网络的核心，是 OTN 的主要功能载体，它由 3 个数字结构单元组成：OCh 传送单元（OTUk）、OCh 数据单元（ODUk）和 OCh 净负荷单元（OPUk）。

（3）OTN 技术的优点

OTN 主要集中了 SDH 与 WDM 两者的技术优势，不仅具有 WDM 传输容量巨大的优点，而且还具有 SDH 可操作、可管理、可交叉的能力。其优点如下：

① 大容量调度能力。相对于 SDH 只能通过对 VC 调度，调度的颗粒仅为 155Mb/s，调度颗粒太小，而 OTN 技术的调度颗粒是 ODUk 级别，可以进行大颗粒的调度处理（最小颗粒为 2.5Gb/s），除此之外还可以提供光层的调度。

② 强大的运行、维护、管理和指配能力。OTN 定义了一整套用于运行、维护、管理和指配的开销，利用这些开销可以对光传送网进行全面精细的监测与管理，为用户提供一个可操作、可管理的光网络。

③ 完善的保护机制。OTN 具有与 SDH 类似的一整套保护倒换机制，可为业务提供可靠的保护，大大增强网络的安全性，使网络具有很强的生存能力。

④ 利用数字包封技术承载各种类型业务。OTN 利用数字包封（DW）技术承载各种类型的用户业务信号。对于同步信号，OTN 可以不进行改变而直接适配到光通路净负荷单元中。对于其他用户信号，OTN 大多采用通用成帧规程（GFP）进行封装，然后再适配到光通路净负荷单元中。由于 GFP 帧信号的长度没有限制，所以它可以跨越光通路净负荷单元的帧边界，实现了在固定速率光通路中传送不同速率的用户信号。

⑤ 多级串联连接监控能力。相对于 SDH 只能提供 1 级串联监控，OTN 可以提供多达 6 级的串联连接监控，并支持虚级联与嵌套的连接监控，因此可以适应多运营商、多设备

商、多子网的工作环境。

⑥ FEC 功能。OTN 帧结构中专门有一个带外前向纠错（FEC）区域，通过 FEC 可获得 5~6dB 的增益，从而降低了对光信噪比要求，增加了系统的传输距离。

6.4.3 分组传送网（PTN）技术

随着电力通信业务的发展趋势，电力通信网络需要承载各种各样的业务，而且业务特性越来越复杂，速率也在增加。为了适应这种根本性的变化，传送网的分组化已经成为最为重要的发展趋势。由于以太网具备简单易用、低成本的特点，使其成为宽带接入的重要手段，并开始渗透到更高层次的网络，带来的后果就是要求在以太网上引入电信级的特征，满足大范围、大规模的组网要求成为了业界关心的问题。同时，承载网络 IP 化的另一个前进方向是将 MPLS 思路推向网络边缘，在这种情况下，分组传送网（Packet Transport Network，PTN）应运而生，它不仅继承了面向 MSTP 网络的优势，比如可以实现多业务承载、具有高可靠性等，而且又具备低成本和统计复用的特点。这一点和以太网有很高的相似性，所以 PTN 会成为下一代网络的核心部件。

PTN 是一种基于面向连接的技术，它的核心是面向分组的交叉技术，支持网络向下一代网络平滑演进，主要用于承载多业务，具备多业务传送、汇聚和传送能力以及支持时钟同步、端到端的性能监控和管理维护功能。

1. 分组传送网（PTN）技术的分类

分组传送网（PTN）的技术在业界有多种不同的分类。目前有两种技术在运营级特性上具有优势，是在综合了可扩展、可管理和面向连接等特性的基础上得出的结论。它们分别是基于以太网的面向连接的包传输技术 PBT 与基于面向连接的包传输技术 T-MPLS/MPLS-TP。

（1）PBT（Provider Backbone Transport）技术

PBT 是在 IEEE802.1ahPBB（Provider Backbone Bridge）的基础上进行的扩展，基于 PBB 的分层架构（MAC in MAC），它是一种面向连接的传输技术，能够为业务提供流量工程和保护倒换的功能。PBT 的主要特征是关闭了传统以太网的功能，包括 MAC 地址的学习、信息的广播功能、生成树协议等。在转发信息时不再靠泛洪与学习的功能，以太网的转发表完全由管理平面来控制，可以快速实现运营级传送网络的多种功能，比如快速保护倒换、OAM、QoS 以及流量工程等。

PBT 在逻辑上分为三层：电路层、隧道层和段层（物理层是 SDH 时有该层，是以太网时则无该层）。电路层采用伪线（Pseudo Wire，PW）技术，具备支持多种以太网客户业务的能力，能够实现多业务的承载。

PWE3 是一种模拟点对点业务的机制，它应用在分组交换网络上。被模拟的业务可以通过 TDM 专线或者以太网来进行传输。PWE3 模拟一种业务的必要属性，它利用了分组交换网络上的隧道机制。这里的隧道被称为伪线。

（2）T-MPLS/MPLS-TP（Transport Multi-Protocol Label Switching/MPLS Transport Profile）技术

MPLS 技术采用标记交换的方法实现分组业务报文的分类转发。该技术可扩展性良好，服务质量完善，可以提供 VPN 业务等。MPLS 技术广泛应用于骨干网络中，并逐步由核心向边缘发展。MPLS 网络可以支持 ATM 业务、TDM 业务、FC 和以太网业务的统一传送。一般来说传送网仅有上述功能还是远远不够的，还必须具备多种运营级网络特性，比如：丰富的操作管理能力、端到端的快速保护和服务质量保证等。T-MPLS 就是在这种认知下产生出来的一种具有传送属性的 MPLS 技术。T-MPLS 最初由 ITU-T 于 2005 年 5 月开始开发，在标准化的进程上，T-MPLS 走在了其他技术的前面。

2007 年，IETF 阻挠 ITU-T 通过 T-MPLS 标准，因为涉及 MPLS 利益以及兼容性等问题，IETF 专家认为 ITU 推出的 T-MPLS 规范不能够兼容多家运营商在最近几年安装的路由器和交换机设备，而这些设备所使用的是 IETF 的 MPLS 标准。

为了解决两大标准体系在 MPLS 的分歧，两家标准组织于 2008 年 2 月成立了 T-MPLS 联合工作组，并于当年的 4 月份得出正式结论：两家组织将把 T-MPLS 技术和 MPLS 技术互相结合起来共同承担起标准化开发工作。IETF 将吸收 T-MPLS 的传送技术，如 OAM、保护和管理等，使其现有的 MPLS 技术扩展为 MPLS-TP，增强了其对 ITU-T 传送需求的支撑。

T-MPLS/MPLS-TP 是面向连接的分组传送体系，其核心思想就是建立端到端的 LSP，数据流在这条 LSP 上根据标签进行转发传送。

2. PBT 技术与 T-MPLS 技术发展分析

通过将 PBT 和 T-MPLS 技术对比可知，T-MPLS 和 PBT 都可以达到分组传送网的基本要求并且存在自身优势，但综合考虑，分组传送网未来的方向最终会选择基于 MPLS 的分组传送网即 T-MPLS 技术，其原因在于基于以太网的分组传送技术 PBT 存在以下短期内难以克服的问题：

① PBT 需要将以太网流量工程引入才可以实现面向连接的改造，而这并没有得到广泛认可，同时需要改变以太网地址转发的特性，改变了以太网的基本形态，不能充分利用现有的以太网资源。

② 引入面向连接的特性：以太网的特点是简单、低成本，在以太网中引入了面向连接的 OAM 管理、保护倒换技术等，大大增加了以太网的成本。

③ PBT 的控制平面不能参考以太网的控制协议，需要重新定义，是一个复杂的工程；

④ PBT 无法对多业务如 TDM、ATM 等进行承载。

3. PTN 关键技术分析

从 2008 年开始，在 IETF 和 ITU-T 两大标准化组织的共同推动下，MPLS-TP 标准开发工作取得了一定进展，本节从 PTN 的 QoS 技术、运营管理维护技术、生存性技术、PWE3 技术和时间同步技术等方面，对 PTN 技术进行全面的介绍。

（1）PTN 的 QoS 技术

与传统电信网相比，基于目前 IP 技术组成的承载网，在 QoS 保证、可运维和可管理以及安全性方面还都存在很多有待提高之处。在 QoS 保证方面，IP 网络无法实现对每个业务流进行呼叫接纳控制，无法针对每个业务实现 QoS 保证。而 MPLS 技术在数据网络中的引入在很大程度上解决了数据网的一些 QoS 问题，同时由于 T-MPLS 数据转发平面是基于 MPLS 的标记模式，因此其继承了 MPLS 的 QoS 保证的能力。TETF 制定的数据面 QoS 技术包括：区分服务（Diffserv）、E-LSP、L-LSP、MPLS 流量工程、MPLS Diffserv-AwareTE 和集成服务。T-MPLS 使用区分服务的 QoS 机制。区分服务就是对不同优先级的业务区别对待。

（2）PTN 的运营管理与维护技术

传统的分组网络在 OAM 上比 SDH/SONET 和 ATM 要弱得多，难以提供端到端的业务管理、故障检测和性能监控。PTN 具备了类似于 SDH 的操作维护管理（OAM）功能，这也是 PTN 技术区别于传统分组传输的关键技术之一。

T-MPLS 的 OAM 功能体现在差错管理、性能检测和保护倒换，按照需要发展了 3 种 OAM 功能：

1 主动 OAM：周期性地报告链路状态、性能、差错等。

2 按需 OAM：根据需要报告链路状态、性能、差错等。

3 保护倒换 OAM：主要是 APS 协议。

（3）PTN 的生存性技术

PTN 网络接口以 GE、2.5GE、10GE 为主，大颗粒的数据传输对业务的连续性和完整性有严格要求，因此其生存性问题也就成为 PTN 所关心的关键问题之一。生存性是指为了避免在传输过程中由于人为原因造成光纤路由阻断或设备机械故障等事故，导致传输过程中的业务被迫停止，而采取的通过重置路由、倒换单板等手段还原业务连接的能力。

线性保护倒换以及共享环境保护机制共同组成了 T-MPLS 网络中的保护机制。作为一种光传送网架构，分组传送网同样需要满足 50ms 以内的电信级保护倒换，也即是由故障检测时间、保持时间、故障通告时间以及保护操作时间这四部分组成的保护倒换时间要小于 50ms。而分组传送网的保护技术很好地满足了这项要求。

（4）PTN 的 PWE3 技术

PWE3 是一种端到端的二层业务承载技术，属于点到点方式的二层 VPN。在 PTN 网络的两台 PE 中，它以 LDP/RSVP 作为信令，通过隧道（可能是 MPLS 隧道、GRE、L2TPv3 或其他）模拟 CE 端的各种二层业务，如各种二层数据报文、比特流等，使 CE 端的二层数据在 PTN 中透明传递。

PWE3 提供了一种点到点的二层私网技术，使用户可以不用改变原有的接入方式，由已有的网络平滑接入 IP 网中，而且可以将不同的接入方式轻松互联。PWE3 提供的多种信令和组网拓扑方式，可以为用户和运营商提供多种服务级别和组网方式的选择。

（5）PTN 的时间同步技术

分组网络在一般情况下不需要进行全网同步，在处理输入业务时，由各自设备基于内部定时提供输入业务的定时适配，不同传输链路间无需相互同步。但当分组网络中传递的是基于 TDM 的业务或进行同步分配时，就需要分组网络提供相应的同步功能。

PTN 对时间同步的需求主要有两个方面。其一，传输承载 TDM 业务以及与 PSTN 网络进行互通时，需要 PTN 在 TDM 业务的入口及出口提供时间同步功能，保证实现业务时钟恢复；其二，提供对时间信号和频率信号的同步传送，比如在利用 PTN 承载 3G 基站业务时，由于 3G 基站业务对频率同步有较高的要求，所有的 3G 基站业务都需要有优于 50ppb（5E-8）的频率同步，还有一些对时间同步需要精度要求更高的如 TD-SCDMA、CDMA2000、WIMAX 等 3G 基站业务，所以对分组传送网提出能够提供时间和频率信号进行高精度稳定的传送要求。

IEEE1588v2 是精确时间同步协议，它采用主从时钟方式，对时间进行信息编码。

IEEE1588v2 通过对发出和接收的时间加上时间戳来记录时间，同步设备根据时间戳对设备的同步时钟进行校正，保证了与主时钟的同步。IEEE1588v2 有效解决了传统基站利用 GPS 同步成本高、安装困难等问题，是新一代 3G 技术承载 TD-SCDMA/ILTE 网络的关键技术之一。IEEE1588v2 在全网中实现还存在局限性，它需要整网部署新设备以支持浅协议和处理机制。但是作为新建的 PTN 网络而言，IEEE1588v2 时间同步技术的引入，将同步以太网技术与 IEEE1588v2 技术相结合，既可以实现全网的频率同步，也可以将高精度的时间同步添加到以太网应用中，解决了高精度高质量的 3G 传送问题。

6.4.4　自动交换光网络（ASON）技术

自动交换光网络（Automatically Switched Optical Network，ASON）技术，是由用户发出请求，通过 ASON 信令网的控制，智能化地自动完成光传送网内的光网络连接、交换功能的新一代传送网络。这里的自动交换连接是指：在网络资源和拓扑结构自动发现的基础上，调用动态智能选路算法，通过分布式信令处理和交互，建立端到端的按需连接，同时提供可靠的保护恢复机制，在发现故障时实现连接的自动重构。其核心思想是在光传送网络中引入控制平面以实现网络资源的实时按需分配，从而实现光网络的智能化。

目前，ASON 技术被广泛关注。该技术可全面优化网络结构，提高网络可靠性和灵活性，提供对业务的端到端的管理能力，降低网络建设和运营成本，是光传送技术的又一巨大创新。

随着 ASON 技术的框架体系结构和相应协议的成熟，该技术已经在全球范围内的多个运营商的网络中正式商用，其作为传送网的主流发展方向已经获得业界的普遍认同。

1. ASON 技术的体系架构

ASON 与传统的光传送网相比，突破性地引入了更加智能化的控制平面，从而使光网络能够在指令的控制下完成网络连接的自动建立、资源的自动发现等过程。其体系结构特性主要表现在具有 3 个平面、3 个接口和所支持的 3 种连接类型上。

（1）ASON 的 3 个平面

ASON 包括 3 个平面：控制平面、管理平面和传送平面。通过数据通信网联系三大平面，数据通信网址负责实现控制信令消息和管理信息传送的信令网络。

与现有的光网络相比，ASON 中增加了一个控制平面。控制平面可以说是整个 ASON 的核心部分，它由分布于各个 ASON 节点设备中的控制网元组成。控制网元主要由路由选择、信令转发以及资源管理等功能模块组成，而各个控制网元相互联系，共同构成信令网络，用来传送指令信息。控制网元的各个功能模块之间通过 ASON 信令系统协同工作，形成一个统一的整体，实现了连接的自动化，并且能在连接出现故障时快速而有效地恢复。

传送平面由作为交换实体的传送网网元组成，主要完成连接/拆线、交换（选路）和传送等功能，为用户提供端到端的双向或单向信息传送，同时，还要传送一些控制和网络管理信息。ASON 的传送平面具备了高度的智能，这些智能主要通过智能化的网元光节点来体现。现在的研究认为，这些网元是一些具有 OXC 结构的波长路由器，并具备 MPLS 信令功能。这种结合了第三层 IP 路由与第一层光交换功能的网元，可对路由功能和转发功能进行分离。

管理平面对控制平面和传送平面进行管理，在提供对光传送网及网元设备进行管理的同时，实现网络操作系统与网元之间更加高效的通信功能。管理平面的主要功能是建立、确认和监视光通道，并在需要时对其进行保护和恢复。

（2）ASON 的 3 个接口

ASON 的接口是网络中不同的功能实体之间的连接渠道，它规划了两者之间的通信规则。在 ASON 体系结构中，控制平面和传送平面之间通过 CCI 相连，其可以传送连接控制信息，建立光交换机端口之间的连接。而管理平面则通过 NMI-A 和 NMI-T 分别与控制平面及传送平面相连，实现管理平面对控制平面和传送平面的管理。3 个平面通过 3 个接口实现信息的交互。

（3）ASON 的 3 种连接

ASON 网络结构中，根据连接需求的不同以及连接请求对象的不同，提供了 3 种类型的连接：永久连接（Permanent Connection，PC）、软永久连接（Soft Permanent Connection，SPC）和交换连接（Switch Connection，SC）。

PC 沿袭了传统光网络中的连接建立方式。这种方式是由用户网络通过用户网络接口向管理平面提出请求，通过网管系统或人工手段根据连接请求以及网络资源利用情况预先计算，然后管理平面沿着计算好的连接路径通过 NMI-T 向网元发送交叉连接命令进行统一指配，最终通过传送平面各个网元设备的动作完成通路的建立过程。

SC 是一种由于控制平面的引入而出现的全新动态连接方式。SC 请求由终端用户向控制平面发起，在控制平面内通过信令和路由消息的动态交互，在连接终端点 A 和 B 之间计算出一条可用的通路，最终通过控制平面与传送网元的交互完成连接的建立过程。在 SC 中，网络中的节点像电话网中的交换机一样，根据信令信息实时地响应连接请求。SC 实现了在光网络中连接的自动化，满足快速、动态的要求并符合流量工程的标准。这种类型的连接集中体现了自动交换光网络 ASON 的本质特点，是 ASON 连接实现的最终目标。

SPC 的建立是由管理平面和控制平面共同完成的，这种连接的建立方式介于 PC 和 SC 两种连接方式之间，是一种分段的混合连接方式。在 SPC 中，用户到网络的部分由管理平面直接配置（就像建立 PC 一样），而网络部分的连接通过管理平面向控制平面发起请求，然后由控制平面完成（就像建立 SC 一样）。在 SPC 的建立过程中，管理平面相当于控制平面的一个特殊客户。SPC 具有租用线路连接的属性，但同时却是通过信令协议完成建立过程的，所以可以说它是一种从通过网络管理系统配置到通过控制平面信令协议实现的过渡类型的连接方式。

2. 自动交换光网络（ASON）组网技术的优势

鉴于 ASON 所特有的技术特点，在网络中引入 ASON 有很多好处。

① 快速提供业务。智能光网络通过控制平面信令和路由信息的操作，对所需电路能提供自动化的快速点对点的配置能力，增强了运营商快速提供优质服务的能力，降低了网络的操作费用，使之成为有效运行、能赢利的网络，在电信市场的竞争中取得先机。

② 可提供不同级别的服务。灵活提供不同 SLA 级别的电路，可以满足目前迅速发展的差异化服务的需要。

③ 资源动态分配，带宽利用率高。ASON 采用分布式智能，把网络智能分布到网元上。各智能网元之间通过邻居发现、链路状态更新、计算和维护整个网络的拓扑结构，随

153

时掌握网络的载荷状况，优化利用网络资源，使得网络的带宽利用率明显提高。

④ 提高业务的生存性和可扩展性。在 SDH 环网保护中，只能抵抗单点故障，而 ASON 网络支持网状拓扑，可以有效抵抗网络中的多点故障，真正达到 99.999% 以上的电信级业务等级。网状拓扑结构能保证业务高速直达，链路扩展非常灵活。

⑤ 自动化程度高，维护成本低。ASON 通过引入控制平面，利用信令实现对业务的快速调配、监控和自动保护，使维护人员减少，运营效率提高，同时也减少了人工出错机会，充分降低了维护难度。

⑥ 提供新业务能力。ASON 网络通过采用新技术，可以引入新的业务类型，诸如按需带宽业务、波长批发、波长出租、分级的带宽业务、动态波长分配租用业务、带宽交易、光拨号业务、动态路由分配、光层虚拟专用网点等，为运营商提供新的业务增长点。

6.4.5 电力通信骨干网技术对比

目前 IP 化和智能化已成为传输网络技术发展的方向。为应对传输技术 IP 化发展，目前传送网在骨干层采用基于波分的 OTN 技术，在汇聚接入层面采用 PTN 技术，在用户接入层面采用 PON 技术。

就通信骨干网而言，应用于大容量传输网的主要有 MSTP、OTN、PTN、ASON 几种主流技术。下面从承载业务及建设成本对其分析：

① MSTP 技术。它是目前最成熟的多业务传输技术，组网灵活，业务分插方便，设备稳定，成本低廉，应用广泛。

② OTN 技术。OTN 可以面向多种业务（语音、数据等），提供对客户信号的透明传送和光通道的管理，具有大容量交换（交叉）或路由能力。从本质上讲 OTN = SDH + WDM+GE。其吸取了 SDH 和 WDM 两种技术的优点。

③ PTN 技术。它是 NGN 的传输基础，是下一代的宽带传输网络，适合于电信（移动、固网）、电视和数据业务统一的传输网络。其采用成熟和廉价的数据技术，解决了设备商应对未来业务突发和 IP 化的需求，同时也解决了运营商多种网络重复建设和运维的麻烦。

④ ASON 技术。它是对 MSTP 技术的一种革新与改进，其增加了控制层面，使网络更趋智能化，采用该技术可实现网络拓扑自动发现、业务带宽动态分配、在线业务优化调整、端到端业务智能开通等功能，而且网络保护与恢复会更加灵活可靠，该技术已成为目前技术选择的趋势。

从技术成熟度讲，OTN 和 PTN 两种技术目前均处于试点建设阶段，其产品成熟度有待验证。对于这两种技术，三大运营商态度有别，中国移动已明确 3G 传输网的接入层将全部采用 PTN 技术，核心层则采用 OTN 技术；而中国电信和中国联通都只是抱观望态度，出于对投资的保护，现阶段传输网的建设依旧建议采用 MSTP 的技术体制。

从电力通信骨干网的角度来看，通过分析南方电网各省电力通信骨干网数据，以上各主流骨干传送网技术适用情况如下：

① 我国南方电网各省 B 网带宽资源已不足以支撑信息化业务。B 网目前承载的电力业务根据其应用方式可分为数据业务（含线路保护、安稳业务、EMS 业务、EAS 业务、PMU 业务、保护管理信息系统、电力市场、水文信息系统、光缆监测系统）、话音业务

(含调度电话、行政电话业务）以及多媒体业务（含会议电视、变电站监控系统、通信机房环境监控系统）。由于这些业务大多为集中型业务，目前部分站点间带宽利用率已接近50%，在这种情况下，如网络发生倒换，链路资源将基本耗尽。另外，省传输 A 网和传输 B 网的承载业务并不完全一致，在 B 网中已经预留了应急带宽应对各种突发情况，因此，B 网的部分链路仍需升级带宽才能满足未来发展的需求。

② B 网板卡扩容能力有限。虽然可以通过在设备上增加 10G、2.5G 单板对链路进行扩容，提供综合数据网的承载带宽，但首先受到设备自身空余槽位数量及槽位容量限制，例如：OSN3500 最多可接 8 个 10G 光方向（如果这 8 个槽位中已经使用了其他单板，可以使用的 10G 槽位就更少了），因此，B 网扩容只能考虑增加设备，然而也会带来新旧设备混合不易更新、投资较大等问题。

③ 光缆资源大量消耗。目前广东电网 220kV 以上光缆纤芯资源在许多线路已经非常紧张，使这种扩容方法的可行性变低。即使本期纤芯可以满足 B 网扩容需求，然而随着信息化、智能电网等业务的迅速发展，采用 MSTP 体制的网络光缆利用率低，必然会继续消耗大量光纤资源。由此会带来大量光缆改造等潜在投资。

④ 使用 MSTP 技术解决大带宽的接入，可以暂时满足本期信息化业务需求，但不符合技术发展的趋势，缺乏将来的网络扩容能力，要提供应急备用链路的代价也很大（从设备板卡、光纤资源方面）。

⑤ 从投资分析，建设两套 SDH/10G 系统与一套 OTN 系统费用相当，而 OTN 系统带宽较 SDH/10G 宽得多，且业务扩容更加灵活，可大量节省光纤资源。因此，OTN 设备的性价比相对较高。

因此，综合考虑在保留现有传输 A/B 网的 SDH/MSTP 系统已满足诸如程控交换网、PCM、继电保护、安稳及调度数据接入等 TDM 业务的基础上，可建设 OTN 网络以适应今后电力主干通信网宽带信息业务快速增长的需求。

随着未来电力通信网络业务 IP 化的趋势，建设 ASON+MSTP 传输平面和 OTN+PTN 传输平面的双平面传输网络，综合各传输技术优势，才能更好地建设电力通信骨干网。

6.4.6 电力通信骨干网技术应用实例

下面以 ASON 在某市电力城域骨干网中的应用为例，介绍骨干网通信技术在电力系统的实际应用。

为确保电力系统的稳定运行，建设一个安全性高、生存性好、易于管理和维护的高速信息承载网络势在必行。某市区供电公司结合市区通信系统现状和需求，在对 ASON 技术进行反复考证的基础上，采取分步实施的策略，开通了全国电力通信系统第一个具备 ASON 特性的骨干城域光传输网。

1. 引入 ASON 的目的

① 为了适应电力通信持续发展的要求。

② 利用 Mesh 组网，实现 ASON 设备网络间的多路径搜索，避免多处断纤带来的干线业务中断，提高网络安全性和生存性。

③ 充分利用市区电力通信网络光纤资源，通过恢复机制，提高网络带宽利用率，合理规划网络，与环网方案相比可省部分光纤资源。

④ 提升网络带宽（由原 155 M 速率提高到 2.5 G 速率），为今后多种业务（话音、调度、数据通信、NGN、多媒体等）的承载奠定高速宽带通路，同时可实现不同业务的服务等级协定（Service Level Agreement，SLA）保护。

2. 电力通信现状和 ASON 网络规划阶段分析

随着某市区电力通信网全面光缆化，市区通信光纤传输网络的接入层逐步发展、扩大，基本形成了以供电分公司为中心的 5 个分区，建立了以环状为主的 155 Mb/s 速率的 SDH 光通信网络。

如何在已初步建设好的接入层上建立骨干通信网，选择何种技术才能既满足电力城域骨干网络对安全性和稳定性的要求，又兼顾网络先进性和科技含量需求，使该网络为今后各种业务的承载打好基础，同时，能方便网络和带宽的扩容，最高效地利用通信投资，是亟待解决的问题。

市区供电公司在综合比较了多种可能适用于电力城域骨干网的传输技术（ASON、城域 DWDM、城域光以太网和 MSTP）后，选择了华为公司的 OSN 系列智能光网络设备来建设市区供电公司的一期骨干网络。该设备结合了 ASON 和 MSTP 技术，且在国内和国际运营商中有大量成熟的经验。该系统的建设也为电力通信领域 ASON 的技术应用积累了一定的实际运营经验。

市区电力在智能特性开通、业务割接方面仍然遵循电力系统通信网络建设的稳妥应用原则，分阶段实施通信骨干网络的 ASON 智能化建设。具体实施分为以下 3 个阶段。

（1）第 1 阶段

在第 1 阶段，结合市区电力通信干线网实际需要，对 ASON 设备多种智能特性进行评估，有选择地开通部分应用成熟、需求紧迫性高的智能特性，用于市区电力通信骨干网络的小规模建网。

结合以上分析，市区电力在初期智能光网络干线城域网建设过程中，基于 VC12 小颗粒业务开通智能特性，利用 Mesh 组网抗多点失效。市区供电公司 ASON 骨干城域网组网如图 6-12 所示。

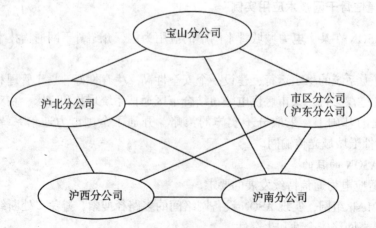

图 6-12　市区供电公司 ASON 骨干城域网组网示意图

（2）第 2 阶段

在第 2 阶段分 3 方面进行网络改造和评估。

① 在第 1 阶段 ASON 网络稳定运行后，将市区旧 SDH 网业务逐步有计划地分批割接到 ASON 骨干网上。

目前，在该智能 Mesh 网上运行了部分通信调度、信息传输、交换类业务，由于业务带宽需求都不大，都是基于 VC12 颗粒业务，利用华为公司 OSN3500 设备直接上下 2M 业务，其特有的智能隧道技术可以实现 2M 智能特性开通，很好地适应了电力系统在业务量不大的情况下 ASON 网络的业务开展。与此同时，目前正在做 VC12 颗粒业务的整合，整合后基于 VC4 颗粒做 SLA 保护，将可实现针对各类业务的差异化服务。

② 对今后 5 年多种业务的带宽进行估算，对 ASON 网络进行科学的规划，做好电力通信网安全性评估，指导网络建设和网络改造。

③ ASON 域和 SDH 域的网络连接：ASON 网络和 SDH 网络间的连接可以利用设备的 MADM 特性，在两个网络间做相交或相切环，也可以直接利用 PDH 接口作端口业务对接。具体连接方式根据各站点条件选择。

（3）第 3 阶段

第 3 阶段骨干层 ASON 延伸、Mesh 网格延伸。ASON 网络由于具备 Mesh 网格的组网特点，在网络扩展性（节点扩展、带宽扩展）上较环网快，对原有网络影响小，更适用于业务驱动性的骨干网络的延伸。

Mesh 网络中的节点可以自动搜索，拓扑自动发现，实现即插即用，扩容自由，而且对设备速率无限制，可根据业务量选择设备级别。市区供电公司可利用这一特点，为骨干网络的扩展和延伸做好准备。

图 6-13 为市区五角星网络二期网络的初步规划。

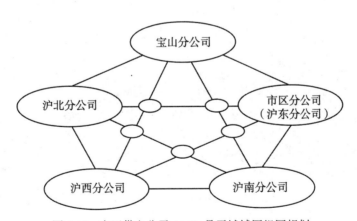

图 6-13　市区供电公司 ASON 骨干城域网组网规划

3. 市区供电公司 ASON 骨干网络运行效果

目前，市区电力骨干 ASON 网络的运行情况良好。根据对 ASON 的评估情况看，上海电力市区供电公司的骨干城域网选择 ASON 设备建设是完全正确的。通过有计划分步骤地实施 ASON 网络扩容，为电力系统实施 ASON 技术做了有益的尝试。

习　题

1. 电力系统通信网由哪些部分组成？
2. 电力系统通信技术有哪些？请做简要叙述。
3. 现代通信网包括哪些？请简述。
4. 数字同步网的同步方式有哪些？各自有什么优缺点？
5. 同步网中的时钟有哪些？各自有什么优缺点？
6. 电力通信接入网技术主要有哪些？各有何优缺点？
7. 电力通信骨干网技术主要有哪些？各有何优缺点？

第7章 发电厂/变电站的通信设施

7.1 发电厂/变电站的通信概述

7.1.1 发电厂通信

1. 发电厂综合自动化

随着网络技术和计算机技术的快速发展，信息传递的正确性和实时性获得了很大的进步，因此发电厂/变电站自动化水平也有了进一步的提高并取得了长足的发展。由于现代企业呈现出集团化、多元化的趋势，因此厂区常常地处不同区域，其管理、经营、生产也散布各地，需要能够做到及时共享企业内部大量的信息资源才能以现代化的模式高效地组织、管理其生产和经营。电子信息技术的发展也极大地促进了工业自动化技术的发展，工业检测与数据通信、生产过程自动化以及人工智能技术得到广泛的应用，形成了综合自动化信息系统，从而进一步引发了传统产业的技术进步，大大提高了企业的竞争力。

早在20世纪60年代中期，一些发达国家已开始应用小型工业控制计算机代替模拟控制仪表，实现发电厂直接数字控制与监视。20世纪70年代初，我国也在机组控制中进行了试验性的计算机控制工程应用。20世纪70、80年代，计算机在发电厂中的应用还仅限于开环使用，即所谓的数据采集系统（Data Acquisition System，DAS）。DAS是一个实时的多通道系统，是发电厂综合自动化系统的重要组成部分。20世纪70年代，微处理器的出现标志着计算机技术发展中的突破性进展。在充分利用微处理器技术特点的基础上，研制出了以微处理器为核心的新型仪表控制系统，即分散控制系统（Distributed Control System，DCS）。20世纪80年代末和90年代初，我国开始在单元机组上使用DCS控制，20世纪90年代末才在发电厂中大范围使用。

随着计算机控制在发电厂中的应用进入成熟阶段，计算机在发电厂管理中占据的地位越来越高。自20世纪80年代初提出了采用关系型数据库的发电厂管理信息系统（Management Information Systems，MIS）后，MIS在全厂运营、生产和行政管理工作服务都有着广泛应用并以此为基础完成设备和维修管理、生产经营管理、财务管理、办公自动化。

电力企业生产和管理由三个层次组成，即：下层的控制操作层，面向运行操作者；中间的生成管理层，面向生产和技术管理者；上层的经营管理层，面向行政和经营管理者。目前，我国许多电厂均建立了面向运行操作者的DCS和面向经营管理层的MIS，恰恰缺少面向生产管理层的自动化网络，这是造成我国电力生产管理水平和运行经济性指标不高的重要原因之一。因此，非常有必要在DCS和MIS间建立一套面向电厂生产管理层的厂级监控信息系统（Supervisory Information System，SIS）。

自 20 世纪 90 年代末以来，SIS 正逐步成为发电企业技术进步的一个新的主要方向。SIS 是以实时数据库为基础，进而实现厂内各个机组和全厂生产过程最优控制和管理的系统，也是一个联系发电厂各生产过程控制系统以及 MIS 的纽带，在综合全厂各单元机组、辅助车间有关实时信息后，通过计算、优化和分析，对各单元机组的运行和设备维护提供在线的运行指导，并进行发电厂各单元机组的负荷经济分配。通过其计算机的通信设施，可以实现全厂各生产部门的实时信息上网共享。

SIS 以网络和计算机软件技术为基础，一方面，将面向机组的 DCS、NCS（Network Control System）和面向全厂的煤、灰、水、RTU 等自动化系统互联，建立统一的实时数据库和应用软件开发平台；另一方面，系统与 MIS、ERP（Enterprise Resource Planning）系统互联，架设起控制系统与管理系统之间的桥梁，实现生产实时信息与管理信息的共享。在此基础上，通过计算、分析、统计、优化、数据挖掘手段及图形监控、报表、WEB 发布等工具，实现发电厂生产过程监视、机组性能及经济指标分析、机组优化运行指导、机组负荷分配优化、锅炉吹灰优化、设备故障诊断、寿命管理等应用功能，从而在更大范围、更深层次上提高生产运行和生产管理的效率，为企业经营者提供辅助决策的手段和工具，最终提高发电企业的综合经济效益。

SIS 和 MIS 形成厂级综合自动化系统。发电厂综合自动化系统是以过程控制和监控分析管理为主的工业综合自动化系统。其层次结构模型如图 7-1 所示。

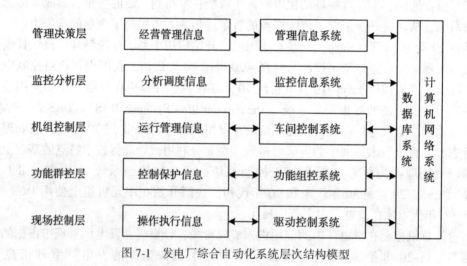

图 7-1 发电厂综合自动化系统层次结构模型

2. 数据通信网络的实现

数据通信是发电厂/变电站综合自动化系统中一个重要的组成环节。整个系统的根本是数据，要提高发电厂/变电站的可靠性、安全性，只有在保证了数据的准确、快速、安全传输的前提下，进一步保证系统安全、稳定、可靠运行才有可能。

（1）RS-485 总线技术

由于计算机日益广泛的应用和数字技术的发展，现在一个系统往往由多台计算机组成，需要解决多站、远距离通信的问题。当通信距离为几十米到上千米时，广泛采用 RS-

485 收发器。

典型的串行通信标准是 RS-232 和 RS-485。但 RS-232 有着以下不足之处：接口的信号电平值较高，易损坏接口电路的芯片，该电平与 TTL 电平不兼容，需使用电平转换电路方能与 TTL 电路连接；传输速率较低，最高传输速率为 20Kbps；因有公共地线易产生共模干扰，抗噪声干扰性弱；传输距离不长，虽大传输距离标准值为 50 英尺，实际上也只能用在 50 米左右的距离；在总线上只允许连接 1 个收发器，即单站能力。

针对以上不足，不断出现了一些新的接口标准，其中之一就是 RS-485。

RS-485 与 RS-232 相比具有以下优点：采用差分信号负逻辑，+2～+6V 表示 "0"，-6～-2V 表示 "1"。接口信号电平值较 RS-232 低，不易损坏接口电路的芯片，与 TTL 电平兼容，可方便与 TTL 电路连接；最高传输速率为 10Mbps；采用平衡发送和差分接收，抗共模干能力增强，抗噪声干扰性好；传输距离长，最大传输距离标准值为 4000 英尺，实际上可达 3000m；在总线上可以做到连接多达 128 个收发器，即具有多站能力。因 RS-485 具有以上优点使其应用广泛。

通过使用 RS-485 总线，只需要一对双绞线就能构成分布式系统，可实现多站联网，同时还具有设备简单、价格低廉、能进行长距离通信等优点，而且现在 RS-485 已经获得大部分仪表的支持。

（2）通信规约

在发电厂综合自动化系统中，各层次之间的数据通信是其能够协调工作的基础。为保证这种数据通信正常有序地进行，双方必须遵守一些共同的通信规约，这些约定称为通信协议。

目前，用于电力系统的通信协议种类很多，有国际标准、国家标准，也有行业标准。目前经常使用的主要有以下通信协议：循环式远动（Cycle Distance Transmission，CDT）通信协议、DNP3-0 通信协议、MODBUS 通信协议和 IEC-60870-5 系列。其中，在 IEC-60870-5 系列中的 104 规约是我国电力行业建议采用的统一远动通信标准。

7.1.2 变电站通信

1. 变电站通信网

智能化变电站的技术基础是变电站通信网，通过变电站通信网智能化的一次设备才能充分发挥其智能功能。借助于通信网，变电站各断路器间隔中保护测控单元、变电站计算机系统、电网控制中心自动化系统得以相互交换信息和信息共享，提高了变电站运行的可靠性，减少了连接电缆和设备数量，实现了变电站远方监视和控制。

变电站自动化（Substation Automation，SA）是将变电站内原本分离的二次设备（包括信号系统、继电保护、测量仪表、自动装置和远动装置等）经过功能组合和优化设计，集成为少量的智能电子设备（Intelligent Electronic Device，IED），并利用先进的现代电子、计算机、通信和信号处理技术，实现对站内主要设备和输配电线路的自动测量、监视、自动控制和继电保护以及与调度通信等综合性的自动化功能。

实现变电站综合自动化的主要目的是为了实现信息交换，而不仅仅是以微机为核心的保护和控制装置来替代传统变电站的保护和控制装置。通过控制和保护互联、相互协调，允许数据在各功能模块之间相互交换来提高它们的性能。通过信息交换，相互通信，实现信息共享，提供常规变电站二次设备所不能提供的功能，减少变电站设备的重复配置，简化设备之间的互联，从整体上提高自动化系统的安全性和经济性，从而提高整个电网的自动化水平。因此，在综合自动化系统中，通信协议标准、分布式技术、网络技术、数据共享等问题，必然成为综合自动化系统的关键问题。

2. 变电站通信需求

变电站综合自动化系统通信分别包括：变电站内部各部分之间的信息传递；变电站与调度控制中心的信息传递。

（1）变电站内的通信需求

① 现场一次设备与间隔层的信息传输。间隔层设备大多需从现场一次设备的电压和电流互感器采集正常情况和故障情况下的电压值和电流值，采集设备的状态信息和故障诊断信息，这些信息主要是：互感器、断路器、变压器的分接头位置，变压器、隔离开关位置，避雷器的诊断信息以及断路器操作信息。

② 间隔层的信息交换。在一个间隔层内部相关的功能模块间，即测量、继电保护和控制、监视之间的数据交换。这类信息包括断路器状态、测量数据、器件的运行状态、同步采样信息等。

同时，不同间隔层之间的数据交换有：主、后备继电保护工作状态、互锁，相关保护动作闭锁，电压无功综合控制装置等信息。

③ 间隔层与变电站层的信息。

测量及状态信息：正常及事故情况下的测量值和计算值，断路器、隔离开关、主变压器分接开关位置、各间隔层运行状态、保护动作信息等。

操作信息：断路器和隔离开关的分、合闸命令，主变压器分接头位置的调节，自动装置的投入与退出等。

参数信息：微机保护和自动装置的整定值等。

（2）综合自动化系统与控制中心的通信需求

综合自动化系统通信控制机或者前置机具有执行远动的功能，会把变电站内相关信息传送给控制中心，同时能接收上级调度数据和控制命令。由变电站向控制中心传送的信息称为"上行信息"；由控制中心向变电站发送的信息称为"下行信息"。这些信息主要包括：

① 遥测信息

（a）三绕组变压器两侧的有功电能、有功功率、电流及第三侧电流，二绕组变压器一侧的有功电能、有功功率、电能。

（b）35kV 及以上线路旁路断路器的有功功率（或电流）及有功电能；35kV 以上联络线的双向有功电能，必要时测无功功率。

（c）各级母线电压（小电流接地系统应测 3 个相电压，而大电流接地系统只测 1 个相电压）、所用变压器低压侧电压、直流母线电压。

（d）10kV 线路电流，母联断路器电流，母线分段、并联补偿装置的三相电流，消弧线圈电流。

（e）用遥测处理的主变压器有载调节的分接头位置，计量分界点的变压器增测无功功率。

（f）主变压器温度、保护设备的室温。

② 遥信信息：

（a）所有断路器位置信号、断路器控制回路断线总信号、断路器操作机构故障总信号。

（b）35kV 及以上线路及旁路主保护信号和重合闸动作信息、母线保护动作信号、主变压器保护动作信号、轻瓦斯动作信号、高频保护收信总信号。

（c）有载调节主变压器分接头的位置信号、反映运行方式的隔离开关位置信号。

（d）变电站事故总信号，变压器冷却系统故障信号，继电保护、故障录波装置故障总信号，直流系统异常信号，低频减负荷动作信号。

（e）小电流接地系统接地信号、变压器油温过高信号、TV 断线信号。

（f）继电保护及自动装置电源中断总信号、遥控操作电源消失信号、远动及自动装置用 UPS 交流电源消失信号、通信系统电源中断信号。

③ 遥控信息：

（a）变电站全部断路器及能遥控的隔离开关。

（b）可进行电控的变压器中性点接地开关。

（c）高频自发信启动。

（d）距离保护闭锁复归。

④ 遥调信息：

（a）有载调压主变压器分接头位置调节。

（b）消弧线圈抽头位置调节。

3. 变电站通信标准

（1）变电站通信协议发展历程

在电力系统通信的早期，由于没有统一的通信协议，变电站、电厂以及调度中心之间只根据简单的约定来实现通信过程，并且通信的内容和要求也没有统一的规定。后来电力系统通信发展到远动阶段，出现了电力调度通信"四遥"，即遥调、遥控、遥测、遥信，分别完成模拟量调节、模拟量采集、数字量采集以及数字量控制的功能。随着世界电力市场的不断发展以及通信技术与计算机技术的突飞猛进，电力系统通信的任务已经不仅仅只是完成"四遥"功能。

20 世纪 90 年代初期，随着微处理器技术的发展，基于微处理器的新型继电保护设备不断出现，国际电工技术委员会（International Electrotechnical Commission，IEC）认识到来自不同厂家的智能电子设备（Intelligent Electric Device，IED）需要一个标准的信息接口，以实现设备的互操作性。为此，IEC TC57 和 IEC TC95 成立了一个联合工作组，制定了"继电保护设备信息接口标准"，即 IEC60870-5-103 标准。

与此同时，美国的电力科学研究院（Electric Power Research Institute，EPRI）在 1990 年开始了公共设施通信体系（Utility Communication Architecture，UCA）标准的制定工作，其目的在于提供一个具有广泛适应性的、功能强大的通信协议，增加详细描述现场设备模型及通信行为定义的规范，使各种智能电子设备能够通过使用该协议实现相互之间的互操作。

IEC 认识到为了适应变电站自动化技术的迅速发展，必须制定一个更为通用、全面的标准，使其能够覆盖整个变电站的通信网络及系统。为此 TC57 专门成立了三个新的工作小组 WG10、WG11、WG12 负责制定 IEC61850 标准。工作组成员分别来自欧洲、北美和亚洲国家，他们有电力调度、继电保护、电厂、操作运行及电力企业的技术背景，其中有些成员参加过北美及欧洲一些标准的制定工作。这三个工作组有着明确的分工：第 10 工作组负责变电站数据通信协议的整体描述和总体功能要求；第 11 工作组负责站级数据通信总线的定义；第 12 工作组负责过程级数据通信协议的定义。在 IEC 三个小组制定 IEC61850 标准的同时，EPRI 也在进行 UCA2.0 标准的制定。为了避免出现两个可能冲突的标准，IEC 决定以 UCA2.0 标准的数据模型和服务为基础，将 UCA 的研究结果纳入 IEC 标准，建立世界范围的统一标准 IEC61850，并于 1999 年 3 月提出了委员会草案版本。2000 年 6 月，IEC TC57 SPAG 会议决定以 IEC61850 标准作为制定电力系统无缝通信系统体系标准的基础，实现将来的统一传输协议。2005 年 6 月 IEC 61850 的 10 个部分全部出版发行。IEC TC57 已撤销第 11、12 工作组，合并、重组第 10 工作组，负责对 IEC 61850 进行修订和补充工作。

我国电力系统控制及通信技术委员会负责将此国际标准转换为国家标准，标准的名称为"DL/T860 变电站通信网络和系统"，等同采用 IEC61850 国际标准，以迅速将此标准转化为电力行业标准，提高我国变电站自动化水平。

变电站通信标准见图 7-2。

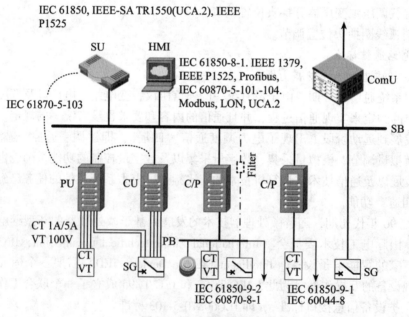

图 7-2　变电站通信标准

变电站与调度端通信标准见图 7-3。

（2）IEC61850 通信标准

IEC61850 系列标准的全称是变电站通信网与系统，是基于以太网（IEEE02.3）的专为变电站控制和自动化提出的通信标准。它是由 IEC 和 IEEE 合作制定的，目的在于提供

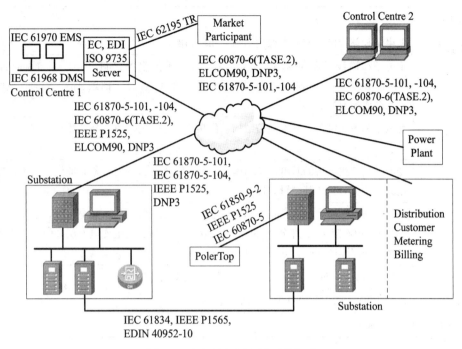

图 7-3 变电站与调度端通信标准

易于集成到现有变电站设施中的灵活和可解释的通信系统。它规范了变电站内智能电子设备（Intelligent Electronic Device，IED）之间的通信行为和相关的系统要求，为形成电力系统自动化产品的"统一标准、统一模型、互联开放"格局奠定了基础。

IEC61850 标准由十大部分、共计十四个分册组成，这一体系对变电站自动化系统的网络和系统做出了全面详细的描述和规范。具体内容见表 7-1。

表 7-1   **IEC61850 标准的内容**

标准名	内 容
IEC 61850-1	基本原则，包括 IEC 61850 的介绍和概貌。
IEC 61850-2	术语定义。
IEC 61850-3	一般要求，包括质量要求（可靠性、可维护性、系统可用性、轻便性、安全性），环境条件，辅助服务，其他标准和规范。
IEC 61850-4	系统和工程管理，包括工程要求（参数分类、工程工具、文件），系统使用周期（产品版本、工程交接、工程交接后的支持），质量保证（责任、测试设备、典型测试、系统测试、工厂验收、现场验收）。
IEC 61850-5	功能和装置模型的通信要求，包括逻辑节点的途径（access of logical nodes），逻辑通信链路，通信信息片的概念、功能的定义。
IEC 61850-6	变电站配置描述语言，包括装置和系统属性的形式语言描述。

续表

标准名	内　　容
IEC 61850-7-1	变电站和馈线设备的基本通信结构：原理和模式。
IEC 61850-7-2	变电站和馈线设备的基本通信结构：抽象通信服务接口（Abstract Communication Service Interface，ACSI），包括抽象通信服务接口的描述、抽象通信服务的规范以及服务数据库的模型。
IEC 61850-7-3	变电站和馈线设备的基本通信结构：公共数据类，包括抽象公共数据类及其属性的定义。
IEC 61850-7-4	变电站和馈线设备的基本通信结构：兼容逻辑节点和数据对象寻址，包括逻辑节点的定义、数据对象及其逻辑寻址。
IEC 61850-8	特定通信服务映射（Special Communication Service Mapping，SCSM）：对制造报文规范 ISO/IEC9506 第 1、2 部分及 ISO/IEC 8802-3 的映射，规范变电站层和间隔层内以及变电站层和间隔层之间的通信映射。
IEC 61850-9-1	特定 SCSM：单向多路点对点串行通信链路上的采样值。
IEC 61850-9-2	特定 SCSM：映射到 ISO/IEC 8802.3 的采样值。
IEC 61850-10	一致性测试。

IEC 61850 标准是基于通用网络通信平台的变电站自动化系统的唯一国际标准。与传统的通信协议相比，该系列标准的特点总体上概括为分层的智能电子设备和变电站自动化系统；根据电力系统生产过程的特点，制定了满足实时信息和其他信息传输要求的服务模型；采用抽象通信服务接口、特定通信服务映射，以适应网络技术迅速发展的要求；采用面向对象建模技术，面向设备建模和自我描述，以适应应用功能的扩展和需要，满足应用开放互操作要求；采用变电站配置语言，在信息源定义数据和数据属性；定义和传输元数据，扩充数据和设备管理功能；传输采样测量值。此外，还包括变电站通信网络和系统总体要求、系统和工程管理、一致性测试等。

如图 7-4 所示，变电站通信网分为 3 层：过程层、间隔层、站控层。

过程层包含由一次设备和智能组件构成的智能设备、合并单元和智能终端，完成变电站电能分配、变换、传输及其测量、控制、保护、计量、状态监测等相关功能。

间隔层设备一般指继电保护装置、测控装置、故障录波等二次设备，实现使用一个间隔的数据并且作用于间隔一次设备的功能，即与各种远方输入/输出、智能传感器和控制器通信。

站控层包含自动化系统、站域控制系统、通信系统、对时系统等子系统，实现面向全站或一个以上一次设备的测量和控制功能，完成数据采集和监视控制（Supervisory Control And Data Acquisition，SCADA）、操作闭锁及同步向量采集、电能量采集、保护信息管理等相关功能。

4. 变电站通信网络的性能要求

由于数据通信在变电站自动化系统内的重要性，经济、可靠的数据通信成为系统的技术核心，而由于变电站的特殊环境和变电站自动化系统的要求，使变电站通信网络应具备

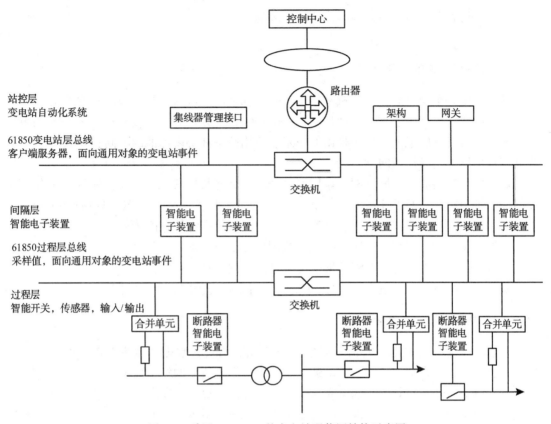

图 7-4　采用 IEC61850 的变电站通信网结构示意图

以下特点和要求：

① 系统安全性。网络资源及网络中的数据信息不能被破坏、窃取、修改等，加密技术和防火墙技术是保证网络资源安全的技术基础。

② 快速的实时响应能力。变电站自动化系统的数据通信网络要及时传输现场的实时运行信息和操作控制信息。在电力工业标准中对系统的数据传送都有严格的实时性指标，网络必须能够很好地保证数据通信的实时性。

③ 很高的可靠性。由于电力系统是连续运行的，变电站数据通信网络也必须连续、可靠运行，通信网络的故障和非正常工作会影响整个变电站自动化系统的运行。设计不合理的系统，严重时甚至会造成设备和人身事故，带来巨大的经济损失。因此，变电站自动化系统的通信网络必须保证很高的可靠性。

④ 优良的电磁兼容性能。变电站是一个具有强电磁干扰的环境，存在电源、雷击、跳闸等强电磁干扰，通信环境恶劣，数据通信网络必须注意采取相应的措施消除这些干扰的影响。

⑤ 合理的通信负荷分配。系统通信网应能使通信负荷合理分配，保证不出现"瓶颈"现象。保证通信负荷不过载，应采用分层分布式通信结构。此外，应对站内通信网的信息安全性能合理划分，根据数据的特征及实时性指标的高低进行处理。

7.2 发电厂/变电站计算机光纤通信网

7.2.1 计算机网络的分类

按覆盖地理范围划分，计算机网络可以分为局域网、城域网和广域网3种类型。

局域网用于将优先范围（例如一所校园或其中的实验室、大楼）内的各种计算机、终端与外部设备互联成网。按照采用的技术、应用范围和协议标准的不同，局域网可以分为共享局域网与交换局域网。

城市区域网络简称为城域网。城域网是介于广域网与局域网之间的一种高速网络。城域网的设计目标是满足几十公里范围内的大量企业、机关、公司的多个局域网的互联需求，以实现大量用户之间的数据、语音、图形与视频等多种信息的传输。

广域网又称为远程网，所覆盖的地理范围从几十公里到几千公里。广域网可以覆盖几个国家或地区，甚至横跨几个洲，形成国际性的远程计算机网络。

从以上定义可知，发电厂/变电站中的计算机光纤通信网属于局域网。

7.2.2 厂站内光缆主干系统

发电厂和变电站的光纤通信承载的业务不仅有语音、数据、宽带、IP 等常规业务，还承载继电保护、自动化、安全自动装置和电力市场化所需的宽带数据等专业业务；特别是保护和安全自动装置对光缆的可靠性和安全性提出了更高的要求。可以说，光纤通信已经成为电力系统安全稳定运行以及电力系统生产生活中不可缺少的重要组成部分，因此光缆的综合布线十分重要。发电厂和变电站内综合布线系统总体设计要求为：先进、实用、灵活、可扩展、标准、可靠和经济，同时也应着重考虑系统的整体性和扩展性，对发电厂升压站和变电站后续高压线路接入扩建，要进行整体的设计规划和投资估算。

厂站内光缆主干系统主要为发电厂升压站（或变电站）龙门架至通信机房和保护小室，通信光配线架至站内保护小室、远动装置和发电厂集控室（或变电站控制室）、发电厂办公区（主要视频会议室）等之间光环网光缆线路及通信光配架综合布线，经竖井垂直铺设，室外走管道井或预埋管线。

7.2.3 厂站内光缆主干系统结构

① 发电厂的场内通信包括：通信机房、保护小室、集控室和视频会议室，如图 7-5 所示。

在采用光纤保护时，从升压站龙门架（OPGW 或 ADSS）经光缆接线盒按照"Y"形分接到通信机房和保护小室，传统保护小室采用连续盒直接连接到保护装置，备用纤芯则捆扎在保护装置旁；由于一般设计保护主备用纤芯比例为 1：1，一方面操作时容易误伤纤芯，另一方面也造成资源浪费。通过采用光配架实现了标准化，同时避免了以上情况的发生。集控室由于操作票上传系统 1×2M 业务，距离通信机房超过 200m，在通信机房——集控室应采用一对光 PDH 开通 2M 业务；视频会议室一般设在办公大楼中，距离大多超过 800m，同样在通信机房——视频会议室也应采用一对光 PDH 开通 2M 业务，以

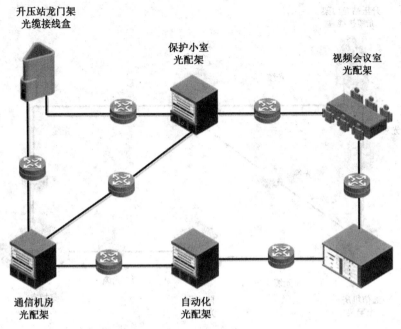

图 7-5 发电厂场内通信系统

便传送 2×2M 会议电视业务。

② 早期建成的 500kV、220kV 变电站通信包括：独立通信机房、保护小室和集控室，如图 7-6 所示。

通信机房保护小室光缆选择至少 16 芯单模 ADSS 光缆，采用电缆沟的敷设方式，应符合设计规范。通信机房和自动化机房如果在同一栋楼则可以采用 16 芯或芯普缆；光配架在初步设计审查时应考虑以后高压线路接入所需的芯数；光纤采用圆形带螺纹 FC 接头，以便统一跳纤。

③ 近期建成的 500kV、220kV 变电站的通信机房，自动化集中控制室、保护小室各自独立，通信光配架和保护小室光配架也应通过光缆连接，如图 7-7 所示。

7.2.4 厂站内光缆的综合布线特点

1. 光缆线路安全、可靠

安装高性能光缆链路的过程包括敷设光缆、光缆双端连接器的端接、双端跳线和网络设备的连接。敷设光缆时如果出现严重的光缆弯曲，则会造成过量的损耗；同时新敷设的线缆交叉到现用光缆，如果施工误碰，都有可能损伤在役光缆。例如发电厂的通信机房、保护小室、集控室和视频会议室形成环状结构，场内敷设建议采用具有良性机械特性和温度特性的 ADSS 光缆，可有效保证光缆线路的畅通和防电、防腐蚀、防水、防潮，特别是发电厂保护小室——通信机房光缆都在升压站内管道敷设，增加了通信和保护专用纤芯的可靠性。

2. 可扩展性强

系统的扩展可以方便地通过以下方式进行。以 500kV、200kV 变电站为例，当新建线

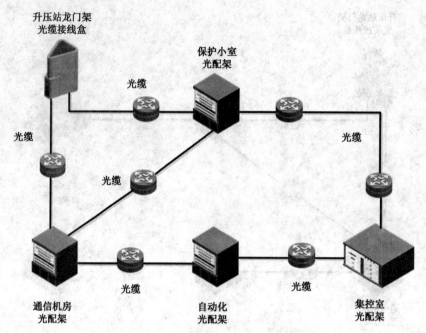

图 7-6　早期变电站通信系统

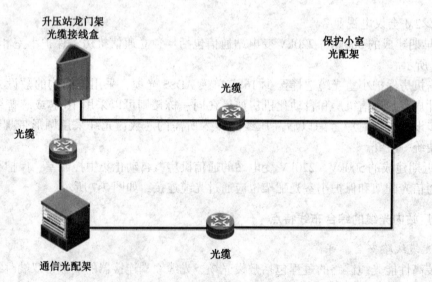

图 7-7　近期变电站通信系统

路需要使用原来的光缆纤芯时，可以通过保护小室——通信机房的光配架直接跳纤芯（在线进行，无需停机），同样适用于把保护纤芯跳作通信纤芯使用。

　　由于光配架的光纤采用统一 FC 接头，可以灵活地在通信光配架——发电厂集控室和保护小室——发电厂集控室之间相互跳纤，满足新业务的需求。

3. 纤芯测试方便

由于采用光配架，可以定期对高压线路备用纤芯进行全程 OTDR 维护或光缆在线监测和对站内光缆测试，以便掌握光缆运行状态。

7.2.5 厂站内计算机网络通信设备

1. 光端机

光端机是光通信系统中的传输设备，主要是进行光电转换及传输。目前主通信网设备以诺基亚、西门子和马可尼设备为主，地区通信网以大唐、烽火、华为和阿尔卡特设备为主，小变电站还会用瑞斯康达等小厂家的设备。

光端机分为 3 类：PDH、SPDH 和 SDH。

准同步数字系列（Plesiochronous Digital Hierarchy，PDH）光端机是小容量光端机，一般成对应用，容量一般为 4E1（一种中继线路的数据传输标准 1E1 通常速率为 2.48Mbps）、8E1、16E1。

同步数字系列（Synchronous Digital Hierarchy，SDH）光端机容量较大，一般是 16E1 到 4021E1。

SPDH（Synchronous Plesiochronous Digital Hierarchy）光端机介于 PDH 和 SDH 之间。SPDH 是带有 SDH 特点的 PDH 传输体制，基于 PDH 的码速调整原理，同时又尽可能采用 SDH 中的一部分组网技术。

2. PCM 设备

脉冲编码调制（Pulse Code Modulation，PCM），也就是对语音信号进行脉冲采样、数字量化、合路组帧的过程。电话语音信号的频带限制在 300~3400Hz，为了将模拟的语音信号数字化，首先要对模拟信号进行脉冲采样（时间量化）。根据采样定理，对语音信号采用的脉冲频率至少为语音信号频率的两倍，取为 8kHz。然后再对采样得到的 PCM 脉冲进行幅度量化，每个脉冲幅度用 8b 表示，这样每一路电话信号的 PCM 编码速率为 8K/s×8b＝64Kb/s。

3. 配线架

光纤配线架：光纤配线架（Optical Distribution Frame，ODF）是用于光纤通信系统中局端主干光缆的成端和分配，可方便地实现光纤线路的连接、分配和调度。

数字配线架：数字配线架（Digital Distribution Frame，DOF）是连接从光端机出来的 2M 线和从用户设备出来的 2M 线的架子。

音频配线架：音频配线架是连接 PCM 等设备音频出线与用户侧设备音频出线的配线架。

4. 通信电源系统

目前通信电源系统主要包括交流配电屏、直流配电屏、高频开关电源、免维护蓄电池四个部分。随着变电站对通信电源可靠性要求的不断提升，220kV 及以上电压等级的常规变电站设计为两套独立的通信电源系统。以某地区变电站为例，每座变电站配置 1 台交流配电屏、2 台直流配电屏、2 台高频开关电源、2 组免维护蓄电池。具体方案如图 7-8 所示。

通信电源正常工作时，通信设备由开关电源供电，同时开关电源对蓄电池组充电，确

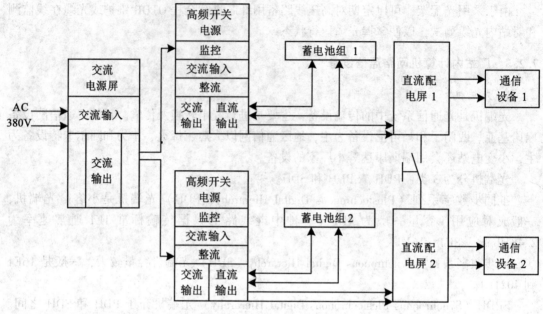

图 7-8　电站内通信电源系统

保蓄电池处于满容量工作状态。当交流系统或开关电源设备出现故障时，由蓄电池对通信设备进行供电。故障恢复后，通信电源进入正常工作模式。

这种方式的好处在于通信电源的可靠性比较强。当其中一套电源发生故障时，另一套电源所带的通信设备和线路保护设备还能正常运行，不影响变电站的各类信息传送。

7.3　发电厂/变电站通信网络规约

随着计算机、网络和通信技术的不断发展，电力系统调度运行的信息传输要求不断提高，信息传输方式已逐步走向数字化和网络化。为此，国际电工委员会电力系统控制及其通信技术委员会（IECTC57）根据形势发展的要求负责开发电力系统控制和相关的发电、输电及配电实时操作和规划领域的电信标准，以适应和引导电力系统调度自动化的发展，规范调度自动化及远动设备的技术性能。

7.3.1　变电站通信网络规约 IEC 61850

由于大规模集成电路技术的强劲发展，导致了先进的、快速的、功能强的微型处理器的出现，才有变电站自动化系统实现的可能性。这个结果引起了变电站二次设备从电子-机械设备向数字设备的发展，反过来又提供了采用一些智能电子设备去完成所要求的功能（继电保护、当地和远方监视与控制）等来实现变电站自动化系统的可能性。自然，提出了在智能电子设备之间高效通信的要求，特别是标准协议的要求。

工业实践经验表明，已出现制定标准通信协议的强烈需求及其机遇，以支持不同制造厂生产的智能电子设备具有互操作性。互操作性是指能够工作在同一个网络上或者通信通路上共享信息和命令的能力。智能电子设备的互换性，指由一个制造厂供应的设备可以用另一个制造厂供应的设备所代替，而不用改变系统中的其他元件。变电站自动化、标准化的目的是制定一个满足功能和性能要求的通信标准，并能够支持将来技术的发展。

国际电工委员会 TC57 制定了《变电站通信网络和系统》系列标准，该系列标准为基于网络通信平台的变电站自动化系统唯一国际标准，即"无缝通信系统体系"，并定名为"变电站和控制中心通过 61850 通信"，属于 DL/Z 860（变电站通信网络和系统）系列标准的一部分。DL/Z 860 系列标准是：

DL/Z 860.1 变电站通信网络和系统 第 1 部分：概论

DL/Z 860.2 变电站通信网络和系统 第 2 部分：术语

DL/Z 860.3 变电站通信网络和系统 第 3 部分：总体要求

DL/Z 860.4 变电站通信网络和系统 第 4 部分：系统和项目管理

DL/Z 860.5 变电站通信网络和系统 第 5 部分：功能和设备模型的通信要求

DL/Z 860.6 变电站通信网络和系统 第 6 部分：与变电站有关的 IED 的通信配置描述语言

DL/Z 860.71 变电站通信网络和系统 第 7-1 部分：变电站和馈线设备基本通信结构原理和模型

DL/Z 860.72 变电站通信网络和系统 第 7-2 部分：变电站和馈线设备的基本通信结构抽象通信服务接口（ACSI）

DL/Z 860.73 变电站通信网络和系统 第 7-3 部分：变电站和馈线设备基本通信结构公用数据类

DL/Z 860.74 变电站通信网络和系统 第 7-4 部分：变电站和馈线设备的基本通信结构兼容的逻辑节点类和数据类

DL/Z 860.8 变电站通信网络和系统 第 8 部分：特定通信服务映射（SCSM）映射到 MMS（ISO/IEC 9506 第 2 部分）和 ISO/IEC 8802-3

DL/Z 860.91 变电站通信网络和系统 第 9-1 部分：特定通信服务映射（SCSM）通过串行单方向多点共线点对点链路传输采样测量值

DL/Z 860.92 变电站通信网络和系统 第 9-2 部分：特定通信服务映射（SCSM）通过 ISO/IEC 8802.3 传输采样测量值

DL/Z 860.10 变电站通信网络和系统 第 10 部分：一致性测试

本部分等同采用国际电工委员会标准《IEC 61850-1：2003 变电站通信网络和系统第 1 部分：概论》。

1. IEC 61850 标准特性

该标准具有一系列特点和优点：分层的智能电子设备和变电站自动化系统；根据电力系统生产过程的特点，制定了满足实时信息和其他信息传输要求的服务模型；采用抽象通信服务接口、特定通信服务映射以适应网络技术迅猛发展的要求；采用对象建模技术，面向设备建模和自我描述以适应应用功能的需要和发展，满足应用开放互操作性要求；快速传输变化值；采用配置语言，配备配置工具，在信息源定义数据和数据属性；定义和传输元数据，扩充数据和设备管理功能；传输采样测量值等。并制定了变电站通信网络和系统总体要求、系统和工程管理、一致性测试等标准。迅速将此国际标准转化为电力行业标准，并贯彻执行，将提高我国变电站自动化水平，促进自动化技术的发展，实现互操作性。

通信标准必须支持变电站运行功能，对应用功能进行标识和描述是为了定义通信要求，如被交换的数据总量、交换时间约束等通信协议标准将最大限度地使用现有的标准和共同接受的通信原理。

标准将保证下述特性：

① 全部通信协议基于已有的 IEC/IEEE/ISO/OSI 可用的通信标准的基础上；

② 采用的协议是开放的并支持设备自我描述，以达到增加新功能的可能性；

③ 标准将基于电力工业的相关需求的数据对象；

④ 通信的语法和语义将基于采用电力系统相关的共同数据对象；

⑤ 通信标准将考虑到变电站是电力系统的一个节点，即变电站自动化系统是整个电力控制系统的一个单元。

2. 制定适用标准的方法

（1）概述

采用以下三种方法制定一个适用标准：

功能分解：为了理解分布功能组件间的逻辑关系，并用描述功能、子功能和功能接口的逻辑节点表示。

数据流：为了理解通信接口，通信接口应支持分布功能的组件间交换信息和功能性能要求。

信息建模：用来定义信息交换的抽象语义和语法，并用数据对象类和类型、属性、抽象对象方法（服务）和它们之间的关系来表示。

（2）功能和逻辑节点

标准的目的是规定各项要求，并提供一个框架以达到由不同供应商提供的智能电子设备的互操作性。分配到智能电子设备和控制层的功能并不是固定不变的，它和可用性要求、性能要求、价格约束、技术水平、公司策略等密切相关。因此，标准应支持功能的自由分配。功能分成由不同智能电子设备实现的许多部分，这些部分之间彼此通信（分布式功能），称为逻辑节点的这些部分的通信性能必须支持智能电子设备所要求的互操作性。

变电站自动化系统的功能是控制和监视，以及一次设备和电网的继电保护和监视。其他（系统）功能是和系统本身有关的，例如通信的监视。

功能分成三层：变电站层、间隔层、过程层。变电站自动化系统接口模型如图 7-9 所示，该模型为本标准系统的基础。

变电站自动化系统设备可物理地安装在不同功能（站、间隔、过程）层。过程层设备典型的为远方 I/O、智能传感器和执行器。间隔层设备由每个间隔的控制、保护或监视单元组成。变电站层设备由带数据库的计算机、操作员工作台、远方通信接口等组成。

为了达到上述标准化的目的，所有变电站自动化系统的已知功能被标识并分成许多子功能（逻辑节点）。逻辑节点常驻在不同设备内和不同层内。图 7-10 所示为功能、逻辑节点和物理节点（设备）之间的关系。

位于不同物理设备的两个或多个逻辑节点所完成的功能称为分布的功能。因为所有功

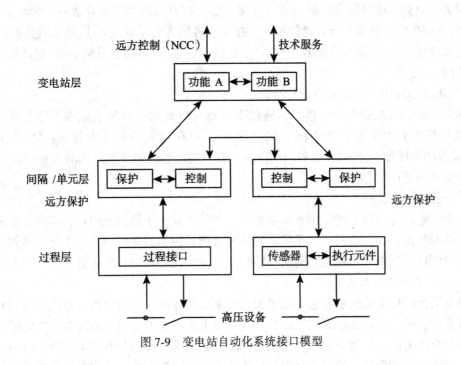

图 7-9 变电站自动化系统接口模型

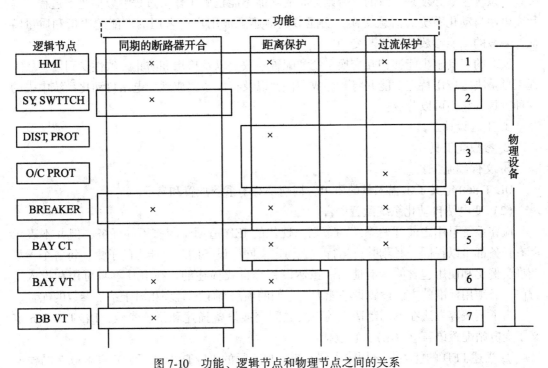

图 7-10 功能、逻辑节点和物理节点之间的关系

能在一些通路内通信，当地功能或者分布功能的定义不是唯一的，它依赖于执行功能步骤
的定义，直到完成功能。当实现分布功能，丢失一个 LN 或者丢失包含的通信链路时引起

的反应为：例如功能可完全闭锁，或（如果合适）将功能降级以弱化故障的影响。

DL/Z 860 标准系列对所有已知的功能按下述各项进行了描述：① 功能的任务；② 功能的启动准则；③ 功能的结果和影响；④ 功能的性能；⑤ 功能分解；⑥ 和其他功能的交互作用。

在 DL/Z 860 中不对功能进行标准化。

DL/Z 860.5（功能和设备模型的通信要求）对所有相关逻辑节点按下述各项进行描述：① 按照它们大多数公共应用领域进行分组；② 功能的短文本描述；③ 尽量采用 IEEE 设备功能序号；④ 用表格和功能描述来表示功能和逻辑节点之间的关系；⑤ 用表格描述被交换的通信信息片。

3. 一般系统概述

一个变电站自动化系统，由不同制造厂生产的智能电子设备来组成，不仅需要满足功能和设备的互操作性，还需要满足统一的系统管理和协调的系统特性。本标准系列不仅覆盖通信，而且还覆盖了工程工具的质量特性、质量管理的措施和配置管理。

（1）工程工具和参数

变电站自动化系统的组件包含配置和运行参数两方面，配置参数是在离线设置并设置参数后重新启动；运行参数的在线设置改变不会干扰系统的运行。系统参数决定了智能电子设备的协调工作，包括变电站自动化系统的内部结构、过程与其技术限制、可用组件的关系。系统参数必须是一致的，否则分布的功能不能正确工作。过程参数描述了过程环境和变电站自动化系统的信息交换。功能参数描述了被用户所采用的功能的质量和质量特征，一般的功能参数可在线改变。

所有的工具至少能够相互交换系统和配置参数，以及检出和防止一致性受到侵害。工程工具是决定应用特定功能并将其形成文件，以及将设备集成到变电站自动化系统中去的一种工具。它们可以分成：

① 工程设计工具；

② 参数化工具；

③ 文件编制工具。

DL/T 860 定义了工程工具的要求，特别是对于系统配置和参数。

（2）变电站自动化系统配置语言

应在系统可用之前开始系统的策划。现代的 IED 适用于很多不同任务，但并不表示所有任务都可以在同一时刻并行运行，必须定义同一设备的几个能力的子集，每一个子集允许实例化和使用包含的所有能力。虽然设备是自我描述的，在 IED 本身可用和投入运行前，必须用标准的方法设置设备能力、它们的项目特定配置和相对于系统参数的配置。

为了用兼容方法在不同制造厂的工具之间交换设备描述和系统参数，DL/T 860.6 定义了变电站配置语言（SCL），它包括：

① 描述 LED 的能力，可用输入到系统工程工具的 DL/T 860.5 和 DL/T 860.7 的模型来描述其能力；

② 描述为单个 IED 定义系统参数所需的全部数据，特别是将 IED 和其功能与变电站本身结合的部分，包括单线图和其在通信系统中的位置。

语言本身基于 XML。为了上述目的，它还包含下述子节：

① 变电站子节：描述变电站单线图以及它和逻辑节点的连接，逻辑节点在 IED 定义了和变电站部分以及变电站设备结合的 IED；

② 通信子节：用连接通信链接来描述 IED 之间的通信连接；

③ LED 子节：描述一个或多个 IED 的能力（配置），逻辑节点和其他 IED 的连接；

④ LNType 子节：定义 IED 的逻辑节点实例内实际包含了哪些数据对象。

（3）一般要求

DL/T 860.3 定义了通信网络的一般要求，着重于质量要求。它也牵涉环境条件和辅助服务的导则，并牵涉其他标准和规范的有关特定要求的建议。DL/T 860 详细定义了质量要求，例如可靠性、可用性、可维护性、安全性、数据完整性和其他用于变电站内过程的监视和控制所采用通信系统的要求。

其他要求一般为地理要求，在变电站的通信网络可能长达 2km。对于变电站自动化系统的某些组件，例如间隔控制单元，在 IEC 内设有"产品委员会"负责制定标准，环境条件必须引用其他适用的 IEC 标准。

已经引用了气候、机械和电气干扰等 IEC 标准，用于变电站的过程监视和控制的通信介质和接口。通信设备可能出现不同的电磁扰动，如由电源线路、信号线路引起的传导或者环境直接辐射引起的扰动。扰动的类型、电平与通信设备工作的特定条件有关。

对于 EMI 的要求，可参考 IEC 的其他标准，但必须制定附加的条件。

4. 一致性测试

一致性要求和确定它们的有效性是系统和设备验收的重要部分。为了系统和设备的互操作性，DL/T 860.10 规定了变电站自动化系统设备的一致性测试方法，给出了建立测试条件和系统测试的导则。

5. 标准系列的结构和内容

DL/T 860 "变电站通信网络和系统"的各个部分的名称和内容如下：

第 1 部分　概述

——本标准系列的介绍和概貌。

第 2 部分　术语

——术语解释。

第 3 部分　总体要求

——质量要求［可靠性、可维护性、系统可用性、可携带性（轻便性）、安全性］；环境条件；供电；其他标准和规范。

第 4 部分　系统和项目管理

——工程要求（参数分类、工程工具、文件）；系统寿命周期（产品版本、停产、停产后的支持）；质量保证（责任设备、型式试验、系统测试、工厂验收、现场验收）。

第 5 部分　功能和设备模型的通信要求

——基本要求；逻辑节点的分析；逻辑通信链路；通信信息片的概念；逻辑节点和相关的通信信息片；性能；功能；"动态情况"（不同运行条件下信息量要求）。

第 6 部分　与变电站有关的 IED 的通信配置描述语言

——系统工程过程概述；基于 XML 的系统和配置参数交换文件格式的定义；一次系统构成（单线图）描述；通信连接描述；IED 能力；逻辑节点对一次系统的分配。

第 7-1 部分　变电站和馈线设备的基本通信结构原理和模型

——DL/T 860.7-x 的介绍；通信原理和模型。

第 7-2 部分　变电站和馈线设备的基本通信结构抽象通信服务接口（ACSD）

——抽象通信服务接口的描述；抽象通信服务的规范；设备数据库结构的模型。

第 7-3 部分　变电站和馈线设备的基本通信结构公用数据类和相关属性

第 7-4 部分　变电站和馈线设备的基本通信结构兼容的逻辑节点类和数据类

——逻辑节点类、数据类的定义；逻辑节点类是由数据类组成的。

第 8 部分　特定通信服务映射

——用于整个变电站内通信服务的映射。

第 9 部分　特定通信服务映射

——用于传输采样模拟值传输服务的映射。

第 10 部分　一致性测试

———一致性测试规则；质量保证和测试；所要求的文件；有关设备的一致性测试；测试手段、测试设备的要求和有效性的证明。

7.3.2　远动设备及系统规约 IEC 60870

远动系统用于监视和控制广域分布的过程，它由各种设备和功能构成。这些设备和功能对必要的过程信息进行采集、处理、传输和显示。发电厂及变电站自动化监控离不开远动系统。远动系统的性能基本上取决于如下因素：

① 从源发站到目的站传输信息的数据完整性；

② 信息向目的站传输的速度。

数据完整性是从源发站到目的站信息内容传输的不变性。信息传输速度通过总传输时间度量。有些信息（例如命令）的传输要求响应速度很高，而环境条件却可能很严酷，因此有必要制定针对数据采集和数据传输的相应标准，以满足对数据完整性和传输效率的严格要求。

本系列标准的目的是为远动系统的合理规划设计和可靠运行提供适当的信息，虽然是专为电力系统的远动系统制定的，但也可以应用到其他领域，如供水领域、供气领域等。

1. 远动系统在电力系统运行中的作用

在广域分布过程的运行中，与之有关的基本方面包括产品的生产、最佳传输方式和分配。对于不同产品（例如燃气、水、石油或电等），这些都大致相同。电力系统运行中采用的远动系统很先进，可以作为其他领域应用的范例。

电力供应的质量（包括可靠性）在很大程度上取决于保证必需的监视和控制功能的远动系统。远动系统的结构由电力系统的结构及用户采取的运行策略决定，实质上是分布式过程的控制系统，与广域分布的输配电网的层次结构一致。从运行的观点看，一个远动系统可以为整个电网服务，也可以分为几个职责不同的层级，甚至还可以将它分成完全独立或部分独立的几个子系统。

发电厂的厂内监控系统通常独立于电网的远动系统，但有些监视信息可从发电厂的当地监控系统传送到电网远动系统。反之，有些控制信息（如发电的定值命令）则是从电网远动系统发送到厂内监控系统（如负载频率的自动调节）。

远动系统的控制范围从少量的点对点监视控制功能直到覆盖广大地域的多级系统。计算机技术应用于远动系统的各层级，这使远动系统可以在各层级上对信息进行预处理，从而避免了不必要的多余的数据传输。远动系统可对重要功能提供冗余，以满足规定的可用性和可靠性要求。

由于远动系统的结构不同，一些扩展功能，如负载频率控制、稳定分析、状态预估、短期负载预计管理等，可以由远动系统自己处理，也可以另由实时计算机系统处理。

2. 决定远动系统设计的要求

① 功能特性。远动系统的设计应使操作员能正确地获得电网中关键点的实际运行状态信息，并能迅速正确做出响应。

② 环境条件。安装的设备在规定的环境条件下应能正常运行。详细规定及环境条件的分类见：

GB/T 15153.1 远动设备及系统 第2部分：工作条件 第1篇：电源和电磁兼容性；

GB/T 15153.2 远动设备及系统 第2部分：工作条件 第2篇：环境条件（气候、机械和其他非电影响因素）。

③ 可靠性、可用性和安全性。对可靠性、可用性和安全性（RAS）的要求取决于具体应用方式。远动系统及其所有组成部分都满足这些要求。尽管一般不把不间断电源视为远动系统的组成部分，但它也应满足有关 RAS 规定。远动系统内所有电子设备都应符合电磁兼容性要求。

④ 可维护性、可服务性、可扩展性和向上兼容性。设备应具备自诊断能力及快速故障标示和定位功能。硬件和软件都应具备可维护性和可扩展性，以适应后续的更换和扩展需要。设计改进、技术进步和运行方式的变化等也应加以考虑。软件的组成应使运行控制人员可以根据电网的变化快捷方便地修改软件。

3. 远动系统功能

远动系统功能分为以下几层：

（1）应用层功能

应用层的基本功能是处理来自和/或发往过程层和操作员的各种形式的信息。经远动系统基本应用功能处理后，数据所包含的信息内容应保持不变，即保持数据的完整性。应用层基本功能主要的子功能是：

① 监视（自过程层采集信息）；② 命令和控制（在过程层执行）。

应用层的扩展处理功能派生于基本功能，以运算处理功能的方法在过程层和操作员的输入和/或输出侧工作。扩展处理功能可以由远动系统的 CPU 执行，也可以由单独的计算机系统执行。扩展处理功能的典型例子（按总传输时间的优先级别降序排列）有：

越限指示；自动报警；故障状态显示；测量值总加量显示；实时状态估计；故障定位；实时事故记录；频率负荷控制和经济能量管理；安全稳定监视和分析；累计量显示；短期能量管理；事故评估；自动减负荷和恢复；水电火电联调和机组组合。

（2）运算处理功能

运算处理功能可保证数据采集正确并提供适当的数据表示方法。典型的运算处理功能有：① 使通过人与过程层间接口的输入输出信号匹配；② 消除接点抖动；③ 检测故障状态信息；④ 越限检查；⑤ 真实性校核；⑥ 脉冲增量确认；⑦ 测量量的工程值计算；

⑧ 求和及其他算术运算。

应用现代技术可以较经济地实现附加的运算处理功能，既可以在信息采集站实现，也可以在信息集中站实现。这一过程称为预处理。预处理信息还可以由控制站的 CPU 进行再处理。预处理可以减少需传输的数据的数量，特别是在紧急情况下可以防止传输电路和人机接口可能发生过负荷。

（3）远动数据传输

① 数据传输标准的作用。ITU、ISO 等国际组织已经发布了一些数据传输标准。一般标准的特征是用于商业数据传输，即在科研或商用计算机系统与远方终端之间传输数据。数据传输路径可以是公用电话系统的租用电路，距离从几千米到几百千米。常按办公自动化的要求对这类数据的处理进行优化。报文格式及协议尽量适合这类服务的时间性和数据完整性要求。

远动数据是在线、实时传输的，远动系统的特征是使物质或能量移动，它的标准需对数据完整性提出严格要求。对远动数据传输的典型要求是：

（a）可用性很高；

（b）数据完整性很高；

（c）传输时间很短，可对事件实时响应；

（d）信息传输效率高；

（e）在有电磁干扰和地电位差很高的情况下能正确运行。

在带宽有限及环境条件恶劣的传输路径中，"高数据完整性"和"短传输时间"这两个要求是互相矛盾的，这是实现上述要求的主要问题。为了获得高可用性，常采用企业专有的传输介质作为通道，如地下电缆、架空电缆、电力线载波和微波通道等。

② 数据传输层、网络层、电路层和物理传输层功能。数据传输层功能包括为在各站间实现有效、可靠的数据传输进行管理所需要的各种功能。从各站的应用层收到不同优先级别、不同长度、不同对话类型和不同目的站的报文传输请求，由协议的较低层以适当的过程传输，并向上层报告执行成功或检测到差错。动态性差错可由自恢复过程纠正，向上层报告的是检测到的持续性差错。

由较高层管理并与较低层（电路层和物理传输层）相配合的典型的功能是：突发信息和循环信息传输的优先组织；根据请求进行维护工作或例行试验（如电路、站或部分系统的投入或退出）；差错恢复方法；差错检测码的生成和监视；帧同步码、报文帧确认码的生成和监视，帧长度差错的检测；报文帧的串行编码和解码；信号质量监视；信号电平和数据格式的转换。

远动数据传输有 3 种基本启动方式：

（a）事件启动（突发传输）。数据传输由发生的事件启动，如断路器变位、测量值变化等。这种方式最适于实时性要求。为保证事件启动传输能够正常运行，需要周期性地发出测试信息。

（b）按请求传输。主站要求从站传输信息。在多个从站情况下，这种方式也称为召唤式或查询式。

（c）循环传输。这种方式常用于从站向控制站传输测量值和开关量。测量值和/或开关量的组合以时分方式传送。应注意，循环传输会使数据的更新延迟，而且，随着一个循环周期内传输数据量的增加延迟还会增加。这种方式在信息传输方向只需要一条路径。

在事件启动传输和按请求传输方式中数据只传一次，因此，对数据完整性的要求很高。而在循环传输方式中，由于随机的信息差错可以在后面的循环中纠正，数据完整性差一些也能满足要求。

习 题

1. 与其他通信方式相比，光通信的优越性体现在哪些方面？
2. 光通信传输网络一般分为几层？
3. 电网光通信网络通信通常有哪些防雷措施？

第8章 智能电网/能源互联网中的通信技术

8.1 概述

8.1.1 智能电网的定义和主要特征

能源的应用与发展所面临的首要挑战就是以可再生能源逐步替代化石能源，建造能源使用的创新体系，以信息技术彻底改造现有能源的利用，最大限度地开发电网体系的能源效率。因此，期望通过一个数字化信息网络系统将能源资源开发、输送、存储、转换（发电）、变电、输电、配电、供电、售电、服务以及蓄能与能源终端用户的各种电气设备和其他用能设施连接在一起，通过智能化控制实现精确供能、对应供能、互助供能和互补供能，将能源利用效率和能源供应安全提高到全新的水平，将污染与温室气体排放降低到环境可以接受的程度，使用户成本和投资效益达到一种合理的状态。这就是智能电网的思想。

智能电网的基础是分布式数据传输、计算和控制技术，以及多个供电单元之间数据和控制命令的有效传输技术。目前很多国家非常注重智能电网技术的研究，其内容覆盖发电、输电、配电和售电等环节。许多电力企业也在加快智能电网建设实践的进程，通过技术与具体业务的有效结合，使智能电网建设在企业生产经营过程中切实发挥作用，最终达到提高运营绩效的目的。随着我国特高压电网的建设和电力体制改革的不断深化，智能电网已经成为我国电网发展的一个新方向。在宏观政策层面，电力行业需要满足国家建设资源节约型和环境友好型社会的要求。为了在电力市场层面上深化改革，随着在电能交易手段与定价方式方面的不断深入，市场供需双方互动将越来越频繁，电网必须能够灵活地支持各种类型的电能交易。受限于经济发展状况、电网建设水平、内外部发展环境的影响，各国对于智能电网建设的愿景和侧重点有所差异，对智能电网概念的描述也不尽相同，直到现在，世界范围内尚没有一个统一的理解。而且随着相关技术的不断改革，智能电网的概念仍处在不断丰富和清晰中。

结合我国能源实际分布状况，同时也是为了优化电力资源配置，为电力系统更高层次的智能化提供坚实的基础，电网企业、研究机构及专家学者在对智能电网的概念和范畴进行了深入细致的探讨后，提出了各具代表性的智能电网发展思路。例如，国家电网公司提出，智能电网应以特高压电网为骨干网架、各级电网协调发展作为建设思路。南方电网公司则强调以"智能、高效、可靠、绿色"为关键，提出了实事求是、积极稳妥地推进智能电网建设的指导方针，把提高电力系统安全稳定运行水平，提高系统和资产利用效率，提高用户侧的能效管理和优质服务水平，提高资源优化配置和高效利用能力，促进资源节约型、环境友好型社会的建设和发展作为智能电网的发展目标。

各国智能电网的定义不同，但其根本要求是一致的，即电网应该"更坚强、更智能"。坚强是智能电网的坚实基础，智能是坚强电网充分发挥作用的关键，两者相辅相成、协调统一。根据各国研究结果总结来看，智能电网应该具备以下几个方面的特性：

① 自愈能力强。在故障发生后的短时间内能够及时发现并自动隔离故障，防止电网发生大规模停电，自愈性是智能电网最重要的特性之一。自愈电网通过持续对电网设备运行状态进行监控，实时检测运行中的异常信号并进行相应的决策和控制，以减少因设备故障导致供电中断的范围和时间。

② 可靠性高。在提高电网中各关键设备的制造水平和工艺质量的同时，充分利用通信、计算机等技术的进步，对各种一次设备实施状态监测，从而做到及时准确定位故障。

③ 资产管理优化。电力系统是一个技术密集型的复杂系统，系统中多种不同的电气设备精密、准确地运行着。智能电网利用数字化、信息化技术实现对繁杂资产设备的精细化管理，从而延长设备正常运行时间，提高设备资源利用效率。

④ 经济高效。智能电网可以提高电力设备利用效率，使电网处于一种更加高效、节能的运行状态，具有更好的经济效益。

⑤ 与用电客户友好互动。将不断进步的通信技术应用于电力系统之中，用电客户可以实时了解电价状况和计划停电信息，合理安排电器使用；电力企业也可根据客户的用电计划，合理优化配置发、输、配电资源，为客户提供更多可选的增值服务。

⑥ 适应不同规模的分布式电源接入。随着分布式电源渗透率的提高，风力发电、光伏发电、储能设备等各种不同规模的小型发电、储能设备将广泛分布于用户侧。为保持电网的安全稳定运行，智能电网必须具备与之适应的安全、控制及保护设备。同时为了便于电能计量计费，还需要拥有配套的双向测量和能量管理系统。

目前关于智能电网的著作很多，但智能电网的研究与建设尚处于初级阶段，还需要国内外各领域专家、学者进行广泛的交流、探讨，以进一步丰富、完善智能电网的内涵和建设模式，通过发、输、变、配、用、调度等各个环节以及信息通信等其他支撑技术的研究，在现有技术的基础上，进行系统集成、科学创新，将智能电网作为一个完整的系统进行建设。

8.1.2　能源互联网的定义和主要特征

能源危机逐渐成为阻碍全世界范围内经济发展的最重要因素之一，能源互联网被公认为能有效解决全球能源资源的优化配置，是解决能源危机的最有前景的研究和发展方向。能源互联网提出的初衷在于利用信息物理融合与综合能源融合，对分布式光伏、风电、微型燃气轮机等新能源进行充分消纳利用，以促进能源体系的清洁替代与电能替代。能源互联网是能源技术与互联网信息技术相结合的产物，涉及众多行业和技术的变革，是跨越多学科领域的综合系统工程。作为其核心的学科领域，能源互联网对电工学科的发展带来了巨大的机遇和挑战，是电工学科未来发展的一个新方向。

能源互联网将推动分布式发电、可再生能源、储能、新型电力电子器件、直流输电、电工新材料、电动汽车等关键技术领域产生重大突破，使电工学科的发展与国家的能源发展、产业变革、环境变化应对、科技创新等重大战略紧密结合。

能源互联网，顾名思义，首先是 Internet 式的智能电网，是在现有能源供给系统与配电网的基础上，通过先进的电力电子技术和信息技术作为纽带，深入融合了新能源与互联网技术，将大量分布式能量采集装置和分布式能量储存装置互联起来，实现能量和信息双向流动的能源对等交换和共享网络。

能源互联网的基本架构与组成元素如图 8-1 所示。

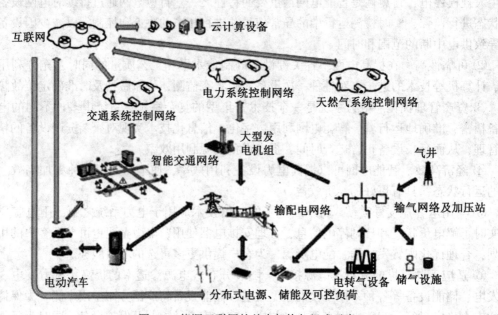

图 8-1　能源互联网的基本架构与组成元素

为了应对未来可再生能源的规模化利用，在能源互联网构想提出之前，各国均以新能源和互联网络为基础的智能电网作为培育新兴产业的重点，有针对性地拟定了发展战略和行动路线。

欧洲及美国等早已开展了有关能源互联网研究，并在示范点地区取得了一定的成果。我国关于能源互联网的研究起步晚，加快能源互联网发展的任务迫在眉睫。随着中国在特高压和智能电网领域逐渐成为世界领先的实践者，构建跨洲输电通道实现全球能源互联也将愈来愈逼近实际操作层面。

国内外能源互联网发展状态对比如图 8-2 所示。

各国能源互联网研究重点对比见图 8-3。

各国对能源互联网概念的解读看似有所区别、重点各异，但本质上并没有冲突，可以理解为能源互联网概念在产业层次和时空尺度上的不同分布。进而存在这样一种可能性，即可以将各类解读统一起来，形成一个考虑多重产业和广域时空的综合性能源互联网理解方式。有学者试图总结出这一理解方式，将其概括为"Single-Double-Triple"特征体系。

1. Single

能源互联网首先应具有大综合特性，具备在一个综合网络中覆盖"大时空"、分配"大能源"、处理"大数据"、保护"大生态"、孕育"大产业"的能力，概括为"一张网络"，即"Single"特征。

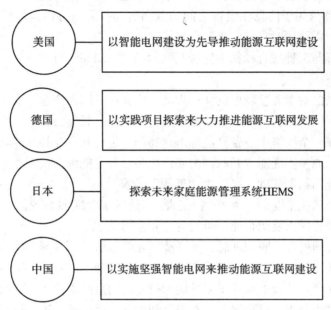

图 8-2　国内外能源互联网发展状态对比图

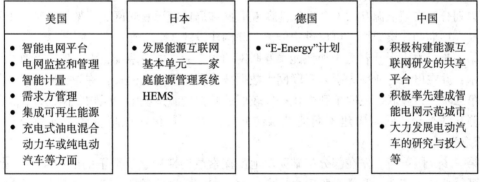

图 8-3　各国能源互联网研究重点对比图

2. Double

从能源互联网概念产生的背景和将面临的社会生态环境出发，其构建将主要围绕以下两个目标：

第一，促进可再生清洁能源逐步替代化石能源，同时促进化石能源利用的清洁化，核心是"替代"，这一目标需要电力系统协助进行。

第二，促进多种能源之间的协调互补，构建能源流动共享的平台，促进"大能源"的高效利用与消纳，核心是"协调"，互联网理念及其技术将是这一目标实现的关键。

能源互联网应强调以下两种融合：

第一，多种能源系统融合，包括电力系统、燃气系统、热力系统、石油煤炭系统、交通系统等。

第二，能源信息融合，一方面，实现"替代"必须以能源物理基础设施为物质基础；实现"协调"必须依赖于信息在设备之间的双向传递；另一方面，能源设备即插即用地接入能源互联网，需要同时具备物理和信息接口。

以上两个目标与两种融合概括为能源互联网的"Double"特性。

3. Triple

基于上文总结的对能源互联网的 4 种理解，将其在时间和产业分布上进行综合，本文尝试概括出能源互联网的 3 大层面，并指明其相互联系。具体为：

第 1 层面是在一个网络中将各种能源形式物理流进行互联互补互相转化。电网内部的进一步广泛互联互通是实现能源互联网的必由之路；各类能源系统间相互转换接口的建立是多能源互联互补的物理基础。可记为"能源"含义。

第 2 层面是信息流角度的"互联网+能源"，这既包含能源系统的物理信息融合，也包含互联网商业模式融入能源行业。可记为"信息"含义。

第 3 层面是合理借鉴互联网理念，如开放、互联、对等、共享等价值体系及其实现方式，对能源系统的结构、运行、设备形态进行改造，实现 1+1>2 的革命性变革。

这三大层面在产业分布上覆盖了多种能源行业、信息技术产业、互联网商业、装备制造业等行业，在时间分布上可理解为具有先后和相互支撑关系：第一层和第二层是第三层实现的基础，第三层的推进又能够促进第一层和第二层的优化。

能源互联网在物理上依然是一个能源网络，物理拓扑结构也应具有层次性。能源互联网可以划分为广域能源互联网、区域能源互联网和局域能源互联网 3 层架构。结合上文总结的 3 大层面和 3 层架构，可以设想能源互联网建设的 3 个步骤：

第一步，强主干。着力于加强能源互联网的主干——电力系统，大力发展特高压输电等技术，并在电力行业率先引入互联网大数据技术和相关商业模式，称为"强主干"。

第二步，筑互联。在原本智能化程度较弱的其他能源系统中加强物联网建设，构筑数据量测互联平台，同时构建不同能源系统间互联互通转化接口与协调控制平台，称为"筑互联"。

第三步，图革新。先在部分基础薄弱地区探索革新性理念改造下的能源互联网建设，验证可行性与经济性，形成经验后再推广，逐步在全局建设互联网理念合理改造下的能源互联网形态，称为"图革新"。

8.1.3　智能电网/能源互联网中的信息通信

随着智能电网、电力企业信息化建设和能源互联网的发展，对电力通信的实时性、覆盖面、灵活性、可靠性和安全性提出了更高的要求。但是，现有的电力通信技术多样，却缺乏协同，难以满足跨地域、跨行业互联，同时为智能电网提供无缝覆盖的需求。电网状态数据的采集、传输、处理是实现电网智能化的前提和基础，因此，建立一个具备电网多状态实时监测、数据采集、传输、处理、协同等特征的电力传感网络至关重要。同时，电力信息通信网络各专业网络规划相对独立，只能被动接受业务需求，规划时很大可能没有主动分析其他专业规划环境、网络演进和发展趋势。随着通信网规模日益庞大，结构更加复杂，承载的电力系统生产、管理业务信息量飞速增长，通信网的安全风险与驾驭难度不断上升，形势也变得日趋严峻。

1. 光纤通信的特征及其地位

光纤通信由于具有损耗低、传输频带宽、容量大、体积小、重量轻、抗干扰、不易串音等优点而备受青睐。早在 1995 年，为解决超大容量、超高速率和超长中继距离传输问题，密集波分复用技术成为国际上的主要研究对象。密集波分复用光纤通信系统极大地增加了每对光纤的传输容量，经济有效地解决了主干通信网的瓶颈问题。为了实现信息传输的高速化，满足大众的需求，不仅要有宽带的主干传输网络，同时还需要有信息高速公路"最后一公里"的光纤接入网。在光纤宽带接入中，由于光纤到达位置的不同，有 FTTB、FTTC、FTTCab 和 FTTH 等几种不同的应用方式，统称 FTTx。基于 PON 技术的 FTTH 已经被提出近 20 年，并于 2004 年首先在日本进入快速发展阶段，随后在韩国和北美开始大规模部署，欧洲的部分国家也已启动 FTTH 建设。截至 2014 年年底，日本的 FTTH 用户数已经达到 1370 万，PON 技术成为仅次于 ADSL 的宽带接入技术。

2. 光纤通信应用实例

国家电网公司于"十二五"期间在 SG186 工程基础上，建设了信息高度共享、业务深度互动、覆盖面更广、集成度更高、实用性更强、安全性更好、国际领先的国家电网资源计划系统（SG-ERP），扩展和完善了一体化企业级信息集成平台建设，实现了生产与控制、企业经营管理、营销与市场交易三大领域的业务与信息化的融合，集成和共享了电力流、信息流、业务流等全部企业信息，用于支撑公司业务分析，辅助公司战略管理。国家电网公司全面建成信息化企业，平台建设成果如图 8-4 所示，其信息化整体水平达到国际领先。

特高压电网规模不断扩大，使得电力光通信站距逐渐增加，从而也使得通信中继站选址、建设和维护方面的困难愈加明显。运用光通信中继器完全取代中继站，对于架空光缆线路电气设计、运行、在线监测都是一种全新的技术。随着目前数据中心、信息化系统的建设步伐不断加快以及电力业务带宽需求的迅速增长，现有网络难以满足大并发业务的带宽和数据传输的实时性要求。开展光子网络研究是解决该问题的主要方法，可以满足未来电力业务带宽需求的增长以及高并发、高实时数据传输的性能要求。同时，在技术突破的基础上，需要主动分析业务与网络的演进和发展趋势，研究设备层、网络层运行状况以及承载不同业务的综合仿真技术，为骨干网的规划、建设、运维和改进提供改进建议。就目前而言，电网对通信网的依赖性不断增强，对骨干网的安全可靠性要求不断提高，因此电力通信系统可靠性也需要深入研究，同时建立安全风险评估体系，严格管控影响通信网安全的环节，并深入研究电力特种光缆的安全运行技术。

电力骨干通信网具有鲜明的行业应用特点，主要表现在贴近电力业务需求、重点以保障电网安全稳定运行为主要目标。提升电力骨干网的承载能力和安全运行水平，充分利用光通信领域的技术成果，是其发展趋势。同时，随着电力业务的发展，深入开展骨干通信网的仿真、可靠性分析及风险评估也是下一步的重要研究工作。其中，应用逐步向基于超低损光纤和光中继器的超长距离通信、骨干网和电网的联合仿真、基于业务的风险评估、光纤网和光通信设备智能化运行等方向发展，基础前瞻类逐步向光子网络等方向发展。重点发展方向有电力特种光缆、光子网络及信息安全等三个方面。

① 电力特种光缆。光缆作为基础设施，需要考虑其全寿命期间所有潜在的通信需求，在相同光纤环境下，系统容量越高、传输距离越短。为了解决系统容量与传输距离之间的

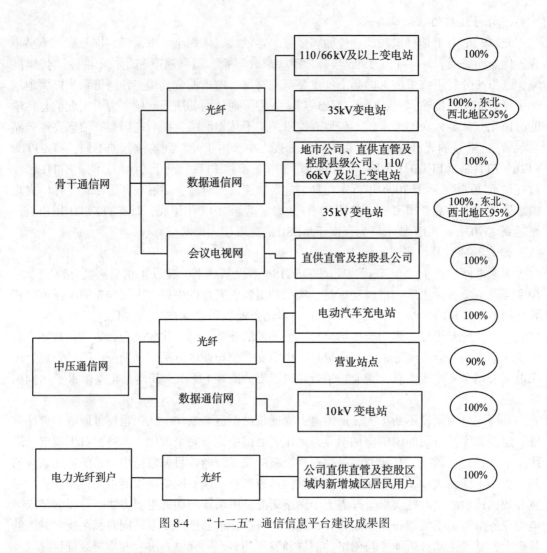

图 8-4   "十二五"通信信息平台建设成果图

矛盾,需要使用超低损光纤(Ultra Low Loss Fiber, ULL)。电力特种光缆具有自身的运行规律,其运行安全也是今后研究的重点。

② 光子网络。通信系统的性能、功耗、成本和可靠性很大程度上取决于技术体制和基础器件。光子网络将多个光模块集成在一个光子集成芯片中,可以很好地解决现有光通信器件中的速度、稳定性等问题,对超高速、远距离通信具有重要意义,是未来光通信的主要发展方向。

③ 信息安全。随着电力系统中的信息安全问题日益严重,引起电力系统运行人员的重要关注,因此投入大量资金购置种类繁多的安全设备。但在使用过程中由于受人力资源的限制,难以做到全面兼顾和精细化管理。具体表现在:有限的人员编制与大量安全设备间的矛盾;有限的技术水平与信息安全设备所涉及的各类安全技术之间的矛盾。因此,需综合考虑各类因素,结合实际做到管理与技术并重,以最佳防护方式建设电力信息安全防护体系。有针对性、分阶段地部署适合电网发展的安全防护技术,并强化管理措施,建设好具有电力特色的信息安全防护体系。

8.2 智能电网光通信网基本架构

8.2.1 智能电网与信息通信

电力系统通信是现代电力系统的重要组成部分，是为了保证电力系统的安全稳定运行同时保证其信息的有效传递而配置的。我国电力通信技术应用起步比较早，经过多年努力达到了较高的水平，已成为支撑智能电网的基础技术。我国根据自己的国情以自建为主的方式建立了电力专用通信网，经过几十年的建设，我国电力通信基本建成以光纤为主，以微波、卫星为辅，覆盖全国、技术先进、大容量的立体交叉通信网络。电力通信网在电力系统的运行及调度中发挥着重要作用。一方面，电力通信网传输电力系统运行控制信息，包括远动、保护、负荷控制、调度自动化等，保障电网处在一个安全、可靠、经济的环境；另一方面，电力通信网传输各种电力生产及管理信息，为电力系统的良好运行提供高速率、高可靠性的信息传输通道。

智能电网信息与通信技术（Information and Communication Technology，ICT）作为智能电网通信网络建设的基础，为电网安全、稳定、经济、优质和高效运行提供全方位技术支撑，是实现电网"智能"的基础。良好的信息通信贯穿于电网的发电、输电、变电、配电、用电、调度六大应用环节，还将为绿色节能环保、资源最优化配置、防灾减灾等方面提供坚强的技术支持。ICT 技术具体包括智能光网、宽带无线、计算机网络、下一代网络等。

智能光网络是指具有自动传送交换连接功能的光网络。智能光网络技术是从 SDH 等原有网络技术发展而来的。运营商在采用智能光网络设备开发新的业务平台时，可继续利用已有网络基础设施。智能光网络可以实现流量控制功能，允许将网络资源动态分配给路由，可以实现业务的快速恢复，可以提供新的业务类型，注入按需带宽分配业务和虚拟专用网等功能。随着智能联网技术的不断引入，网络将会继续演进成为智能电网的宽带化、智能化等多服务提供平台。

计算机网络是利用通信线路将分散在不同地点并且具有独立功能的多个计算机系统相互连接，实现资源共享的信息系统。计算机与通信的结合主要体现在两个方面：一方面是通信网络为计算机之间的数据传输提供必要手段，另一方面是计算机技术发展渗透到通信技术中，提高通信网络的性能。

下一代通信网络（Next Generation Network，NGN）则结合了因特网和电信网的特点。首先，它是分组的网络，能够提供电信业务，利用多种宽带能力和 QoS 保证的传送技术，其业务相关功能和传送技术相独立。NGN 支持通用移动性，用户可以自由接入不同的业务提供商。NGN 采用基于 MPLS 的 BGP-VPLS 和 IPv6 的组网技术，将统一通信作为应用服务的核心，将多种业务融合在一个基于 IP 的基础网络平台上，使得用户在任何时间、任何地点都可以快捷地应用多种通信模式与其他用户保持联系。

8.2.2 光纤通信技术

随着电力通信行业的快速发展，对传输网络和通信能力的要求愈加严格，对通信传输的技术也提出了更高的要求。光纤网具有速度快、容量大、传输距离长、安全性高、可靠性强等特点，使其成为下一代传输网的首选。具体到电力系统中，为了确保电力通信传输网络安全稳定地运行，同时保证其通信的质量，对光纤通信技术也提出了更高的要求。如何才能实现这个目标，光纤技术也面临着极大的挑战。

光纤通信技术是光导纤维通信技术的简称，它的传输介质是光纤，载体是光波。光纤传输系统由终端站和中继站组成，光缆则组成了传输线路。终端站的发送设备包括光源和驱动，通过设备把电信号的电流转化为光信号功率，即光发送机；接收设备则主要负责光检测和光放大，把光信号功率再次转化为电流信号，即光接收机。中继站设备则包括光检测和光源，它把接收到的光信号转化为电信号，判断后再次处理成电信号发送。光纤通信示意图如图 8-5 所示。

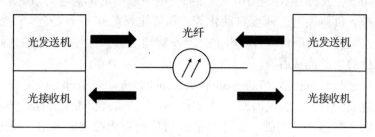

图 8-5　光纤通信示意图

光纤信号的损耗低，中继距离长，传输距离远。通信系统频带宽，通信容量巨大同时抗干扰能力强，保密性好，应用广泛。线径细，重量轻，体积小，抗化学腐蚀能力强。光纤制造原材料丰富，成本低，价格便宜，与传统通信技术比较具有十分明显的优点和特性，目前被广泛应用于一些专用通信系统，如电力系统、交通运输系统、飞机内部数据传输系统等，已成为现代通信网络的主要传输手段。

电力系统的通信系统与其他公用网相比，有其自身独特的特点。比如，电力系统通信的业务量大，但单个业务的容量较小，可靠性要求比较高。因此，在进行电力系统的光纤通信网络建设中必须结合电力通信本身的特点进行考虑，同时要利用现有的优势进行建设。在电力系统中运用较多的专用特殊光缆一般有 3 种，包括地线复合光缆（Optical Power Ground Wire，OPGW）、全介质自承式（All Dieletric Self-Supporting，ADSS）光缆、相线复合光缆（Optical Phase Conductor，OPPC）。

由于电力系统的独特性，对传输速率的要求较高，其中影响光纤传输速率的重要因素就是光纤通信的传输组网方式。目前，在电力系统通信中使用较合适的是波分复用（WDM）技术和同步数字体系有机结合的方式。

1. WDM 工作原理

WDM 技术，就是以光作为载波，在同一根光纤内同时传输多个不同波长的光载波信号的技术。每个波长的光波都可以单独携带语音、数据和图像信号，因此，使用 WDM 技术最大的好处就是可以让单根光纤的传输容量倍增。图 8-6 所示为 WDM 传输系统工作原理图。

在发送端，n 个光发射机分别工作在 n 个不同波长上，这 n 个波长间有适当的间隔，

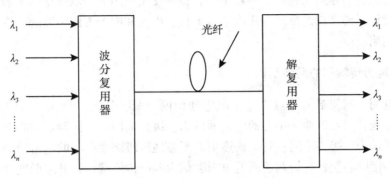

图 8-6　WDM 传输系统工作原理图

分别记为 λ_1，λ_2，$\cdots$，λ_n。这 n 个光波作为载波分别在经过信号调制变换后可以携带信息。一个波分复用器将这些不同波长的光载波信号进行合并，耦合入单模光纤。在接收部分由一个解复用器将不同波长的光载波信号分开，送入各自的接收机进行检测。

2. WDM 系统的基本组成

WDM 系统的组成部分有工作在不同波长上的激光器，有能够将不同波长的光信号进行合并选择和分路的波分复用器和解复用器，还要有将解复用后的光信号进行光电检测的光接收机，以便还原出原始信号。若要传输更长的距离，则还需要能够将各路光信号同时进行放大的放大器。图 8-7 所示为一个包含有功率光放大器、在线光放大器和前置光放大器的点到点单向传输 WDM 系统。其中，Tx 表示发射机（Transmitter），Rx 表示接收机（Receiver），OC-192 表示光层的传输速率。除了上述几个部分外，大部分 WDM 系统还应包括光监控部分和网络管理部分。

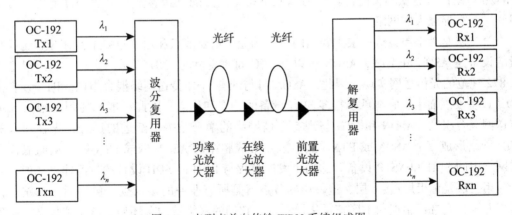

图 8-7　点到点单向传输 WDM 系统组成图

WDM 系统的传输方式可以使用双纤单向传输和单纤双向传输。双纤单向传输指的是一根光纤完成一个方向的传输，而另一根光纤则完成反方向的传输。由于两个方向的传输分别由两根光纤完成，因此同一个波长可以在两个方向上同时被利用。单纤双向传输则是由同一根光纤完成两个方向的信号传输，两个方向的信号必须分配不同的波长，同一波长不能被两个方向的信号同时利用。一般来说，目前使用最多的为双纤单向传输。单纤双向传输在系统设计时要考虑光反射、多次通过干扰、串扰和两个方向传输的功率点平均值等问题，因而使用较少。

8.2.3　智能电力传输网的网络结构

电力输电网的网架结构特点决定了电力通信网分级、分层、分区的传输网络拓扑结构。国调中心至各大省区调度中心的电力通信为一级传输网；大区调度中心至各省级调度中心的电力通信为二级传输网；省级调度中心至各地区级调度中心的电力通信为三级传输网；地区级调度中心至各县级调度所的电力通信为四级传输网；各县级调度通信网便是电力通信的五级传输网。就目前的建设成果来看，电网骨干传输网大多形成了基于 SDH 技术和波分复用技术的宽带传输网络，形成环型和网型网架结构的传输网，使得传输网具有很强的自愈能力。

"十二五"期间，电网致力于强化和优化网架结构，扩充和完善 SDH 网络，建设波分复用网络，使骨干通信网的可靠性、覆盖范围、覆盖水平和宽带承载能力得到显著提升，充分满足电网的业务承载和接入网汇聚接入能力的要求。对骨干传输网波分复用传输系统进行统一规划和设计，并充分利用各级骨干传输网的相关资源，互补互援。

鉴于以上分析，在未来很长一段时间电力传输网将采用多种设备混合组网应用方式。DWDM、ASON、OTN 和 PTN 技术的优点决定了它们是下一代光传输网的主流技术。如图 8-8 所示，电力传输网网络分为三层，分别是核心层、骨干层和汇聚层/接入层。

第一层是核心层，这一层主要由网络中几个核心数据机房组成，建议布设的设备是 DWDM 和 ASON。在这一层网络中有大容量数据传送的需求，有更高、更快、更安全的网络保护和恢复的需求，也是在这一层才有足够的光纤资源建设成网状网，同时充分利用 DWDM 系统的大容量和长途传输能力以及 ASON 节点的宽带容量和灵活调度能力，可以组建一个功能强大的网络。

第二层是骨干层，这一层主要由网络中的业务重要节点和通路重要节点组成，建议布设的设备是 ASON 和 PTN，ASON 可以基于 G.803 规范的 SDH 传送网实现，也可以基于 G.872 规范的光传送网实现。因此，ASON 可与现有 SDH 传送网络混合组网。PTN 设备由 SDH 设备发展而来，它继承了很多 SDH 设备的特点和优点，因此一般都能很好地与 SDH 传送网混合组网。ASON 和 PTN 与现有电信网络的融合是一个渐进的过程，先在现有的 SDH 网络形成一个 ASON 或 PTN，然后逐步形成整个的 ASON 网或 PTN 网，从而取代原来网络中的 SDH 和 NSTP 设备。这两个发展过程与 PDH 向 SDH 设备的过渡非常相似。

第三层是汇聚层/接入层，这一层的节点就是所有业务的接入点，包括通信基站、大客户专线、宽带租用点和小区宽带集散点等。它们的网络结构有环型、链型和星型，业务需求也各式各样，有需要 IP 业务的，有需要 ATM 业务的，还有需要 2M 业务的，等等。建议布设的设备是 PTN。PTN 一种设备就可以满足所有各式的业务需求，从而实现"一网承送多重业务"。但是一网承送多重业务这个目标是一个渐进过程，目前这层网络中的设备也还是以 SDH 和 MSTP 为主，一般先是在有多业务需求的节点布设 PTN 设备，逐步由 PTN 单节点演进到全 PTN 环，最后形成全 PTN 汇聚网/接入网。

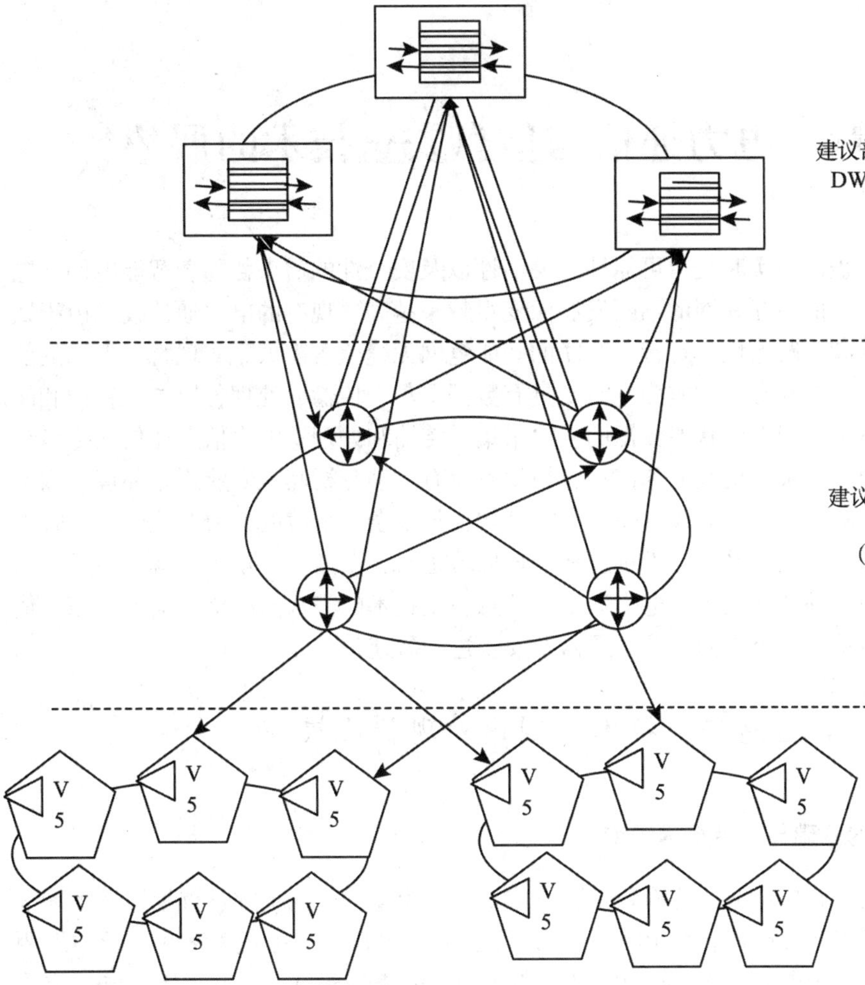

核心层
建议部署设备类型：
DWDM、ASON

骨干层
建议部署设备类型：
ASON、PTN
（MSTP、SDH）

汇聚层/接入层
建议部署设备类型：
PTN
（MSTP、SDH）

图 8-8　电力传输网的三层网络结构图

习　题

1. 能源互联网建设的 3 个步骤是什么？
2. 电力骨干网的发展趋势是什么？其重点发展方向有哪些？
3. 智能电力传输网的网络结构分为哪几层？分别是什么？
4. 请作出点到点单向传输 WDM 系统组成图。

第9章 电力通信与信息安全技术的展望

电力通信的覆盖面、实时性、可靠性、灵活性以及安全性的需求伴随着智能电网、电力企业信息化建设和能源互联网的不断发展而变得越来越高。现有的电力通信技术由于缺乏协同能力而难以满足跨地域、跨行业互联的智能电网无缝覆盖需求。实现智能电网的前提和基础是电网具备多状态实时监测，需要具有数据采集、传输、处理、协同等特征和能力的电力传感网络来实现电网状态数据的实时采集、传输和处理。电力信息通信网络各专业网络规划相对独立，被动接受业务需求，规划时没有主动分析其他专业规划环境、网络演进和发展趋势。随着通信网规模日益庞大，结构更加复杂，承载的电力系统生产、管理业务信息量飞速增长，通信网的运维难度和安全风险也与日俱增。本章主要就电力通信与信息安全技术的国内外现状比较、电力通信与信息安全技术的需求与展望、电力通信与信息安全技术的发展重点三个方面对信息通信及安全进行叙述。

9.1 电力通信与信息安全技术的国内外现状比较

9.1.1 电力通信的基础与平台技术领域

由于光纤通信具有损耗低、传输频带宽、体积小、容量大、抗干扰、重量轻、不易串音等优点，因此发展非常迅速。自 1995 年起，为解决超大容量、超高速率和超长中继距离传输问题，密集波分复用（Dense Wavelength Division Multiplexing，DWDM）技术成为国际上的主要研究对象。DWDM 光纤通信系统通过增加每对光纤的传输容量，有效并且经济地解决了主干通信网的瓶颈问题。为了满足大众通信需求，实现信息的高速传输，不仅要有宽带的主干传输网络，同时还需要有信息高速公路"最后一公里"的光纤接入网。在光纤宽带接入中，由于光纤到达位置的不同，有 FTTB、FTTC、FTTCab 和 FTTH 等不同的应用，统称 FTTx，是新一代的光纤用户接入网，用于连接电信运营商和终端用户。FTTx 的网络可以是有源光纤网络，也可以是无源光网络。基于 PON 技术的 FTTH 已经被提出近 20 年，最初是在日本于 2004 年进入快速发展，随后在韩国和北美开始大规模部署，欧洲的部分国家也已启动 FTTH 建设。截至 2015 年初，日本的 FTTH 用户数已达到 1370 万，PON 技术成为仅次于 ADSL 的宽带接入技术。

我国在"十二五"期间在 SG186 工程基础上，建设了覆盖面更广、信息高度共享、实用性更强、业务深度互动、集成度更高、安全性更好、国际领先的国家电网资源计划系统（SG-ERP），扩展和完善了一体化企业级信息集成平台建设，实现了生产与控制、企业经营管理、营销与市场交易三大领域的业务与信息化的融合，集成和共享了电力流、信息流、业务流等全部企业信息，用于支撑公司业务分析，辅助公司战略管理。国家公司全面建成信息化企业，信息化整体达到国际领先水平，平台建设成果如表 9-1 所示。

表 9-1   "十二五"通信信息平台建设成果

类 别		区 域		覆盖率
骨干通信网	光纤	110/66kV 及以上变电站		100%
		35kV 变电站	华东、华北、华中	100%
			东北、西北	95%
			新建	100%
	数据通信网	地市公司、直供直管及控股县级公司、110/66kV 及以上变电站		100%
		35kV 变电站	华东、华北、华中	100%
			东北、西北	95%
			新建	100%
	会议电视网	直供直管及控股县公司		100%
中压通信网	光纤	电动汽车充电站		100%
		营业站点		90%
	数据通信网	10kV 变电站		100%
电力光纤到户	光纤	公司直供直管及控股区域内新增城区居民用户		100%

9.1.2 电力通信共性技术领域

在开展电力信息通信标准体系研究的国际标准组织中，最具代表性的有美国电气与电子工程师协会（Institute of Electrical and Electronics Engineers，IEEE）、国际电信联盟远程通信标准化组织（International Telecommunication Union Telecommunication Standardization Sector，ITU-T）、美国国家标准与技术研究院（National Institute of Standards and Technology，NIST）等。2011 年 6 月，IEEE 发布了 IEEE 2030TM《IEEE P2030 能源技术和信息技术与电力系统（EPS）、最终应用及负荷的智能电网互操作性指南》。通过电力系统、通信技术、信息技术 3 个不同专业角度的分析得到了 IEEE 的智能电网的体系结构。如图 9-1 所示。通过上述分析厘清了其对应的主要组件以及这些组件之间存在的关系。通信技术视角互操作模型（如图 9-2 所示）强调的是在智能电网中，系统、设备和应用之间的通信连通性，总共由 23 个实体（如网级电源网络、输变电网络、馈线分布式电源/微网网络、能源服务接口/户内网、广域网、公共 Internet 等）和 71 个接口组成。信息技术视角互操作模型强调的是过程控制和数据管理，总共由 27 个实体（如电厂控制、能量管理、地理信息管理、用户能量管理与控制、用户管理门户、测量数据管理、能源市场等）和 35 个数据流构成。

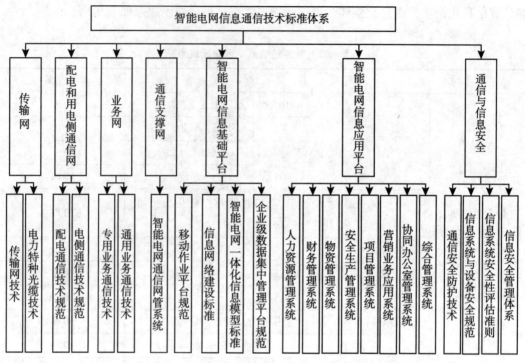

图 9-1 电力系统信息通信技术标准体系框图

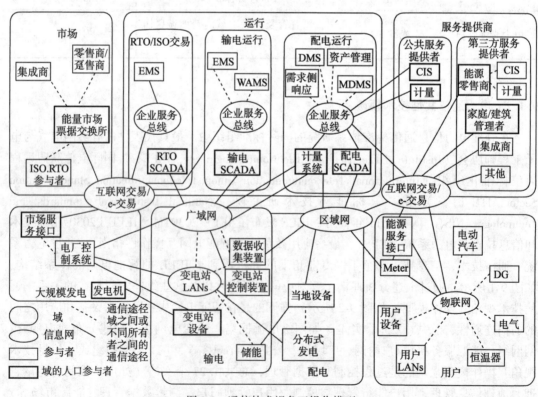

图 9-2 通信技术视角互操作模型

2009 年，国家电网公司启动了智能电网技术标准体系研究。结合国内外智能电网标准研究和制定工作的最新进展，从中国建设智能电网的需求出发，按照 8 个专业分支，在梳理已有的 779 项国际标准和 772 项国内标准的基础上，编制完成了《国家电网公司智能电网技术标准体系规划》，并在 2010 年 6 月发布。标准体系的通信信息专业分支包括传输网、配电和用电侧通信网、业务网、通信支撑网、智能电网信息基础平台、通信与信息安全等 6 个技术领域。不断推进信息通信标准进一步融合和信息化架构的深入应用，逐步形成具有系统性、适用性、可扩展的信息通信标准体系。国外对于通信技术标准体系的建立更注重于发电、输电、配电、用电、调度、市场和服务提供商各领域间的交互连通标准的研究，而我国还处于初级阶段，仅仅是对各自领域的标准规范化研究，对彼此之间的交互连通研究涉及还较少，与国际标准尚存在一定差距，如表 9-2 所示。

表 9-2 　　　　　　　　　　　国内外电力系统通信标准体系研究现状对比表

组织	成果	通信相关内容
美国电气与电子工程师协会（IEEE）	2011 年正式发布《IEEEP2030 能源技术和信息技术与电力系统（EPS）、最终应用及负荷的智能电网互操作性指南》	1. 通信技术视角互操作模型强调的是在智能电网中，系统、设备和应用之间的通信连通性，总共由 23 个实体、71 个接口组成。 2. 信息技术视角互操作模型强调的是过程控制和数据管理，总共由 27 个实体和 35 个数据流构成。
国际电信联盟远程通信标准化组织（ITU-T）	2010 年成立了智能电网焦点组	1. 实现电网域中设备与业务提供者域的信息及控制信号的交互。 2. 用于计量信息的交互以及与用户域的互操作。 3. 实现与运营者及业务提供者之间的互操作。 4. 实现业务提供者域中的业务和应用与所有其他域的通信，以实现各种智能电网功能。 5. 可选参考点，通过该参考点智能电表与用户侧设备进行互操作。
中国国家电网	在 2010 年《国家电网公司智能电网技术标准体系规划》基础上修改发布了 2012 版、2013 版	标准体系的通信信息专业分支包括传输网、配电和用电侧通信网、业务网、通信支撑网、智能电网信息基础平台、智能电网信息应用平台、通信与信息安全等 7 个技术领域。 与国外差距：仅仅是对各自领域的标准规范化研究，对彼此之间的交互连通研究涉及较少。

9.1.3 信息安全技术

随着智能电网建设的不断深入，各级电网信息系统建设也获得了长足的发展。电力作为关系人民生产、生活的基础产业，其信息化建设是电力企业安全生产及生产力水平的重要体现。我国目前已形成初步的分为四个子体系的电力信息系统安全保障体系框架，如图

9-3 所示。

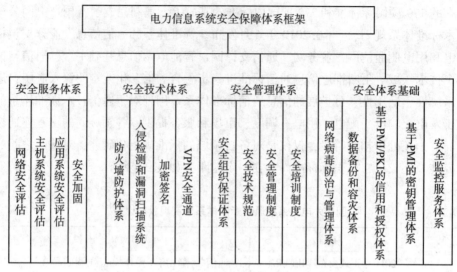

图 9-3　国内电力信息系统安全保障体系框架

　　然而，我国目前对于电力信息安全基础设施的建设尚在不断完善，与国外仍有差距，如图 9-4 所示。信息基础设施的组成部分有电子信息和通信系统及服务，同时也包含有这些系统和服务包含的信息。信息和通信系统及服务由处理、保存和传输信息的所有硬件和软件或所有元素的任何组合组成。处理涉及对信息的创建、访问、修改和销毁，保存涉及纸质、磁质、电子和其他所有类型介质，传输涉及共享和散布信息。一般的 IT 信息安全侧重于保护电子信息通信系统的保密性、完整性和可用性。但是对于电力系统与 IT 通信系统融合为一体的领域，信息安全技术具有其特殊性。如果简单地将一般的 IT 信息安全技术应用于电力系统信息安全保障，电力系统的可靠性将会下降。因此，智能电网的信息安全必须将电力系统的特殊性与信息系统有机地结合起来。一直以来，电力行业的工作重点都是如何提高电力系统可靠性。近几年来，业界已普遍认识到，信息通信技术的进步可以有效提高电力系统的可靠性。在这些系统中执行的任何信息安全措施都不得妨碍电力系统的安全和可靠运行。

　　据报道，每年电力、能源信息网络经常遭受攻击。随着计算机和网络技术在电力系统中的广泛应用，信息技术的负面影响会波及电力系统。而且，随着公网上黑客和病毒的日益盛行，国内电力信息系统也经常遭受攻击。例如，黑客利用操作系统的各种漏洞，结合社会工程学，采用新技术向电力、能源企业网络进行攻击，在被侵入的计算机中植入木马、脚本程序，安装间谍软件，窃取隐私，使电力企业蒙受巨大损失。因此，需要推进实施信息内外网隔离、安全等级保护等基础性技术的研究工作，并构建具有多层次和纵深防御功能的防护体系来保障电力系统的安全，以弥补我国电力系统在信息安全技术方面同发达国家的较大差距。

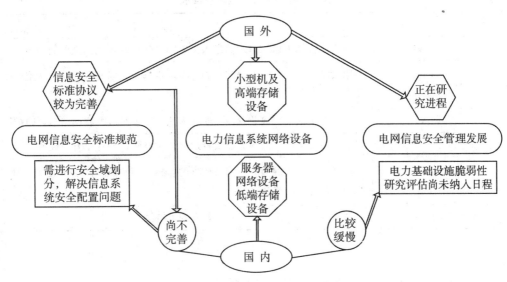

图 9-4　国内外电力信息系统安全技术对比

9.2　电力通信与信息安全技术的需求与展望

随着特高压电网规模不断扩大，特高压交直流输电技术的广泛应用导致电力光通信站距逐渐增加，在通信中继站选址、建设和维护方面遇到的挑战也愈发艰巨，使用光通信中继器完全取代中继站，对于架空光缆线路电气设计、运行、在线监测都是一种全新的技术。随着数据中心、信息化系统的建设和电力业务带宽需求的迅速增长，以及电力生产控制业务传输通道的增加，现有网络难以满足大并发业务的带宽和数据传输的实时性要求，因此需要开展光子网络研究，在满足未来电力业务带宽需求的增长基础上，达到高并发、高实时数据传输的性能要求；在技术突破的基础上，需要主动分析业务与网络的演进和发展趋势，研究设备层、网络层运行状况以及承载不同业务的综合仿真技术，为骨干网的规划、建设、运维和改进提供建议；目前电网对通信网的依赖性不断增强，对骨干网的安全可靠性要求不断提高，需要深入研究电力通信系统可靠性，建立安全风险评估体系，对影响通信网安全的环节进行管控，并加强电力特种光缆的安全运行技术研究。

电力骨干通信网具有鲜明的行业应用特点，主要表现在贴近电力业务需求、重点以保障电网安全稳定运行为目标，利用光通信领域的技术成果，提升骨干网的承载能力和安全运行水平，是电力骨干网的发展趋势。随着电力业务的发展，深入开展骨干通信网的仿真、可靠性分析及风险评估也是下一步的重要研究工作。其中，应用类逐步向基于超低损光纤和光中继器的超长距离通信、骨干网和电网的联合仿真、基于业务的风险评估、光纤网和光通信设备智能化运行等方向发展，基础前瞻类逐步向光子网络方向发展。

国内现有信息安全防护技术的发展趋势如表 9-3 所示。

表 9-3　　　　　　　　　　　国内现有的信息安全防护技术

	主要安全防护措施	功　能
国内现有信息安全防护技术分析	横向隔离	实现生产控制大区和管理信息大区之间的接近物理隔离强度的隔离
	纵向加密认证	采用数字认证、加密、访问控制等技术措施实现数据的远方安全传输以及纵向边界的安全防护
	硬件防火墙	与电力专用横向隔离装置及纵向加密认证装置组成严密网络边界防护
	防病毒和补丁升级系统	完成对各安全区域内服务器及客户端的病毒防护和补丁升级任务
	入侵检测/防御系统（IDS/IPS）	实现对入侵行为的检测、网络病毒的监控、拒绝服务攻击的发现、网络行为的审计、网络状态的分析
	其他安全设备系统	提高信息安全管理水平，确保业务的可持续性

9.3　电力通信与信息安全技术的发展重点

电力系统信息通信及其安全技术是智能电网的核心技术之一，是实现智能电网的基础。随着信息通信技术的发展，信息网络与物理电网实现了深度融合，基于网络融合的理论和技术不断发展，国家电网公司电力信息通信及其安全技术领域"十三五"发展规划应重点研究以物联网为基础的信息物理融合系统（Cyber Physical System，CPS）以及通信网与物理电网强融合状态下的相互依存网络理论。同时，智能电网时代的信息安全应该上升到国家安全层面进行布局，实现信息监控技术的国产化是保障信息安全的前提，国家电网应该借助我国自主研发的北斗卫星导航系统快速发展的契机，摆脱目前电力系统对 GPS 系统的广泛依赖，大力发掘北斗卫星系统在电力系统中的应用潜力。重点发展技术有 CPS 技术、相互依存网络及北斗卫星在电力通信中的应用三个方面。

9.3.1　CPS 技术

CPS 是将计算与物理资源紧密结合所构成的系统。更具体地讲，CPS 是集成了计算系统、大规模通信网络、大规模传感器网络、控制系统和物理系统的新型互联系统。CPS 应具有对大规模互联物理系统进行实时监视、仿真、分析和控制的功能，最终目标是使未来的物理系统具有目前尚不具备的灵活性、自治性、高效率、高可靠性和高安全性。CPS 研究的长期发展目标是成为一切大规模工业系统的基础，而各个行业系统如交通、物流、制造、能源、医疗等均将成为统一的 CPS 的子系统。CPS 是物理过程、经济过程和计算过程的集成系统，描述人类与物理世界的交互。可以看出，CPS 与物联网概念有相似之处，即两者都强调物理实体的互联。然而，CPS 与物联网也有显著区别。建立物联网的主要目的在于采集各种物理实体信息，以实现对物理世界的感知。另一方面，CPS 可以看作物联网的进一步发展，其目标是在感知物理世界的基础上，进一步实现对各种物理实体的最优控制。CPS 愿景的实现意味着人类将拥有远超以往的对物理世界的很大控制能力。

目前，可以用于实现电力 CPS 的几个关键技术如图 9-5 所示。

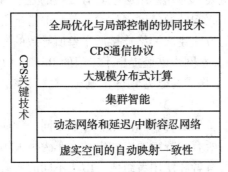

图 9-5　CPS 关键技术

1. 全局优化与局部控制的协同技术

电力 CPS 的最终目的是能够实现整个系统的全局最优控制。控制目标可以为系统总发电成本最小、社会总用电效益最大、网损最小、总碳排放量最小等。由于未来电力 CPS 中需要控制的设备数量会明显超过目前的电力系统，实现集中最优控制所需的计算量就会非常惊人，因此不能完全依靠集中控制方式，而必须把集中控制与分散控制结合起来解决问题。电力 CPS 可通过各种嵌入式控制系统对物理设备进行局部控制。控制中心可以通过在线调整控制系统的参数和在必要时直接控制物理设备来协调整个系统。怎样设计更灵活且有效地控制系统以实现全局优化与局部控制的最优协调，将是电力 CPS 所要解决的首要技术问题。

2. 大规模分布式计算

大规模分布式计算技术如云计算是解决电力 CPS 计算问题的有效途径。利用云计算技术可以有效整合系统中现有的计算资源，为各种分析计算任务提供强大的计算与存储能力支持。云计算能支持各种异构计算资源，与集中式的超级计算机相比，其可扩展性很强，且可以在现有计算能力不足时方便地升级。与传统的计算模式相比，云计算还具有便于信息集成和分析，便于软件系统的开发、维护和使用等优点。此外，基于云计算的分布式计算模式也与电力 CPS 集中控制与分散控制相结合的模式比较吻合。

3. CPS 通信协议

CPS 是一种新型网络系统，因此就需要为其构造专门的网络通信协议栈。学术界已经提出了针对 CPS 的通信协议栈，例如，CPS-IP 和 CPI6 层通信协议栈。以 CPI 协议栈为例，其继承了传统 TCP/IP 协议栈的 5 层结构（物理层、数据链路层、网络层、传输层、应用层），并针对 CPS 的特点（如实时性要求高、结构灵活等）进行了相应调整。此外，在应用层之上增添了专门针对 CPS 的信息物理层以描述物理系统的特征与动态。针对 CPS 的通信协议尚有大量技术问题有待进一步研究。例如，如何保证网络内所有计算系统同步，如何处理各种性质完全不同的物理设备，如何为物理设备的状态数据定义格式，等等。

4. 动态网络和延迟/中断容忍网络

由于电力 CPS 中可能接入大量无线设备，如电动汽车的传感与控制系统，以及其他无线传感设备，这就构成了一个典型动态网络。此外，由于电力系统对可靠性和在线计算分析的速度要求很高，这就要求通信网络必须具有很强的处理通信延迟和中断的能力。延迟和中断容忍网络是近年来兴起的通信网络技术，其一般通过复制和发送多个同样的数据包，并采取边存储边推进的方法克服网络连接质量差所导致的短时间内数据传输路径不完全的问题。针对延迟/中断容忍网络已经提出了专门的 Bundle 协议栈。可以预期，动态网络和延迟/中断容忍网络技术将成为电力 CPS 的基础。

5. 集群智能

在电力系统中，不同设备的所有者和使用者可能不同，例如，发电机组为发电公司所有，输配电系统为电网公司所有，智能家电和电动汽车为私人用户所有。因此，电力系统不仅由设备，也由设备的所有者和使用者组成。由于不同的所有者有不同的利益目标，对某些设备可能无法直接控制。例如，对于电动汽车，只能引导其使用者选择特定的行驶路线和充电方式，而无法对此进行控制。因此，需要深入研究如何适当引导电力系统的不同参与者，使其行为与系统的自动控制相配合以实现整个系统的最优控制目标，这称为集群智能或分散决策问题。由于人是 CPS 不可或缺的重要组成部分，集群智能研究对于实现 CPS 目标就具有重要意义。

6. 虚实空间的自动映射一致性

前已述及，实现对物理系统和信息系统的综合分析与仿真是 CPS 的重要功能，这相当于在计算机虚拟环境中构造了物理系统的一个镜像。虚实空间的自动映射一致性包括两个内涵：一是要保证所采集的系统信息与实际情况同步且一致；二是要保证系统模型和仿真结果的准确性。保证上述两点是实现系统最优控制的基础。

电力 CPS 是一个崭新的研究领域，在理论和技术方面都有大量问题有待解决。电力 CPS 研究中存在的挑战包括如图 9-6 所示的六个方面，而这六个方面也是未来 CPS 技术在电力信息通信及其安全技术领域发展的重中之重。

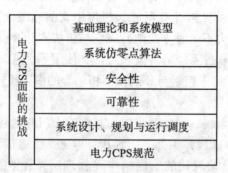

图 9-6　电力 CPS 面临的挑战

① 基础理论和系统模型。现有的信息系统和电力系统是基于完全不同的理论基础建立起来的。具体地讲，信息系统一般是信息/事件驱动的，其理论基础是离散数学，系统建模工具一般是离散数学。与之相反，电力系统的理论基础以连续数学为主，建模工具一般是代数方程组和微分方程组。此外，出于实时性要求，电力系统模型一般将时间作为一个显式变量来表征物理过程的次序；与之相反，一般信息系统对实时性要求不高，因此信息系统模型一般不显式地标明时间，而是直接标明事件或计算指令的次序。理论基础和建

模方法上的不同是电力系统和信息系统这两个领域互相割裂的根本原因。因此，发展信息系统和电力系统的统一建模理论是电力 CPS 研究要完成的最关键也是最急迫的任务。新的系统理论和模型必须能适应电力 CPS 连续性与离散性并存的特点，必须既能显性表征物理系统的时域信息又能显性表征信息系统的执行次序。电力 CPS 其他方面的研究都将建立在新的理论基础之上。通用的 CPS 模型如图 9-7 所示。

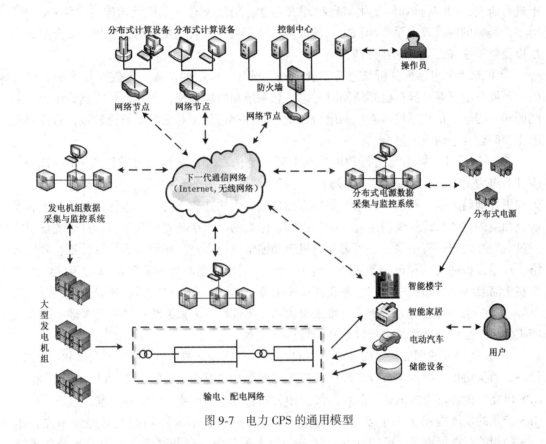

图 9-7　电力 CPS 的通用模型

　　② 系统仿真算法。仿真是分析系统行为特征、实现系统最优控制的重要工具。针对新的系统模型，必须研究与之相适应、有效的仿真算法。考虑到电力 CPS 的规模和仿真计算量，分布式仿真算法将是研究的重点。此外，仿真算法还应该与系统所采取的计算平台技术的特征相适应。

　　③ 安全性。电力 CPS 是国家的关键性基础设施，如何保障其安全性是需要重点研究的问题。需要特别注意的是，这个问题不仅仅需要关注物理系统的安全性，也需要关注信息系统的安全性。在研究安全性问题时，既要考虑随机系统故障，也要考虑人为攻击和破坏。人为攻击又包括物理攻击和虚拟攻击。此外，必须注意到信息系统安全和物理系统安全不是两个孤立问题，对信息系统的攻击也可能导致物理系统的大规模故障。到目前为止，在电力系统信息安全性方面已经取得了一些研究成果，但信息系统安全性与物理系统安全性之间的相互影响和内在联系尚未得到充分研究。

　　未来的研究重点是融合现有的信息安全与电力系统安全理论，构建统一的电力 CPS

安全性理论。以下几个方面的研究工作值得重点关注：a）目前，对智能电网信息物理安全的研究主要以潮流等静态分析工具为基础，事实上，网络攻击和信息系统故障对于系统动态安全的影响可能更为显著，而这方面的研究目前还很少见；b）现有研究工作基本上将物理安全和信息安全割裂开来进行；c）事实上，物理系统故障和信息系统故障可能同时发生，要分析其复杂的交互影响机理，需要将信息安全和物理安全置于统一的理论框架下进行研究；d）应该如何量化信息物理安全性，仍然没有一个广泛认同的方法；e）针对不同类型的网络攻击手段和信息系统故障，还需要深入研究相应的信息物理安全防护手段以及防护手段之间的相互协调。

④ 可靠性。可靠性分析是进行系统规划、设计、调度的基础。与安全性类似，电力 CPS 环境下的可靠性分析也必须同时考虑信息系统和物理系统，尤其是要重点关注两者之间的相互影响。信息系统可靠性和电力系统可靠性都已是相对成熟的研究领域，有待研究的主要问题在于两者的融合。

⑤ 系统设计、规划与运行调度。在上述系统仿真、安全性与可靠性研究的基础上，应针对电力 CPS 的特点研究新的设计、规划与调度方法。具体地讲，设计问题主要关注怎样更好地将通信、控制和传感设备嵌入物理设备中构造新一代系统组件；此外，还需要研究相应的操作系统、编程语言、中间件等。未来的电力系统规划必须和信息系统规划统一进行，在规划过程中除了要考虑发电机组和输配电网络外，还要考虑计算设备、通信网络、传感设备的功能和布局等问题。电力 CPS 的调度问题与传统调度问题的不同之处主要在于需要考虑分布式电源和各种智能负荷的控制问题。分布式电源、智能家电、电动汽车等设备的引入会给电力系统运行带来很大的不确定性，未来系统调度应更多地考虑采取随机优化方法以提高系统运行效率和降低运行成本。

⑥ 电力 CPS 的标准化。CPS 应具有自组织、自适应、易于扩展等特征，CPS 在物理设备、通信协议、编程语言、软硬件接口等方面都必须遵循相应的行业标准。然而，由于 CPS 研究在世界范围内仍处于起步阶段，相关领域尚不存在通行的国际标准，这就为中国 CPS 产业的发展提供了一个难得的机遇。如果国内 CPS 学术界和产业界能够率先提出 CPS 的相关行业标准，就可望在这一场新的技术革命中占据制高点。电力 CPS 作为 CPS 的子系统，也应尽快实现其标准化。

9.3.2　相互依存网络技术

2010 年，波士顿大学的布尔德列夫（Buldyrev）教授在《Nature》杂志上发表的"相互依存网络中的灾难性连锁故障"（Catastrophic cascade of failures in interdependent networks）论文，采用了电力网和因特网的实测数据，提出了分析 2003 年意大利大停电连锁故障的分析框架，同时，数学求导了使相互依存网络完全失效的关键阈值，掀起了基于相互依存网络的方法分析系统之间相互作用的高潮。

相互依存网就是具有相互作用关系的两个或多个网络所组成的一个网络系统，如图 9-8 所示。白色节点和黑色节点分别代表两个不同网络中的节点，实线代表网络内部的连接关系，虚线代表网络间的依存关系，这就构成了一个相互依存网。

在电力系统信息高速发展的今天，电力通信网与物理电网之间实现了高度融合，二者

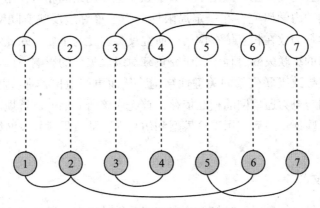

图 9-8　相互依存网络示意图

相互影响，仅仅单独研究两者的特性已经不能完全表征智能电网的特征，充分考虑通信网与电网的融合和相互影响，研究智能电网的统一建模，对于分析电力系统的连锁故障至关重要，相互依存网络是解决此问题的重要理论。

就目前而言，研究电力通信网与电力网的相互依存关系，主要应着眼于相互依存网络的鲁棒性和连锁故障。

现代社会中，为社会生产和居民生活提供公共服务的基础设施系统，包括交通、通信、水电、能源等系统之间的关系越来越紧密，对某个基础设施系统的破坏会给人们的生产生活带来极大的损失，所以研究并量化这些基础设施系统网络的鲁棒性显得尤为重要。

网络的鲁棒性是指在移走部分节点后网络中的绝大部分节点如果是连通的就称该网络对节点故障具有鲁棒性。在很多实际网络中，一个或几个节点的故障，会通过节点之间的耦合关系引发其他节点的故障，产生连锁反应，最终导致相当一部分节点故障甚至是整个网络的崩溃，这就是级联失效的过程。衡量网络的鲁棒性一般有两个参量：级联失效过程中的最大连通子团大小以及渗流阈值。在相互依存网络中，由于两个网络之间存在相互依存关系，网络的级联失效表现为一级相变，这时存在一个渗流阈值，渗流阈值越小，网络的鲁棒性越高。因此，对相互依存网络的级联失效建模是当务之急。目前已有一些学者进行了研究，主要从三个方面着手：① 网络间故障渗流相关的鲁棒性理论研究；② 采用增加网络中的自治节点或保护高度节点的方法增强相互依存网络的鲁棒性；③ 构建网络间的拓扑结构提高网络的鲁棒性。虽也取得了一些成果，但相较于相互依存网络的复杂性及在实际工业生产中的广泛存在，目前并无一个权威的模型及提高鲁棒性的措施，仍有待进一步研究。

就相互依存网络的理论模型而言，目前依然具有局限性。在将来的研究中，应该把目光集中在对更多的实际相互依存网的建模分析上，并且在此过程中不断完善理论模型，使之能更好地揭示现实系统的本质属性。另外，网络的动力学行为研究也是我们要关注的，包括网络演化模型、演化网络博弈和网络上的信息传播等都属于动力学研究范畴。近几年来，在复杂网络上的传染病、谣言以及计算机病毒等的传播研究已经取得丰富的成果，这为人类的健康和社会的安全稳定做出了极大贡献。但在网络间相互作用关系日益增强的今天，单层网络上的动力学研究存在一定局限性，为了更好地反映实际网络的演化行为机制，将这些动力学行为放在相互依存网络中研究就显得尤为重要。除此之外，可以将负载考虑到相互依存网的级联失效过程中，研究负载对级联失效的影响。再者，深入挖掘网络结构的信息，探究导致级联失效的关键性结构，从而更好地保护那些相互依赖的实际系统。具体到电力网与电力通信网的相互依存，首先应该研究如何进行理论建模，然后搭建实际仿真平台进行验证，最后应用理论模型和仿真平台的成果对两个网络进行优化，提高其鲁棒性。

9.3.3 北斗卫星技术

全球已进入现代化信息爆炸时代，精密时间是科学研究、科学实验和工程技术诸方面的基本物理参量，它为一切动力学系统和时序过程的测量和定量研究提供了必不可少的时基坐标。精密授时在以通信、电力、控制等为主的工业领域和国防领域有着广泛和重要的应用。随着时代的进步和电力系统的不断发展，电力系统对稳定、安全、高效的装置运行提出了更高的要求。

现阶段电力系统时间同步需求基本依靠全球定位系统（Global Positioning System，GPS）授时实现。电力系统中如微机保护及安全自动化系统、远动及微机监控系统、调度自动化系统、故障录波器、事故记录仪等许多自动化装置，采用的时间源都来自于 GPS 系统。GPS 系统作为精度最高的时间发布系统之一，其最高精度可达 20ns。但是，美国对民用用户不承担责任，不保证民用 GPS 时钟的精度和可靠性。且民用 GPS 接收机接收到的 GPS 时钟信号因星历误差、卫星钟差、接收机误差、跟踪卫星过少、误差等因素的影响，精度和稳定性难以得到保证。在卫星失锁或卫星时钟实验跳变的条件下，GPS 时钟误差可达几十甚至上百毫秒。因此，急需找到一个可靠有效的时间发布系统来替代 GPS 系统完成电力系统中时间同步的任务。

中国北斗卫星导航系统（BeiDou Navigation Satellite System，BDS）是中国自行研制的全球卫星导航系统，是继美国全球定位系统（GPS）、俄罗斯格洛纳斯卫星导航系统（GLONASS）之后第三个成熟的卫星导航系统。北斗卫星导航系统（BDS）和美国 GPS、俄罗斯 GLONASS、欧盟 GALILEO，是联合国卫星导航委员会已认定的供应商。北斗卫星导航系统空间段由 5 颗静止轨道卫星和 30 颗非静止轨道卫星组成，已成功发射 16 颗北斗导航卫星。根据系统建设总体规划，2012 年底，系统已具备覆盖亚太地区的定位、导航和授时以及短报文通信服务能力，预计到 2020 年左右，将建成覆盖全球的北斗卫星导航系统。

在北斗卫星导航系统的技术发展日趋成熟的今天，电力系统应研究如何在以下几个方面充分利用北斗卫星导航系统的自主知识产权优势，进行技术替代和革新。

1. 北斗同步授时系统在电力系统的应用

目前大量电力业务（系统）需要准确的时间基准，而且不同业务的要求不尽相同，如表 9-4 所示。

表 9-4　　　　　　　　　　　　　　**电力业务对时间同步的需求**

业务装置（系统）名称	时间同步准确度/s	业务装置（系统）名称	时间同步准确度/s
线路行波故障测距装置	1×10^{-6}	水电厂计算机监控系统	1×10^{-2}
雷电定位系统	1×10^{-6}	配电网自动化系统	1×10^{-2}
功角测量系统	1×10^{-5}	电能量计费系统	$\leqslant0.5$
故障录波系统	1×10^{-3}	电网频率按秒考核系统	$\leqslant0.5$
时间顺序记录装置	1×10^{-3}	自动记录仪表	$\leqslant0.5$
微机保护装置	1×10^{-3}	各级 MIS 系统	$\leqslant0.5$
RTU	1×10^{-2}	负荷监控系统	$\leqslant0.5$
各级调度自动化系统	1×10^{-3}	调度录音电话	$\leqslant0.5$
变电站、换流站监控系统	1×10^{-3}	各类挂钟	$\leqslant0.5$
火电厂机组控制系统	1×10^{-3}		

自电力行业提出展开智能电网建设以来，出现了大量实时双向新业务，对时间也提出了新需求，如表 9-5 所示。

表 9-5　　　　　　　　　　　　　　**电力新业务对时间同步的要求**

新业务装置（系统）名称	时间同步准确度/s	新业务装置（系统）名称	时间同步准确度/s
线路状态实时传感装置	1×10^{-4}	各级 MIS 系统	1×10^{-3}
雷电定位系统	1×10^{-6}	负荷实时监控系统	1×10^{-3}
智能电能量计费系统	1×10^{-2}	ERP	$\leqslant1\times10^{-2}$

目前电力系统内部各送端、受端的分布广泛而分散，自动化装置内部都带有实时时钟，其固有误差难以避免，随着运行时间的增加，积累误差会越来越大，会失去正确的时间计量作用。如何实现实时时钟的时间同步，达到全网的时间统一，是电力系统追求的目标。

随着电网运行技术水平的提高，大部分变电站采用综合自动化方案，远方集中控制、操作，既提高了劳动生产率，又减少了人为误操作的可能。目前北斗授时终端厂家研发了"北斗双向授时"功能，不仅可以满足电力的更高要求，而且还提供了丰富的接口包括精密时间协议（Precision Time Protocol，PTP）、网络时间协议（Network Time Protocol，NTP）、脉冲信号、交/直流 IRIG-B 码、SDH 接口等以及延伸的产品（包括频率同步、同步相量测量、频率测量、时间检测等），为电力系统提供稳定、可靠的时间基准，并且北斗时钟装置也可以通过"天地互备"（即空中通过北斗双向通信功能进行组网，同时北斗时钟装置也支持地面链路进行通信）的方式进行集中维护与管理。

因此，电网应当着力于推进北斗导航产品替代电网现行的 GPS 授时系统，并基于北斗系统搭建电力系统的相应监测平台。在现阶段 GPS 广泛使用的前提下，可首先开展北斗系统的授时应用试点，然后逐步使用北斗授时系统替代 GPS 授时系统，最终完全实现电力授时的技术国有化。

2. 北斗系统在农村电力系统中的信息化应用

随着农村电网改造和大规模建设，农电使用电量逐年增加。为了尽量避免电力供应中断，农电公司必须依据各个变电所的电力使用情况，及时进行合理调度。但是由于许多变电所处于偏远山区，数据通过有线电路传输非常不现实。可研究利用北斗系统实现对电力系统变电站实时数据监控，根据电力行业特点和需求，设计、研制具体的监控系统，实现最小投入下的农村电网信息自动化。

3. 充分挖掘北斗卫星导航系统的通信功能

北斗卫星导航系统具有转发和收发双向数字报文的通信能力，而 GPS 系统本身不具备通信能力。因此，北斗系统在数据测量点和主站的数据通信方面将会具有独特的优势。例如，基于北斗卫星导航系统的 PMU 的通信模块可以提供多种通信接口，既可以经过光纤网与主站相连，也可以通过无线传输与主站以及其他 PMU 相互通信；利用北斗卫星的通信能力，结合先进的传感技术研制电力系统远程巡线系统。充分挖掘北斗的通信能力，可实现在替代 GPS 的同时我国电力系统监测技术的新突破。

习 题

1. 智能电网信息通信技术标准体系包含哪些分支？
2. 我国的电力信息系统安全保障体系包含哪些子体系？
3. 我国现有的信息安全防护技术包括哪些？各有什么功能？
4. 什么是 CPS 技术？它与物联网技术有哪些区别与联系？
5. 北斗卫星 BDS 技术有哪些特点与意义？
6. 试简述网络鲁棒性的概念。

参 考 文 献

[1] 杨明. 现代电力通信的定位及发展战略探讨 [J]. 中国电力教育, 2006 (S1): 221-222.

[2] 李会庆. 现代电力通信网的安全防护措施研究 [J]. 中国新通信, 2013 (15): 59-60.

[3] 朱磊, 任煜, 胡均权. 基于 Web 的电力通信网监控系统的设计与实现 [J]. 电力系统自动化, 2001, 25 (2): 56-59.

[4] 高会生, 余萍. 电力通信网中不同规约的监控系统互联 [J]. 电力科学与工程, 2001 (1): 51-54.

[5] 张强. 加强规范化管理, 提高现代电力通信网的运行管理水平 [J]. 电力系统通信, 2005, 26 (6): 1-4.

[6] 崔丽. 电力系统通信自动化设备及其拓扑管理 [J]. 农村电气化, 2013 (3): 35-36.

[7] 皋炜炜. 电力通信及自动化设备综合管理 [J]. 中国新通信, 2012 (19): 70-71.

[8] 吴文传, 张伯明, 孙宏赋. 电力系统调度自动化 [M]. 北京: 清华大学出版社, 2011.

[9] 孟祥萍, 李林琳, 邢顺涛. 电力系统远动与调度自动化 [M]. 北京: 中国电力出版社, 2007.

[10] 刘瑞怡, 赵林桂. GIS 在电力通信系统管理中的应用 [J]. 东北电力技术, 2005, 26 (1): 38-40.

[11] 陈凤, 郑文刚, 申长军, 等. 低压电力线载波通信技术及应用 [J]. 电力系统保护与控制, 2009, 37 (22): 188-195.

[12] 陈曦, 汪洪. 电力通信中光纤通信的技术应用探讨 [J]. 设计与应用, 2013, (5): 135.

[13] 杨辉. 探讨光纤通信技术在电力通信网建设中的应用 [J]. 科技创新与应用, 2012, (12): 59.

[14] 刘小凤. 数字微波通信系统常用的数字解调 [J]. 甘肃科技, 2011, 27 (8): 30-31.

[15] 吴凡. 数字微波技术的应用 [J]. 天津电力技术, 2006, (1): 24-26.

[16] 尤肖虎, 潘志文, 高西奇, 等. 5G 移动通信发展趋势与若干关键技术 [J]. 中国科学: 信息科学, 2014, 44 (5): 551-563.

[17] 何学民. 浅谈卫星通信技术 [J]. 黑龙江科技信息, 2011, (9): 93-125.

[18] 尤克, 黄静华, 陈鸽. 现代电信交换技术与通信网 [M]. 北京: 北京航空航天大学出版社, 2007.

[19] 付悦. 浅谈现代交换技术与通信网 [J]. 消费电子, 2014 (16): 114.

[20] 戴勇. 现代电力通信系统的数字同步网建设 [J]. 通信世界 b, 2006 (35B): 13.

[21] 刘玉君. 信道编码 [M]. 郑州: 河南科学技术出版社, 1992.

[22] 张文冬. 通信基础知识 [M]. 北京: 高等教育出版社, 1999.

[23] 冯暖. 通信原理基础 [M]. 北京: 清华大学出版社, 2014.

[24] 张贤达. 通信信号处理 [M]. 北京: 国防工业出版社, 2000.

[25] 郑晓锋, 林海波. 电力线载波通信 [M]. 北京: 中国电力出版社, 1998.

[26] 张淑娥, 孔英会, 高强. 电力系统通信技术 [M]. 北京: 中国电力出版社, 2015.

[27] 殷小贡, 刘涤尘. 电力通信工程 [M]. 武汉: 武汉大学出版社, 2002.

[28] 袁季修. 防御大停电的广域保护和紧急控制 [M]. 北京: 中国电力出版社, 2007.

[29] 秦晓辉, 毕天姝, 杨奇逊. 基于 WAMS 的电力系统机电暂态过程动态状态估计 [J]. 中国电机工程学报, 2008, 28 (7): 19-25.

[30] 董良喜, 王嘉祯, 康广. 计算机网络威胁发生可能性评价指标研究 [J]. 计算机工程与应用, 2004, 40 (26): 143-144.

[31] 崔沅, 程林, 孙元章, 等. 电力系统实时决策系统中的实时通信 [J]. 电力系统自动化, 2002, 26 (8): 6-10.

[32] 姜廷刚, 高厚磊, 刘炳旭. 适合广域测量系统的通信网探讨 [J]. 电力系统及其自动化学报, 2004, 16 (3): 57-60.

[33] 王守礼. 电力系统光纤通信线路设计 [M]. 北京: 中国电力出版社, 2003.

[34] 杨世平. SDH 光同步数字传输设备与工程应用 [M]. 北京: 人民邮电出版社, 2001.

[35] 顾畹仪. 全光通信网 [M]. 北京: 北京邮电大学出版社, 2001.

[36] 丁道齐. 组建电力城域网的主流技术——宽带 IP 技术 [J]. 电力系统自动化, 2002, 26 (12): 1-8.

[37] 胡志祥, 谢小荣, 肖晋宇, 等. 广域测量系统的延迟分析及其测试 [J]. 电力系统自动化, 2004, 28 (15): 39-43.

[38] 刘华. 风险评估技术的研究与应用 [D]. 国防科学技术大学研究生院, 国防科学技术大学, 2004.

[39] 赵建立, 高会生. 光纤保护通道可靠性评估 [J]. 电力系统通信, 2007, 28 (6): 5-8.

[40] 冯萍慧, 连一峰, 戴英侠, 等. 基于可靠性理论的分布式系统脆弱性模型 [J]. 软件学报, 2006, 17 (7): 1633-1640.

[41] 金星, 洪延姬. 系统可靠性与可用性分析方法 [M]. 北京: 国防工业出版社, 2007.

[42] 齐相军. 浅谈当前光纤通信技术的现状与发展趋势 [J]. 中小企业管理与科技, 2011, 8: 289.

[43] 耿磊. 光纤通信技术的发展现状及应用分析 [J]. 信息化建设, 2015, 4: 96-97.

[44] 陈青松, 孙晓玮. 光纤通信应用前景分析 [J]. 合作经济与科技, 2014, 16: 25-26.

[45] 徐亚军, 熊华钢. 光纤通道拓扑结构冗余方法研究 [J]. 电光与控制, 2008, 6: 22-25.

[46] 黎小玉, 王宏涛, 李娟, 等. FC 网络技术应用解决方案 [J]. 电子技术应用, 2016, 9: 159-162.

［47］张丽杰，李珊君，舒勤，等．电子互感器采集器与合并单元通信新规约［J］．计算机与数字工程，2012，7：41-43．

［48］张易，戎蒙恬．SOC系统中的可重构逻辑［J］．集成电路应用，2004，Z1：39-41．

［49］肖德宝．一种基于星-多环拓扑的综合语音/数据网的设计［J］．小型微型计算机系统，1996，6：4．

［50］唐晓梅，何永红，陈庶民．GSM MAP协议处理分析［J］．信息工程学院学报，1999，4：5-7．

［51］岑少忠，朱少林，西虹标，等．超宽带微波光发射机关键技术［J］．光通信技术，2013，6：22-24．

［52］韩遂六．光发射机的电路结构及其使用中的注意事项［J］．中国有线电视，2002，17：16-18．

［53］汪杰君．光纤通信系统中光发射机的设计［J］．现代电子技术，2008，1：68-70．

［54］东伟．EDFA光纤通信发展中的里程碑［J］．现代通信，2003，9：8-9．

［55］董孝义．光放大与全光中继器［J］．光通信技术，1990，3：31-36．

［56］戎福恩．光纤通信线路的高速脉冲信号中继器［J］．激光通信，1983，1：62-64．

［57］王远敏．基于数据挖掘的大规模光纤通信网络流量预测与分析［J］．激光杂志，2016，3：115-118．

［58］曹杰．试析电力光纤通信网络的规划设计的问题［J］．中国新通信，2016，8：47．

［59］张航，王振岳，韩冬，等．一种电力系规约转换装置进程间通信优化方法［J］．华电技术，2016，6：58-59．

［60］袁安富，于海，缪文贵，等．电力规约通用测试系统的研究与实现［J］．科学技术与工程，2013，12：3728-3732．

［61］戴晓辉，刘平香．变电站传统规约装置与61850站控层无缝通信解决方案［J］．科技视界，2014，35：333-336．

［62］张辉，曹丽娜．现代通信原理与技术-第2版［M］．西安：西安电子科技大学出版社，2008．

［63］袁世仁．电力线载波通信原理［M］．成都：成都科技大学出版社，1987．

［64］陈正石．扩频技术在电力线载波通信中的应用分析［J］．电力系统通信，1998（1）：10-13．

［65］潘莹玉．电力线载波通信的现状分析［J］．电网技术，1998，22（2）：60-62．

［66］秦国屏．载波通信原理［M］．北京：中国电力出版社，1998．

［67］高锋，董亚波．低压电力线载波通信中信号传输特性分析［J］．电力系统自动化，2000，24（7）：36-40．

［68］张小伍，涂荣疆，王声琪．新一代高速电力线载波通信技术［J］．电力系统自动化，2000，24（20）：62-63．

［69］何海波，周拥华，吴昕，等．低压电力线载波通信研究与应用现状［J］．电力系统保护与控制，2001，29（7）：12-16．

［70］张明新，马宏锋，张英辉，等．低压电力线载波通信中信号传输特性的研究［J］．测控技术，2001，20（10）：61-63．

[71] 李胜利，焦邵华，秦立军，等．中低压电力线载波通信方案的研究 [J].电测与仪表，2002，39（11）：29-33.

[72] 张有兵，何海波．低压电力线载波通信中信道模型的研究 [J].电力系统保护与控制，2002，30（5）：20-24.

[73] 汤效军．电力线载波通信技术的发展及特点 [J].电力系统通信，2003，24（1）：47-51.

[74] 杜琼，周一届．电力线载波通信技术 [J].华北电力技术，2005（2）：43-47.

[75] 孙海翠，张金波．低压电力线载波通信技术研究与应用 [J].电测与仪表，2006，43（8）：54-57.

[76] 孙秀娟，罗运虎，刘志海，等．低压电力线载波通信的信道特性分析与抗干扰措施 [J].电力自动化设备，2007，27（2）：43-46.

[77] 温莉娟，谭长涛，邱建斌．电力载波通信线路的设计 [J].电工电气，2008（2）：17-18.

[78] 汤效军．改革开放 30 年电力线载波通信的回顾与展望 [J].电力系统通信，2009，30（1）：26-32.

[79] 孙超众．电力线载波通信原理及其在改造工程中的应用 [D].哈尔滨工程大学，2009.

[80] 梅杨，宗群龙．基于节点相关度的电力线载波通信路由算法 [J].电力自动化设备，2010，30（3）：95-97.

[81] 吕英杰，邹和平，赵兵．国内低压电力线载波通信应用现状分析 [J].电网与清洁能源，2010，26（4）：33-36.

[82] 戚佳金，陈雪萍，刘晓胜．低压电力线载波通信技术研究进展 [J].电网技术，2010（5）：161-172.

[83] 袁世仁．电力线载波通信 [M].北京：中国电力工业出版社，1998.

[84] 毛恩启，戚宇林．载波通信原理 [M].天津：天津科技出版社，1998.

[85] 许建军．数字化电力线载波通信系统的硬件设计与实现 [D].西安电子科技大学，2012.

[86] 鲜继清，张德民．现代通信系统 [M].西安：西安电子科技大学出版社，2003.

[87] 唐朝京，魏急波．数字微波通信技术 [M].北京：国防工业出版社，2002.

[88] 孙学康，张政．微波与卫星通信 [M].北京：人民邮电出版社，2003.

[89] 顾婉仪，李国瑞．光纤通信系统 [M].北京：人民邮电出版社，2006.

[90] 杨武军．现代通信网概论 [M].西安：西安电子科技大学出版社，2004.

[91] 曹宁，胡弘莽．电网通信技术 [M].北京：中国水利水电出版社，2003.

[92] 曹志刚．现代通信原理 [M].北京：清华大学出版社，1992.

[93] 宋广千，付国．电力同步网建设 [J].电力系统通信，2005，26（3）：57-58.

[94] 吴江．同步网在电力通信系统中的应用及探讨 [J].电力系统通信，2011，32（2）：13-17.

[95] 何迎利，马涛．"十二五"期间的同步网建设 [J].电力系统通信，2011，32（5）：95-100.

[96] 王素珍．通信原理［M］．北京：北京邮电大学出版社，2010.

[97] 燕子荣．电力系统数字同步网探讨［J］．电力系统通信，2001，22（8）：18-20.

[98] 章晋龙．广东电网同步网络优化与应用研究［J］．电力系统通信，2006，27（1）：18-21.

[99] 李中年．电力通信［M］．北京：国防工业出版社，2009.

[100] 徐伯成．电力通信［M］．北京：中国电力出版社，2005.

[101] 高强．电力通信技术发展趋势［J］．电力系统通信，2007，28（4）：1-9.

[102] 蒋康明．电力通信网络组网分析［M］．北京：中国电力出版社，2014.

[103] 肖华，楼小勇．EPON 技术在西宁配电通信系统中的应用［J］．青海电力，2012，31（1）：57-59.

[104] Ekram Hossain, Zhuhan, H. Vincent Poor, 等．智能电网通信及组网技术［M］．北京：电子工业出版社，2013.

[105] 赵子岩，张大伟．国家电网公司"十二五"电力通信业务需求分析［J］．电力系统通信，2011，32（5）：56-60.

[106] 吴佳伟．ASON 在上海电力市区城域骨干网中的应用［J］．电力系统通信，2008，29（4）：26-30.

[107] 李振甲．电力通信规约［M］．北京：北京理工大学出版社，2014.

[108] IEC. IEC 61850: Communication networks and systems in substations［S］. Geneva: IEC, 2003.

[109] 叶雷．变电站自动化系统通信结构及规约的研究［D］．华北电力大学（北京），2006.

[110] 夏明超，黄益庄，吴俊勇．变电站自动化技术的发展和现状［J］．北京交通大学学报，2007，05：95-99.

[111] 朱林，王鹏远，石东源．智能变电站通信网络状态监测信息模型及配置描述［J］．电力系统自动化，2013，11：87-92.

[112] 霍宁．远动通信规约（协议）的标准化研究［D］．南京工业大学，2004.

[113] 董朝阳，赵俊华，文福拴，等．从智能电网到能源互联网：基本概念与研究框架［J］．电力系统自动化，2014，38（15）：1-11.

[114] 冯垛生．智能电网技术知识解读［M］．北京：人民邮电出版社，2013.

[115] 韩董铎，余贻鑫．未来的智能电网就是能源互联网［J］．中国战略新兴产业，2014（22）.

[116] 张文远．智能电网在电力系统中的应用分析［J］．电子世界，2013（12）：42-42.

[117] 马钊，尚宇炜，张伟，等．全球能源互联网背景下 IPv6 技术在智能配电网中的应用研究［J］．电力信息与通信技术，2016（3）：42-48.

[118] 钟清．智能电网关键技术研究［M］．北京：中国电力出版社，2011.

[119] 张红日．智能电网关键技术综述［J］．机械工程与自动化，2013（2）：212-214.

[120] 刘涤尘，彭思成，廖清芬，等．面向能源互联网的未来综合配电系统形态展望［J］．电网技术，2015，39（11）：3023-3034.

[121] 王继业，郭经红，曹军威，等．能源互联网信息通信关键技术综述［J］．智能电网，

2015（6）：473-485.

[122] 曾鹏飞，梁云，王瑶，等．全球能源互联网信息通信标准体系架构研究［J］．智能
电网，2016，4（9）：851-856.

[123] 周渝慧，胡文杰，许蔚，等．智能电网：21世纪国际能源新战略［M］．北京：北
京交通大学出版社，2009.

[124] 严太山，程浩忠，曾平良，等．能源互联网体系架构及关键技术［J］．电网技术，
2016，40（1）：105-113.

[125] 权楠，张亚平，司晋新，等．全球能源互联网的信息顶层架构［J］．电力信息与通
信技术，2016（3）：60-65.

[126] 张建明．能源互联网的信息化支撑技术研究［J］．电力信息与通信技术，2016
（4）：18-21.

[127] Fereidoon P. Sioshansi，萧山西，汤奕．智能电网：融合可再生、分布式及高效能源
［M］．北京：机械工业出版社，2015.

[128] 凯哈尼．智能电网规划与控制的方法和应用［M］．上海：上海科学技术出版社，
2013.

[129] 温向明，孙春蕾，张威．基于SDN的下一代能源互联网通信网络体系研究［J］．智
能电网，2015（12）：1168-1173.

[130] 梁云，刘世栋，郭经红．电网信息物理融合系统关键问题综述［J］．智能电网，
2015，3（12）：1108-1111.